电子技术的实践应用研究

王丽丽　李道民　靳宇峰　著

吉林科学技术出版社

图书在版编目（CIP）数据

电子技术的实践应用研究 / 王丽丽，李道民，靳
宇峰著．-- 长春：吉林科学技术出版社，2019.8
　ISBN 978-7-5578-5854-4

　Ⅰ．①电… Ⅱ．①王… ②李… ③靳… Ⅲ．①电子技术－
研究 Ⅳ．① TN

　中国版本图书馆 CIP 数据核字（2019）第 167358 号

电子技术的实践应用研究

著　　者	王丽丽　李道民　靳宇峰	
出 版 人	李　梁	
责任编辑	朱　萌	
封面设计	刘　华	
制　　版	王　朋	
开　　本	185mm×260mm	
字　　数	400 千字	
印　　张	17.75	
版　　次	2019 年 8 月第 1 版	
印　　次	2019 年 8 月第 1 次印刷	
出　　版	吉林科学技术出版社	
发　　行	吉林科学技术出版社	
地　　址	长春市福祉大路 5788 号出版集团 A 座	
邮　　编	130118	
发行部电话 / 传真	0431—81629529　　81629530　　81629531	
	81629532　　81629533　　81629534	
储运部电话	0431—86059116	
编辑部电话	0431—81629517	
网　　址	www.jlstp.net	
印　　刷	北京宝莲鸿图科技有限公司	
书　　号	ISBN 978-7-5578-5854-4	
定　　价	75.00 元	

前　言

　　随着新技术的快速发展和计算机技术的发展及普及，电子技术也得到了不断地发展，这使得电子技术在人们生活中的应用越来越广泛，作用也越来越受到重视，并逐步成为信息产业与传统产业之间的重要环节和桥梁。电子技术和其他相关技术的有效结合，带来的技术性革命，悄然改造着各行业的运行模式，带动了全社会各领域的发展，同时也改善了我们的生活习惯，提升了生活质量。

　　电子技术在我国工程领域中被广泛地运用，始于 20 世纪 70 年代，经过多年的发展与改进，电子技术已经发展的愈加成熟，在应用范围方面也不断的扩展，其中最为广泛的就是在工程领域中的应用。从电子技术本身的发展方面来看，具有代表性的如计算机技术、全球定位系统、计算机辅助设计、分析软件、移动通信技术等电子技术，已经成为电子技术运用领域中的几种关键技术，应用的范围也最为广泛。电子技术的应用，不仅能够促进工程领域内生产效率的不断提升，同时在控制成本、提高企业综合竞争力方面也发挥了重要的作用。因此，本书主要结合电子技术相关的应用，对当前的电子技术进行了分析，以期能够为今后电子技术的更好发展打下基础。

　　本书分为八章，主要介绍了模拟电子技术和数字电子技术的相关知识，模拟电子技术的内容包括半导体器件、放大电路、振荡电路和直流稳压电源电路，数字电子技术的内容包括组合逻辑电路、时序逻辑电路和 A/D 和 D/A 转换器，并就电子技术的实践应用做了阐述。

　　由于能力有限，加之时间仓促，书中的错漏之处在所难免，恳请广大专家、读者给予批评指正。

前 言

目 录

第 1 章　半导体器件

能力目标

1. 会使用万用表判断二极管、三极管和场效应管电极，检测二极管、三极管和场效应管的质量。

2. 会查阅半导体手册，能正确按要求选用二极管、三极管、场效应管和晶闸管参数。

3. 会用万用表检测晶闸管、单结晶体管的引脚和判断其质量的优劣。

知识目标

1. 了解本征和杂质半导体的导电特性和 PN 结的单向导电性。

2. 掌握二极管、稳压管、三极管器件的外形和电路图形符号的结构、工作特性、主要参数。

3. 掌握三极管的结构、电流分配关系及输入 / 输出特性，了解主要参数仪。

4. 熟悉场效应管器件的外形和电路图形符号，了解 MOS 管的特性、主要特性和参数。

1.1　半导体的基础知识

半导体器件具有体积小、质量小、寿命长、效率高等优点，在电子技术中应用广泛。常用的半导体器件有半导体二极管、半导体三极管和场效应管等。

1.1.1 半导体及其导电特性

1. 半导体的定义

在生产实践和日常生活中，有些金属（如银、铜、铝、铁等）易导电，称为导体；有些物质（如陶瓷、有机玻璃、橡胶等）不易导电，称为绝缘体；而导电能力介于导体和绝缘体之间的物质，称为半导体。常用的半导体材料主要有硅、锗、硒等元素及其合成物、各种金属的氧化物及硫化物等。

2. 半导体的导电特性

自然界中存在着各种物质，物质是由分子、原子组成的。原子又由一个带正电的原子核和在它周围高速旋转着的带有负电的电子组成。物质按导电能力的强弱可分为导体、绝缘体和半导体。半导体的导电能力介于导体和绝缘体之间。

导体的最外层电子数通常是 1 ~ 3 个，且电子距原子核较远，受原子核的束缚力较小。因此，导体在常温下存在大量的自由电子，具有良好的导电能力。常用的导电材料有银、铜、铝、金等。电阻率小于 $10-4\Omega \cdot cm$ 的物质称为导体，载流子为自由电子。

绝缘体的最外层电子数一般为 6 ~ 8 个，且电子距原子核较近，因此受原子核的束缚力较大而不易挣脱其束缚。常温下绝缘体内部几乎不存在自由电子，因此导电能力极差或不导电常用的绝缘体材料有橡胶、云母、陶瓷等。电阻率大于 $109\Omega \cdot cm$ 的物质称为绝缘体，基本无自由电子。

半导体的最外层电子数一般为 4 个，半导体的导电能力介于导体和绝缘体之间。电阻率介于导体、绝缘体之间的物质称为半导体，主要有硅（Si）、锗（Ge）等（4 价元素）材料。半导体的应用极其广泛，这是由半导体的独特性能决定的。

光敏性——半导体受光照后，其导电能力会大大增强；

热敏性——受温度的影响，半导体的导电能力变化很大；

掺杂性——在半导体中掺入少量特殊杂质，其导电能力会大大增强。

纯净的不含其他杂质的半导体称为本征半导体。天然的硅和锗是不能制成半导体器件的。它们必须先经过高度提纯，形成晶体结构完全对称的本征半导体。在本征半导体的晶格结构中，原子的最外层轨道上有 4 个价电子，每个原子周围有 4 个相邻的原子，原子之间通过共价键紧密结合在一起。两个相邻原子共用一对电子。

本征半导体最外层的电子结合成为共价键结构，既不容易得到电子也不容易失去电子，所以导电能力很弱，但又不像绝缘体那样根本不导电。硅晶体中的共价键结构如图 1-1 所示。

当温度为绝对零度时，本征半导体同绝缘体一样，没有能够自由移动的电子，所以根本不导电。室温下，由于热运动，少数价电子挣脱共价键的束缚成为自由电子，同时在共价键中留下一个空位，这个空位称为空穴。失去价电子的原子成为正离子，就好像空穴带正电荷一样，因此空穴相当于一个带正电荷的粒子。自由电子和空穴成对出现，称为电子一空穴对，如图 1-2 所示。

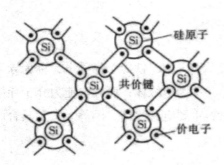

图 1-1　硅晶体中的共价键结构

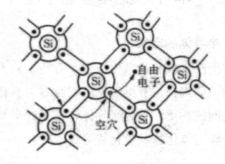

图 1-2　热运动产生的电子 – 空穴对

自由电子带负电，空穴带正电，它们是两种载流子。随着温度升高，自由电子和空穴的浓度增大，本征半导体的导电能力大大提高。

　　由于热运动而在晶体中产生电子—空穴对的过程称为热激发，又称本征激发；电子—空穴对成对消失的过程称为复合

　　在外电场作用下，本征半导体中的自由电子和空穴定向运动形成电流，电路中的电流是自由电子电流和空穴电流的和。因为本征激发所产生的载流子数量有限，形成的电流很小。

3. 杂质半导体

　　（1）N 型半导体。若在本征半导体中掺入一定杂质，如在硅中掺入 5 价元素磷（由于每一个磷原子与相邻的 4 个硅原子组成共价键时，多出一个电子），则自由电子的浓度将大大增加，其数量远远大于空穴的数量。

　　在纯净的半导体中掺入 5 价元素，形成以自由电子导电为主的掺杂半导体，这种半导体称为 N 型半导体。在 N 型半导体中，自由电子为多数载流子，简称多子；空穴为少数载流子，简称少子。

　　（2）P 型半导体。若在本征半导体中掺入 3 价元素硼（由于每一个硼原子在组成共价键时，产生一个空穴），则空穴的浓度大大增加，其数量远大于自由电子的数量。

　　在纯净的半导体中掺入 3 价元素，形成以空穴导电为主的掺杂半导体，这种半导体称为 P 型半导体，在 P 型半导体中，空穴为多数载流子，简称多子；自由电子为少数载流子，简称少子。

　　综上所述，由于掺入不同的杂质，因而产生了两种不同类型的半导体—N 型半导体和 P 型半导体，它们统称为杂质半导体。如图 1-3 所示。

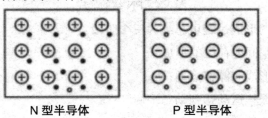

N 型半导体　　　　　P 型半导体

图 1-3　N 型半导体和 P 型半导体结构示意图

　　杂质半导体中载流子的浓度远大于本征半导体中载流子的浓度，但无论是 N 型半导体还是 N 型半导体都是中性的，对外不显电性

　　掺入的杂质元素的浓度越高，多数载流子的数量越多。少数载流子是热激发而产生的，其数量的多少决定于温度。

1.1.2 PN 结的形成及单向导电特性

1.PN 结的形成

　　采用特殊制造工艺，在同一块半导体基片的两端分别形成 N 型和 P 型半导体，在两者的交界处形成具有特殊物理性能的带电薄层，称为 PN 结。

由于两种半导体界面两侧载流子浓度的不同，载流子会从高浓度区向低浓度区做扩散运动，即 P 区的空穴向 N 区扩散，N 区的电子向 P 区扩散。扩散后 P 区失去空穴留下带负电的杂质离子，N 区失去电子留下带正电的杂质离子，这些不能移动的带电杂质离子在 P 区和 N 区交界面附近形成一个很薄的空间电荷区（又称为耗尽层），形成了方向由 N 区指向 P 区的电场（简称内电场），如图 1-4 所示。在内电场的作用下，多子的扩散运动得到抑制并促进少子的漂移运动。当外部条件一定时，扩散运动和漂移运动达到动态平衡，扩散电流与漂移电流相等，通过 PN 结的总电流为零内电场为定值。PN 结内电场的电位称为内建电位差，其数值一般为零点几伏。室温时，硅材料 PN 结的内建电位差为 0.5 ~ 0.7V，锗材料 PN 结的内建电位差为 0.2 ~ 0.3V。

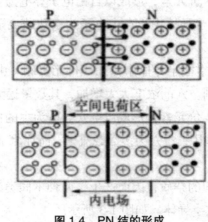

图 1.4　PN 结的形成

综上所述，PN 结的形成过程可总结为三个阶段：

（1）扩散运动和空间电荷区的形成；

（2）内建电场的形成和漂移运动；

（3）扩散运动与漂移运动达到动态平衡。

2.PN 结的单向导电特性

加在 PN 结上的电压称为偏置电压。P 区接电源正极，N 区接电源负极，称 PN 结外接正电压或 PN 结正向偏置（简称正偏）。此时在电场作用下，PN 结变薄，当正偏电压增加到一定值后，PN 结呈现很小的电阻，多子的扩散运动形成较大的正向电流，此时 PN 结呈现低阻导通状态，如图 1-5 所示。

N 区接电源正极、P 区接电源负极，称 PN 结外接反向电压或 PN 结反向偏置（简称反偏）。此时在电场作用下，PN 结变厚，当反偏电压增加到一定值后，PN 结呈现很大的电阻少子的漂移运动形成的反向电流近似为零，此时 PN 结呈现高阻截止状态，如图 1-6 所示。

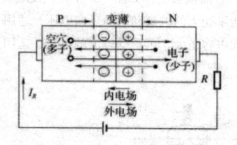

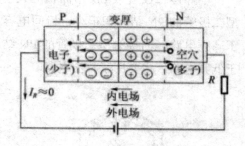

图 1-5　PN 结的正偏导通特性　　　　　　　图 1-6　PN 结的反偏截止特性

综上所述，PN 结正偏导通、反偏截止的现象称为 PN 结的单向导电特性。

1.2　半导体二极管

1.2.1 二极管的结构及类型

在 PN 结的两端各引出一根电极引线，用外壳封装起来就构成了半导体二极管，简称二极管，其结构及实物外形和符号如图 1-7 所示。P 区引出的电极称为正极（或阳极），N 区引出的电极称为负极（或阴极），电路符号中的箭头方向表示正向电流的流通方向。符号用 D 表示，如图 1-7（c）所示。二极管由 PN 结构成，所以同样具有单向导电特性。

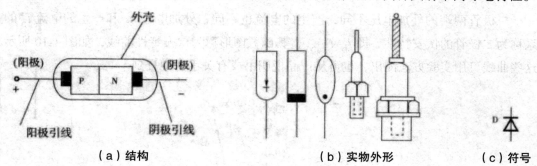

（a）结构　　　　　　　　　　（b）实物外形　　　　　　（c）符号

图 1-7　二极管结构及实物外形和符号

二极管是电子技术中最基本的半导体器件之一。根据其用途，二极管分为检波二极管、开关二极管、稳压二极管和整流二极管等。图 1-8 所示即为二极管的部分产品实物图。

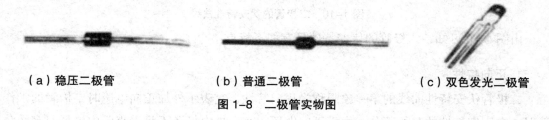

（a）稳压二极管　　　　　　　（b）普通二极管　　　　　　（c）双色发光二极管

图 1-8　二极管实物图

半导体二极管按 PN 结面积的大小分为点接触型和面接触型，如图1-9所示。点接触型二极管的 PN 结面积很小，极间电容也很小，不能承受大的电流和高的反向电压，适用于高频电路。面接触型二极管的 PN 结面积大，极间电容也大，可承受较大的电流，适用于低频电路，主要用于整流电路。

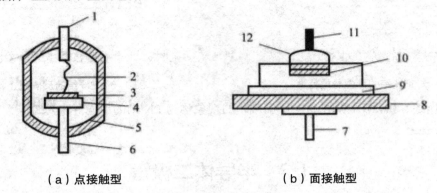

（a）点接触型　　　　　　　　　　　（b）面接触型

图 1-9　半导体二极管的结构和符号

1、11—阳极引线；2—触丝；3—N 型锗；4—支架；5—外壳；6、7—阴极引线；

8—底座；9—金锑合金；10—PN 结；12–铝合金小球

根据所用材料不同，二极管分为硅二极管和锗二极管两种。硅二极管因其温度特性较好，使用较为广泛。

1.2.2 二极管的伏安特性

二极管两端的外加电压不同，产生的电流也不同，外加电压 u_D 和产生的电流 i_D 的关系称为二极管的伏安特性，即 $i_D=f_{(u_D)}$，其函数图形称为伏安特性曲线，如图1-10所示，这些曲线可用实验方法测出，也可从产品说明书或有关手册中查到。

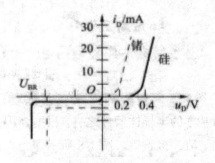

图 1-10　二极管的伏安特性曲线

由图1-10可知，二极管的伏安特性具有如下特点：

1. 正向特性

二极管伏安特性曲线的第一象限称为正向特性，它表示外加正向电压时二极管的工作情况。在正向特性的起始部分，由于正向电压很小，外电场还不足以克服内电场对多数载流子的阻碍作用，正向电流几乎为零，这一区域称为正向死区，对应的电压称为死区电压。硅管的死区电压约为 0.5V，锗管的死区电压约为 0.2V。

当正向电压超过某一数值后，内电场就被大大削弱，正向电流迅速增大，二极管导通，这一区域称为正向导通区。二极管一旦正向导通后，只要正向电压稍有变化，就会使正向电流变化比较大，二极管的正向特性曲线很陡。因此，二极管正向导通时，管子上的正向压降不大，正向压降的变化很小，一般硅管为 0.7V 左右，锗管为 0.3V 左右。二极管正偏导通后，外加电压 u_D 和产生的电流 i_D 的关系式为

$$i_D = I_S(e^{U_D/U_T} - 1) \tag{1.1}$$

式中，I_s 为二极管反偏时的反向饱和电流；U_T 为温度电压当量，常温下 U_T 的值为 26mV。

二极管导通且电流不大时，硅管的压降为 0.5 ~ 0.7V，锗管的压降为 0.1 ~ 0.3V。

在使用二极管时，如果外加电压较大，一般要在电路中串接限流电阻，以免产生过大电流烧坏二极管。

2. 反向特性

二极管伏安特性曲线的第三象限称为反向特性，它表示外加反向电压时二极管的工作情况。在一定的反向电压范围内，反向电流很小且变化不大，这一区域称为反向截止区。这是因为反向电流是少数载流子的漂移运动形成的；一定温度下，少子的数目是基本不变的，所以反向电流基本恒定，与反向电压的大小无关，故通常称其为反向饱和电流。

当反向电压过高时，会使反向电流突然增大，这种现象称为反向击穿，这一区域称为反向击穿区。反向击穿时的电压称为反向击穿电压，用 U_{BR} 表示。各类二极管的反向击穿电压从几十伏到几百伏不等。反向击穿时，若不限制反向电流，则二极管的 PN 结会因功耗大而过热，导致 PN 结烧毁。小功率硅管的反向电流一般小于 $0.1\,\mu A$，而锗管通常为几十微安。

3. 击穿特性

当外加反向电压超过某一定值时，反向电流随反向电压的增加而急剧增大，二极管的单向导电性被破坏，这种现象称为反向击穿，对应的反向电压值称为二极管的反向击穿电压 U_E。

反向击穿电压下降到击穿电压以下后，二极管可恢复到原有情况，则称为电击穿；若反向击穿电流过高，导致 PN 结烧坏，二极管不可恢复到原有情况，则称为热击穿。反向击穿电压一般在几十伏以上（高反压管可达几千伏）。

4. 非线性

二极管的伏安特性不是直线，所以二极管是非线性器件。

二极管的特性对温度很敏感，随温度升高正向特性曲线向左移，反向特性曲线向下

移。在室温附近的变化的规律：温度每升高 1℃，正向压降减小 2 ~ 2.5mV；温度每升高 10℃，反向电流约增大一倍。

5. 温度对二极管特性的影响

温度对二极管的特性有较大影响，随着温度的升高，二极管的正向特性曲线向左移，反向特性曲线向下移。正向特性曲线向左移，表明在相同正向电流下，二极管正向压降随温度升高而减小；反向特性曲线向下移，表明温度升高时，反向电流迅速增大。一般在室温附近，温度每升高 1℃，其正向压降减小 2 ~ 2.5mV；温度每升高 10℃，反向电流增大 1 倍左右。

1.2.3 二极管的主要参数

半导体器件的参数是其特性的定量描述。表示二极管特性和适用范围的物理量称为二极管的参数，一般查器件手册或产品手册可得到，二极管的主要参数如下：

1. 最大整流电流 I_F

最大整流电流指二极管长期运行允许通过的最大正向平均电流。因为电流通过 PN 结会引起二极管发热，电流过大会导致 PN 结发热过度而烧坏。

2. 最高反向工作电压 U_{RM}

U_{RM} 是为了防止二极管反向击穿而规定的最高反向工作电压。最高反向工作电压一般为反向击穿电压的 1/2 或 2/3，二极管才能够安全使用。

3. 最大反向电流 I_R

最大反向电流指二极管在一定的环境温度下，加最高反向工作电压 U_R 时所测得的反向电流值（又称为反向饱和电流）。I_R 越小，说明二极管的单向导电性能越好。硅管的反向电流较小，一般在几微安以下。锗管的反向击穿电流较大，是硅管的几十至几百倍。

4. 最高工作频率 f_M

最高工作频率指保证二极管单向导电作用的最高工作频率。使用时如果超过此值，二极管的单向导电性能就不能很好的体现。这是因为 PN 结两侧的空间电荷与电容器极板充电时所储存的电荷类似，因此 PN 结具有电容效应，相当于一个电容，称为结电容。二极管的 PN 结面积越大，结电容越大。高频电流可以直接通过结电容，从而破坏了二极管单向导电性。二极管工作频率与 PN 结的结电容大小相关，结电容越小，f_M 越高；结电容越大，f_M 越低。

由于制造工艺的限制，即使同一型号的管子，参数的分散性也较大，所以手册上给出的往往是参数范围，这一点需要注意，另外手册上的参数是在一定条件下测得的，使用时若条件改变，相应的参数值也会发生变化。

1.2.4 特殊二极管

极管种类很多，除普通二极管外，常用的还有稳压二极管、发光二极管、光电二极管等。

1. 稳压二极管

稳压二极管是一种特殊的硅二极管，又称齐纳二极管，简称稳压管，其图形符号和伏安特性曲线如图 1-11 所示。正常情况下稳压二极管工作在反向击穿区，反向电流在很大范围内变化时，两端电压变化很小，所以具有稳压作用。

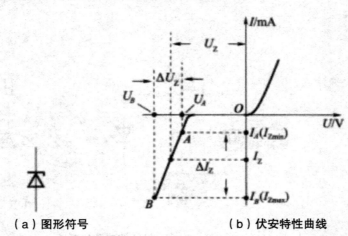

（a）图形符号　　　　　　（b）伏安特性曲线

图 1-11　稳压二极管的图形符号和伏安特性曲线

稳压二极管的主要参数如下：

（1）稳定电压 U_Z

稳定电压指流过规定电流时稳压二极管两端的反向电压值，其值取决于稳压二极管的反向击穿电压值。

（2）稳定电流 I_Z

稳定电流指稳压二极管稳压工作时的参考电流值，通常为工作电压等于 U_{z2} 时所对应的电流值。

（3）最大耗散功率 P_{ZM} 和最大工作电流 I_{ZM}

最大耗散功率和最大工作电流指为了保证二极管不被热击穿而规定的极限参数，由二极管允许的最高结温决定。

（4）动态电阻 r_Z

动态电阻指稳压范围内电压变化量与对应的电流变化量之比，即 $r_Z = \Delta U_Z / \Delta I_Z$。

（5）电压温度系数

电压温度系数指温度每增加 1℃ 时，稳定电压的相对变化量。

2. 发光二极管

发光二极管（Light-Emitting Diode，LED）是一种能把电能转换成光能的特殊器件。它不但具有普通二极管的伏安特性，而且当管子施加正向偏置时，管子还会发出可见光和不可见光。目前应用的有红、黄、绿、蓝、紫等颜色的发光二极管。此外，还有变色发光二极管，即当通过二极管的电流改变时，发光颜色也随之改变。图1-12（a）所示为发光二极管的图形符号。

发光二极管通常有两方面用途：一是作为显示器件，除单个使用外，还常做成七段数字显示器或矩阵式器件；二是用于光纤通信的信号发射，将电信号变为光信号，如图1-12（b）所示。

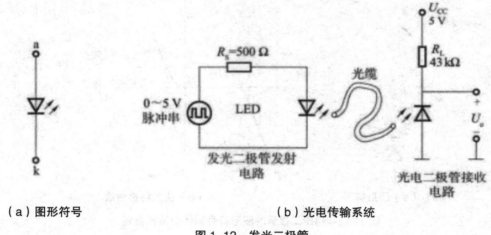

（a）图形符号   （b）光电传输系统

图1-12　发光二极管

3. 光电二极管

光电二极管又称光敏二极管，它的结构与普通二极管的结构基本相同，只是在它的PN结处，通过管壳上的一个玻璃窗口能接收外部的光照。光电二极管的PN结工作在反向偏置状态，在光的照射下，其反向电流随光照强度的增加而上升（这时的反向电流称为光电流）。光电二极管的主要特点是其反向电流与光照度成正比。

4. 变容二极管

二极管结电容的大小除了与本身的结构和工艺有关外，还与外加电压有关。结电容随反向电压的增加而减小，这种效应显著的二极管称为变容二极管，其图形符号及特性曲线如图1-13所示。变容二极管常用于高频电路直接调频等应用。

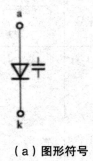

（a）图形符号

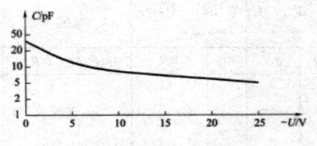

（b）特性曲线（纵坐标为对数刻度）

图 1-13 变容二极管

1.2.5 二极管的应用

1.2.5.1 半导体二极管型号命名方法（摘自国家标准 GB/T249-2017）

国家标准国产二极管的型号命名分为五个部分，各部分的含义见表 1-1。

第一部分：用数字"2"表示主称，为二极管。

第二部分：用字母表示二极管的材料与极性。

第三部分：用字母表示二极管的类别。

第四部分：用数字表示序号。

第五部分：用字母表示二极管的规格号。

表 1-1 半导体二极管的型号各部分含义

第一部分：主称		第二部分：材料与极性		第三部分：类别		第四部分：序号	第五部分：规格号
数字	含义	字母	含义	字母	含义		
2	二极管	A	N 型锗材料	P	小信号管（普通二极管）	用数字表示同一类别产品序号	用字母表示产品规格、档次
				W	电压调整管和电压基准管（稳压二极管）		
				L	整流堆		
		B	P 型锗材料	N	阻尼管		
				Z	整流管		
				U	光电管		
		C	N 型硅材料	K	开关管		
				B 或 C	变容管		
				V	混频检波管		
		D	P 型硅材料	JD	激光管		
				S	隧道管		
				CM	磁敏管		
		E	化合物材料	H	恒流管		
				Y	体效应管		
				EF	发光二极管		

例如：

2AP9（N 型锗材料普通二极管）	2CW56（N 型硅材料稳压二极管）
2——二极管	2——二极管
A——N 型锗材料	C——N 型硅材料
P——普通二极管	W——稳压二极管
9——序号	56——序号

1.2.5.2 二极管的判别与简易测试

1. 极性识别方法

常用二极管的外壳上均印有型号和标记，标记箭头所指的方向为阴极。有的二极管只有个色点，有色的一端为阴极，有的带定位标志。判别时，观察者面对管底，由定位标志起，按顺时针方向，引出线依次为正极和负极。

2. 检测方法

（1）二极管的极性判断。当二极管外壳标志不清楚时，可用万用表来判断，先将万用表置于 $R \times 100$ 或 $R \times 1k$ 挡；（当大功率二极管时，将量程置于 $R \times 1$ 或 $R \times 10$ 挡）。将两只表笔分别接触二极管的两个电极，若测出的电阻为几十、几百欧或几千欧，则黑表笔所接触的电极为二极管的正极，红表笔所接触的电极是二极管的负极。若测出来的电阻为几十千欧至几百千欧，则黑表笔所接触的电极为二极管的负极，红表笔所接触的电极为二极管的正极。

（2）二极管的性能检测。用万用表欧姆挡测量二极管的正反向电阻，有以下几种情况。

①测得的反向电阻（几百千欧以上）和正向电阻（几千欧以下）之比值在 100 以上，表明二极管性能良好；

②反、正向电阻之比为几十、甚至几百，表明二极管单向导电性不佳；

③正、反向电阻为无穷大，表明二极管断路；

④正、反向电阻为零，表明二极管短路。

1.2.5.3 二极管的选用

选择二极管可按照如下的原则：

（1）导通电压低的选锗管，反向电流小时选硅管；

（2）导通电流大时选面接触型二极管，工作频段高时选点接触型二极管；

（3）反向击穿电压高时选硅管；

（4）耐高温时选硅管。

1.3 二极管电路的分析方法

二极管的伏安特性是非线性的。为了方便分析计算，在特定条件下，可以进行分段线性化处理，对二极管的特性用折线近似。下面介绍常用的近似方法和二极管的等效模型。

1.3.1 理想模型分析法

1. 模型

二极管的理想模型，如图 1-14 所示。由图 1-14 可看出，理想二极管正偏导通，管压降为零；反偏截止，电流为零。虽然理想二极管和实际二极管的特性有一定的差别，但是在电路中如果二极管的正向压降远小于和它串联的电压，反向电流远小于和它并联的电流时，利用理想二极管的特性来近似表示实际二极管进行电路的分析和计算仍能得出比较满意的结果。此外，理想二极管也可作为一个元件构成其他形式的等效电路。

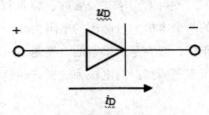

图 1-14　二极管的理想模型

2. 适用范围

理想二极管适用于偏置电压远大于二极管的导通电压，即 $U_D > 5U_{th}$。二极管的导通电压：硅管为 0.7V，锗管为 0.3V。

3. 应用举例

理想模型分析法经常用于整流电路的分析。

【例 1-1】如图 1-15 所示，试用理想二极管模型判断电路中的各二极管是导通还是截止，并求出 A、O 两端间的电压 U_{AO} 值。

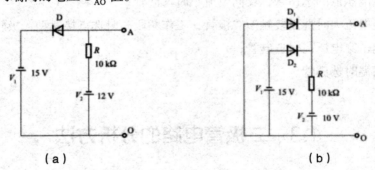

（a）　　　　　　　　　（b）

图 1-15　例 1.1 图

解：图 1-15（a）：断开二极管 D 且以 O 端作为参考端，此时，二极管阴极处电位为 -15V，阳极处的电位为 -12V。接入二极管 D，其阳极电位高于阴极电位，二极管正偏导通；又因 D 应用理想二极管模型，导通时的电压降为 0，故 $U_{AO} = V_1 = -15$V。

图 1-15（b）：以 O 端作为参考端，断开二极管 D_1，D_1 的正、负极电位分别为 0V 和 10V，其电位差 U_{D1}=10V；断开二极管 D_2，D_2 的正、负极电位分别为 -15V 和 -10V，其电位差 U_{D2}=-5V。故 D_2 截止，D_1 导通，U_{AO}=0V。

1.3.2 恒压降模型分析法

1. 模型

为了反映二极管的导通电压，将二极管用理想二极管串联电压源来代替，如图 1-16 所示。只有当正向电压超过导通电压时二极管才导通，其端电压为常量（通常硅管取 0.7V，锗管取 0.3V），记作 U_{th}；否则二极管不导通，电流为零。这种等效电路比前一种更接近实际二极管的特性。

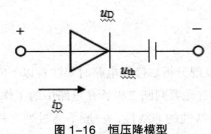

图 1-16　恒压降模型

2. 适用范围

恒压降模型分析法用于二极管偏置电压较小的情况，一般 $U_D < 5U_{th}$ 时采用。

3. 应用举例

恒压降模型分析法经常用于二极管限幅电路、二极管门电路的分析。

【例 1-2】在图 1-17 中，D_1、D_2 都是二极管，U_{c1}=5.3V=（ $-U_{c2}$ ）。它们导通时，两端压降为 0.7V（用恒压源等效电路），试画出 u_i 为幅值 10V 的正弦波时，输出电压 u0 的波形。

解：分析二极管电路，首先要判断二极管在电路中的工作状态，是导通还是截止。常用方法：首先断开二极管，然后求得二极管阳极与阴极之间承受的电压，如果该电压大于导通电压，则说明该二极管处于正向偏置而导通，两端的实际电压为二极管的导通压降；如果该电压值小于导通电压，则说明该二极管处于反向偏置而截止。

例 1-2 中，在 u_i 的正半周，当 u_i 小于 6V 时，D_1 截止；当 u_i 大于 6V 时，D_1 导通，u_0=6V（被限制在 6V 的幅度）。在 u_i 的负半周，D_1 始终截止。当 u_i 的幅值小于 6V 时，D_2 截止；u_i 大于 6V 时，D_2 导通，u_0=6V。这样，可画出 u_0 的波形，如图 1.19 所示

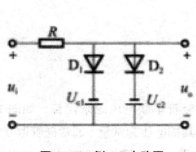

图 1-17　例 1.2 电路图

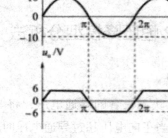

图 1-18　u0 的波形

由图 1-18 可见，u_0 被限制在 6V 和 -6V 之间，这种电路称为限幅电路。

1.3.3 注意问题

综合上面的分析，我们发现分析二极管电路时要注意以下问题：

（1）分析二极管电路，首先要判断二极管在电路中的工作状态，是导通还是截止。

（2）由于二极管的伏安特性的非线性，一般不通过列方程求解电流、电压来判断二极管是否导通，而是通过比较二极管两个电极的电位高低确定它的工作状态。

（3）判断二极管是否导通，不能单纯看加于阴极、阳极的电压是正还是负，还要看阳极与阴极间的电位差。判断时先断开各个二极管，求出阴极、阳极电位，进而求出电位差。二极管正偏且大于死区电压时导通，正偏但小于死区电压及反偏时二极管截止。

（4）二极管电路中出现多个二极管时，如果它们并联，那么正向偏压较大者先导通，导通后二极管的电压降（管压降）恒定，其他的二极管被短路而截止。

（5）根据偏压大小采用合适的模型分析。偏压远大于死区电压时用理想模型，否则用恒压降模型。

1.4　半导体三极管

半导体三极管既可用作放大元件，也可用作开关元件，使用非常广泛。根据其结构和工作原理的不同分为双极型和单极型半导体三极管。双极型半导体三极管又称为双极型晶体三极管或三极管、晶体管等，之所以称为双极型管，是因为它由空穴和自由电子两种载流子参与导电。而单极型半导体三极管是一种利用电场效应控制输出电流的半导体三极管，又称场效应管，只有一种载流子（多数载流子）导电。图 1-19 所示为几种常见的晶体管外形。

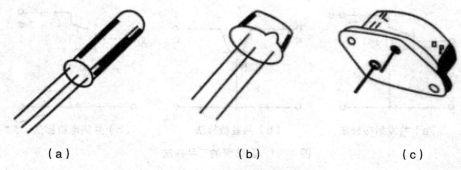

（a）　　　　　　　　　（b）　　　　　　　　　（c）

图 1-19　几种常见晶体管外形

1.4.1 晶体管的结构及特点

晶体管是由两个 PN 结组成的，按结构分为 NPN 型和 PNP 型两种，如图 1-20 所示。不管是 PNP 型还是 NPN 型三极管，都有发射区、基区和集电区。从三个区引出的电极分称为发射极 e、基极 b、集电极 c，在使用时三极管的发射极和集电极不能互换。在三个区的两两交界处形成两个 PN 结，分别称为发射结和集电结。

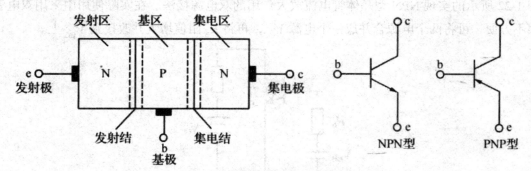

图 1-20　晶体管的结构示意图和符号

两种管子的电路符号用发射极箭头方向的不同以示区别。箭头方向表示发射结正偏时发射极电流的实际方向。

晶体管并不是两个 PN 结的简单组合，它是在一块半导体基片上制造出三个掺杂区，形成两个有内在联系的 PN 结。为此，在制造三极管时，应使发射区的掺杂浓度较高；基区很薄，且掺杂浓度较低；集电区掺杂浓度最低而且面积大。

用晶体管组成电路时，信号从一个电极输入，另一个电极输出，第三个极作为公共端。因为可以选用不同的电极作为公共端，所以三极管电路就有共发射极、共集电极和共基极三种不同的接法，如图 1-21 所示。

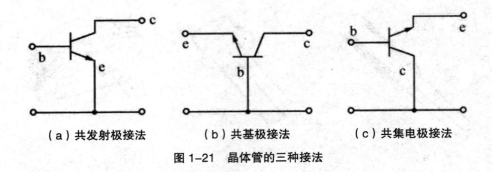

（a）共发射极接法　　　　（b）共基极接法　　　　（c）共集电极接法

图 1-21　晶体管的三种接法

1.4.2 晶体三极管的电流放大原理

1. 晶体管的电流放大条件

要使晶体管具有电流放大作用，必须外接合适的直流工作电源使晶体管的发射结处于正向偏置状态，集电结处于反向偏置状态。此时 NPN 晶体管三个极的电位关系必须满足：$V_c > V_B > V_E$；对 PNP 型晶体管则与之相反，即必须满足：$V_c < V_B < V_E$。据此可得到图 1-22 所示的实现 NPN 型晶体管电流放大作用的双电源接法。在实际使用中采用双电源很不方便，可将两个电源合并成一个电源 V_{CC}，再将 R_b 阻值增大并改接到 V_{CC} 上。

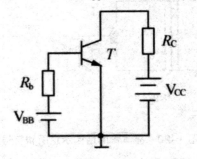

图 1-22　实现晶体管电流放大的双电源接法

2. 晶体管的电流分配关系

下面从载流子的运动状况来学习晶体管的电流放大作用，如图 1-23 所示。

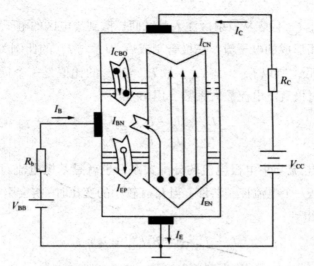

图 1-23　晶体管电流放大分配关系

（1）发射区向基区发射电子

当发射结处于正向偏置时，有利于多数载流子的扩散运动。即发射区的自由电子向基区扩散，基区的空穴向发射区扩散。但由于基区的空穴浓度很低，因而空穴扩散电流很小，可以忽略，发射极的电流 I_E 可以认为主要是电子电流。

（2）电子在基区扩散和复合

发射区的自由电子进入基区后，开始大部分聚集在发射结附近，形成了发射结和集电结电子浓度上的差别，于是发射结的自由电子继续向集电结扩散。在扩散过程中与基区的空穴不断相遇而复合，同时由于基极电源不断从基区拉走电子，使基区产生新的空穴，这样不断就形成了电流 I_{BN}。

由于基区很薄且杂质浓度很低，所以在扩散过程中只有一小部分电子与基区空穴复合，大部分电子扩散到集电结边缘，这就是晶体管能起到电流放大作用的原因。

（3）集电区收集电子

由于集电结是反偏，当自由电子扩散到集电结附近时，在外电场的作用下很容易越过集电结进入集电区，形成电流 I_{CN}。此外，集电区的少数载流子空穴和基区的少数载流子自由电子内电场的作用下发生漂移运动，形成反向饱和电流 I_{CBO}。该电流很小，与外加电压关系不大，但受温度的影响较大，易使管子工作不稳定，所以在制造中要设法减小。

如上所述，三个电极上的电流分别为：

$$I_E = I_{EN} + I_{BN} + I_{CN} \tag{1-1}$$

$$I_C = I_{CN} + I_{CBO} \tag{1-2}$$

$$I_B = I_{BN} - I_{CBO} \tag{1-3}$$

由上述三式可以得出：

$$I_E = I_B + I_C \qquad\qquad (1-4)$$

由图 1-23 可知，I_{CN} 代表从发射区注入基区而扩散到集电区的电子流，I_{BN} 代表从发射区注入基区被复合而形成的电子流。三极管制成后，I_{CN} 与 I_{BN} 的比例关系是确定的。由于基区很薄掺浓度很低，所以 $I_{CN} \gg I_{BN}$。故 I_{CN} 与 I_{BN} 的比值是一个远大于 1 的常数，这个常数称之为共发射极直流电流放大系数，用 β 表示。

$$\beta = \frac{I_{CN}}{I_{BN}} = \frac{I_C - I_{CBO}}{I_B + I_{CBO}} \approx \frac{I_C}{I_B} \qquad\qquad (1-5)$$

β 反映了基极电流与集电极电流的分配关系，也就是基极电流对集电极电流的控制关系。所以三极管是一个电流控制器件，当 I_B 有较小的变化时．将会引起 IC 很大的变化。变换式（1-5）可以得到：

$$I_C = I_B + (1 + \beta)I_{CBO} = I_B + I_{CEO} \qquad\qquad (1-6)$$

其中：$I_{CEO} = (1 + \beta)I_{CBO}$，称为穿透电流。

【例 1-3】用直流电压表测量某放大电路中某个三极管各极对地的电位分别是：$V_1 = 2V$，$V_2 = 6V$，$V_3 = 2.7V$，试判断三极管各对应电极与三极管管型。

解：本题的已知条件是三个电极的电位，根据三极管能正常实现电流放大的电位关系是：NPN 型管 $V_C > V_B > V_E$，且硅管放大时 U_{BE} 约为 0.7V，锗管 U_{BE} 约为 0.2V，而 PNP 型管 $V_C < V_B < V_E$，且硅管放大时 U_{BE} 为 -0.7V，锗管 U_{BE} 为 -0.2V。所以先找电位差绝对值为 0.7V 或 0.2V 的两个电极，若 $V_B > V_E$，则为 NPN 型三极管，若 $V_B < V_E$，则为 PNP 型三极管，本例中，V_3 比 V_1 高 0.7V，所以此管为 NPN 型硅管，③脚是基极，①脚是发射极，②脚是集电极。

1.4.3 晶体管的伏安特性与工作状态

晶体管的各个电极上电压和电流之间的关系曲线称为晶体管的伏安特性曲线，常用的是输入特性曲线和输出特性曲线。晶体管在电路中的连接方式（组态）不同，其特性曲线也不同。NPN 管组成的共射输入、输出特性曲线测试电路如图 1-24 所示，下面以此为例进行分析。

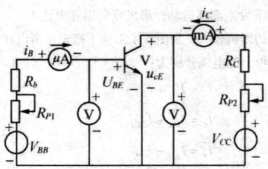

图 1-24　三极管共射特性曲线测试电路

1. 输入特性曲线

输入特性曲线是指当集射极电压 u_{CE} 为一定值时，基极电流 i_B 与基射极电压 u_{BE} 之间的关系曲线。即 $i_B = f(u_{BE})/u_{CE} =$ 常数

为得到共射输入特性，图 1-24 的测试电路应先固定 u_{CE} 为某一值，调节 R_{p1}，得到与之对应的 i_B 和 u_{BE} 值，可通过描点在直角坐标系中得到一条 i_B 与 u_{BE} 的关系曲线；再改变 u_{CE} 为另一固定值，可得到另一条 i_B 与 u_{BE} 的关系曲线。图 1-25 为 NPN 型硅管 3DG4 的共射输入特性曲线。

由图可知其特点是：

当 $u_{CE} = 0V$ 时，集电极与发射极短接，相当于两个二极管并联，输入特性类似于二极管的正向伏安特性。

当 $0 < u_{CE} < 1V$ 时，集电结处于反向偏置，其吸引电子的能力加强，使得从发射区进入基区的电子更多地流向集电区，因此对应于相同的 u_{BE} 流向集极的电流 i_B 比原来 $u_{CE} = 0$ 时减小了，特性曲线右移，如图 1-25 所示。

实际上，对一般的 NPN 型硅管，当 $u_{CE} \geq 1$ 伏时，只要 u_{BE} 保持不变，则从发射区发射到基区的电子数目一定，而集电结所加的反向电压大到 1 伏后，已能把这些电子中的绝大部分吸引到集电极，所以即使 u_{CE} 再增加，i_B 也不会有明显的变化，因此 $u_{CE} \geq 1$ 伏以后的特性曲线基本上重合。

从图 1-25 可见，晶体管的输入特性曲线和二极管的伏安特性曲线一样，也有一段死区。只有当发射结的外加电压大于死区电压时，晶体管才会有基极电流 i_B。硅管的死区电压约为 0.5 伏，锗管约为 0.1 ~ 0.2 伏。在正常工作情况下，硅管的发射结电压 $u_{BE} = 0.6 ~ 0.7$ 伏，锗管的发射结电压 $u_{BE} = -0.2 ~ -0.3$ 伏。

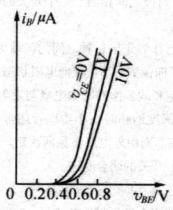

图 1-25　共射输入特性曲线

2. 输出特性曲线

输出特性曲线是指基极电流 i_B 为一定值时，集电极电流 i_C 与集射极电压 u_{CE} 之间的关

系曲线。即 $i_C = f(u_{CE})/i_B$ = 常数

为得到共射输出特性，图 1-24 的测试电路应先调节 R_{p1} 使 i_B 为某一值固定不变，再调节 R_{p2}，得到与之对应的 u_{CE} 和 i_C 值，根据所对应的值可在直角坐标系中画出一条曲线。重复上述步骤，可得不同 i_B 值的曲线族，如图 1-26 所示。

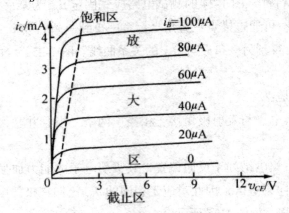

图 1-26　共射输出特性曲线

图 1-26 可知：共射输出曲线起始部分较陡，且不同 i_B 曲线的上升部分几乎重合。对一条曲线而言，u_{CE} 增大，i_C 增大，但当 u_{CE} 大于 0.3V 左右以后，曲线较平坦，只略有上翘。这说明三极管具有恒流特性。输出特性曲线不是直线，是非线性的，说明晶体管是一种非线性器件。

输出特性曲线可分为三个区域，对应晶体管的三种不同工作状态。

（1）截止区

$i_B = 0$ 曲线以下的区域称为截止区。这时集电结为反向偏置，发射结也为反向偏置，故 $i_B \approx 0$，$i_C \approx 0$，此时集电极与发射极之间相当于一个开关的断开状态。

（2）饱和区

输出特性曲线的近似垂直上升部分与 i_C 轴之间的区域称为饱和区。这时，$u_{CE} \leq u_{BE}$，集电结为正向偏置，发射结也为正向偏置，都呈现低电阻状态。$u_{CE} = u_{BE}$ 称为临界饱和状态，所有临界拐点的连线即为临界饱和线。饱和时集电极与发射极之间的电压 u_{CES} 称为饱和压降。它的数值很小，特别是在深度饱和时，小功率管通常小于 0.3V。在饱和区 i_C 不受 i_B 的控制，当 i_B 变化时 i_C 基本不变，而由外电路参数所决定。此时晶体管失去电流放大作用，集电极与发射极之间相当于一个开关的闭合状态。

（3）放大区

拐点的连线以右及 $i_B = 0$ 曲线以上的区域为放大区。在此区域，特性曲线近似于水平线，i_C 几乎与 u_{CE} 无关，与 i_B 成 β 倍关系，故放大区也称为线性区。三极管工作在放大区时，发射极为正向偏置，集电极为反向偏置。

【例 1-4】测量某硅材料 NPN 型晶体管各电极对地的电压值如下，试判别管子工作在什么区域？

（1）$V_C = 6V$，$V_B = 0.7V$，$V_E = 0V$

（2）$V_C = 6V$，$V_B = 4V$，$V_E = 3.6V$

（3）$V_C = 3.4V$，$V_B = 4V$，$V_E = 3.3V$

解：

（1）$\because U_{BE} = 0.7 - 0 = 0.7V$，发射结正偏；$U_{BC} = 0.7 - 6 = -5.3V$，集电结反偏。
$\therefore$ 处于放大区。

（2）$\because U_{BE} = 4 - 3.6 = 0.4V$，发射结反偏；$U_{BC} = 3.6 - 6 = -2.4V$，集电结反偏。
$\therefore$ 处于截止区。

（3）$\because U_{BE} = 4 - 3.3 = 0.7V$，发射结正偏；$U_{BC} = 4 - 3.4 = -0.6V$，集电结正偏。
$\therefore$ 处于饱和区。

1.4.4 晶体管的使用常识

1. 晶体管的参数

（1）电流放大系数

共射电路在静态（无信号输入）时，三极管的集电极电流 I_C 与基极电流 I_B 的比值称为直流电流放大系数，用 $\bar{\beta}$ 表示。即

$$\bar{\beta} = \frac{I_C}{I_B} \tag{1-7}$$

当三极管工作在动态（有信号输入）时，集电极电流的变化量 ΔI_C 与基极电流的变化量 ΔI_B 的比值称为交流电流放大系数，用 β 表示。即

$$\beta = \Delta I_C / \Delta I_B \tag{1-8}$$

$\bar{\beta}$ 与 β 的含义是不同的。但通常两者数值相近，在估算时，常用 $\bar{\beta} \approx \beta$。

由于制造工艺的分散性，即使同一型号的三极管，β 值也有很大的差别，常用的 β 值在 20 ～ 100 之间。

（2）极间反向电流

①集 - 基极反向饱和电流 I_{CBO}

指发射极开路时，集电极与基极间的反向电流。

②集 - 射极反向饱和电流 I_{CEO}

指基极开路时，集电极与发射极间的反向电流，也称为穿透电流。

$$I_{CEO} = (1 + \beta)I_{CBO} \tag{1-9}$$

反向电流受温度的影响大，对三极管的工作影响很大，要求反向电流愈小愈好。常温时，小功率锗管 I_{CBO} 约为几微安，小功率硅管在 $1\mu A$ 以下，所以常选用硅管。

（3）集电极最大允许电流

集电极电流 I_C 超过一定值时，三极管的 β 值会下降。当 β 值下降到正常值的三分之二时的集电极电流，称为集电极最大允许电流 I_{CM}。

（4）集电极击穿电压 $U_{(BR)CEO}$

基极开路时，加在集电极与发射极之间的最大允许电压，称为集电极击穿电压 $U_{(BR)CEO}$。当三极管的集射极电压 U_{CE} 大于该值时，I_C 会突然大幅上升，说明三极管已被击穿。

（5）集电极最大允许耗散功率 P_{CM}

当集电极电流流过集电结时要消耗功率而使集电结温度升高，从而会引起三极管参数变化。当三极管因受热而引起的参数变化不超过允许值时，集电结所消耗的最大功率称为集电极最大允许耗散功率 P_{CM}。

$$P_{CM} = I_C U_{CE} \tag{1-10}$$

P_{CM} 值与环境温度和管子的散热条件有关，因此为了提高 P_{CM} 值，常采用散热装置。

根据此式在输出特性曲线上可画出一条曲线，称为集电极功耗曲线，如图 1-27 所示。在曲线的右上方 $I_C U_{CE} > P_{CM}$，这个范围称为过损耗区，在曲线的左下方 $I_C U_{CE} < P_{CM}$，这个范围称为安全工作区。晶体三极管应选在此区域内工作。

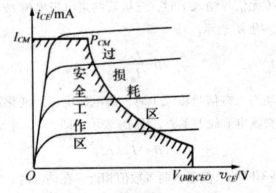

图 1-27　晶体三极管的安全工作区

需要注意的是，温度对三极管的所有参数都有影响，尤其对 I_{CEO}、U_{BE} 和 β 三个参数。I_{CEO} 随温度升高而急剧增加；U_{BE} 随温度升高而减小。当温度升高时，大多管的 U_{BE} 减小 2.5mV；β 随温度升高而增大。温度每升高 1℃，β 要增加 0.5% ~ 1.0% 左右。

2. 晶体管的命名方法

按照国家标准（GB249-74）的规定，国产晶体管的名称仍由五部分组成。

第一部分用数额表示器件的电极数 0，"3" 表示晶体三极管。

第二部分的拼音字表示器件的材料和极性，"A" 为 PNP 型锗管，"B" 为 NNP 型锗管，"C" 为 PNP 型硅管，"D" 为 NPN 型硅管。

第三部分拼音字母表示器件类型，"X" 表示低频小功率管，"G" 表示高频小功率管，"D" 表示低频大功率管，"A" 表示低频大功率管。

第四部分的数字表示器件序号，序号不同的晶体三极管特性不同。

第五部分的拼音字母表示规格号。

例如：3DG6A 型，表示高频小功率 NPN 型、硅材料 A 挡三极管。

从国外进口的三极管大多数来自北美、日本、韩国和欧盟等国家和地区。常见有 2N×××、2SC×××、2SD××× 等系列。

3. 晶体官的判别

（1）晶体管类型的判断

将万用表拨到 R×100 或 R×1K 挡上。红笔表任意接触晶体管的一个电极，黑笔表依次接触另外两个电极，分别测量它们之间的电阻值。若红表笔接触某个电极时，其余两个电极与该电极之间均为低电阻时，则该管为 PNP 型，而且红表笔接触的电极为 b 极。与此相反，若同时出现几十至上百千欧大电阻时，则该管为 NPN 型，这时红表笔所接触的电极为 b 极。

当然也可以黑笔表为基准，重复上述测量过程。若同时出现低电阻的情况，则管子为 NPN 型；若同时出现高阻的情况，则该管为 PNP 型。

（2）电极判断

在判断出管型和基极的基础上，任意假定一个电极为 c 极，另一个为 e 极。对于 PNP 型管，令红表笔接 c 极，黑表笔接 e 极，再用手碰一下 b、c 极，观察一下万用表指针摆动的幅度。然后将假设的 c、e 极对调，重复上述的测试步骤比较两次测量中指针的摆动幅度，测量时摆动幅度大，则说明假定的 c、e 极是对的。对于 NPN 型管，则令黑表笔接 c 极，红表笔接 e 极，重复上述过程。

1.5　场效应管

场效应是指半导体材料的导电能力随电场的改变而变化的效应。前面介绍的晶体三极管是通过基极电流控制输出电流的器件，为电流控制型器件。场效应管则是利用输入电压产生电场效应来控制输出电流的，属于电压控制型器件。由于信号源无须提供电流，所以它的输入电阻很高，可高达 $10^9 \sim 10^{14}\Omega$。

晶体＝极管在工作时，有两种载流子参与导电（电子与空穴），称为双极型晶体管；而场效应管工作时，只有一种载流子参与导电（电子或空穴），所以称为单极型晶体管。场效应管的外形与晶体管相似，图 1-28 为场效应管实物图。

图 1-28　场效应管实物图

根据场效应管的结构不同，可以分为结型场效应管和绝缘栅型场效应管两种。结型场效应管是利用半导体内电场效应工作的。根据其体内的导电沟道所用的材料不同，分为 N 沟道和 P 沟道两种，它的输入阻抗高达 $10M\Omega$。绝缘栅型场效应管又称为金属—氧化物—半导体场效应管（简称 MOS 管），它是利用半导体表面的电场效应工作的。绝缘栅场效应管分为增强型和耗尽型，而每一种根据其导电沟道的不同又分为 N 沟和 P 沟道两类。

1.5.1 结型场效应管简介

结型场效应晶体管简称 JFET（Junction type Field Effect Transistor），它是利用半导体内的电场效应来工作的，因而也称为体内场效应器件。结型场效应管有 N 沟道和 P 沟道两类。

在一块 N 型半导体材料两边分别扩散一个高浓度的 P 型区（用 P+ 表示），形成两个 PN 结（耗尽层）。P+ 型引出两个导线并接在一起，作分别成为源极 S 和漏极 D；两个 PN 结中间的 N 型区域称为导电沟道，这种管子称为 N 沟道结型场效应晶体管，简称 N-JFET。N-JFET 平面结构示意图如图 1-29（a）所示。按照类似的方法，可以制成 P 沟道结型场效应晶体管，简称 P-JFET。两种 JFET 的电路符号如图 1-29（b）所示，图中箭头方向表示 PN 结正向电流的流通方向。

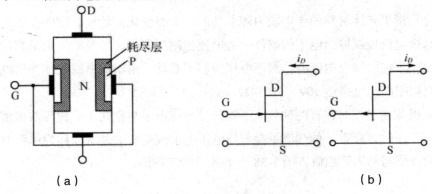

（a）　　　　　　　　　　　　　　　　（b）

图 1-29　-JFET

N 沟道结型场效应管正常工作时，栅—源电压 u_{GS} 对导电沟道宽度有控制作用。u_{GS}=0

时沟道最宽，u_{GS} 为负电压时沟道变窄，u_{GS} 达到夹断电压 $U_{GS(off)}$ 时，沟道消失称为夹断。因此 u_{GS} 可以控制导电沟道的宽度。并且 G-S 必须加负电压。基本过程如图 1-30 所示。

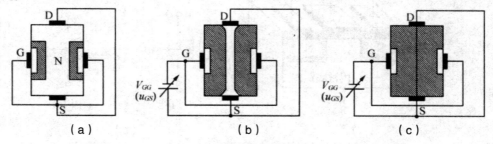

图 1-30　uGS 对导电沟道宽度的控制作用

此外、N 沟道结型场效应管正常工作时，漏—源电压 u_{DS} 将形成并影响漏极电流 i_D，当 $u_{GD} > U_{GS(off)}$、$u_{GS} > U_{GS(off)}$ 且不变时，V_{DD} 增大、i_D 增大，G、D 间 PN 结的反向电压增加，使靠近漏极处的耗尽层加宽，沟道变窄，从上至下呈楔形分布；若 $u_{GD} = U_{GS(off)}$ 时，在紧靠漏极处出现预夹断；当出现 $u_{GD} < U_{GS(off)}$ 时，夹断区延长，沟道电阻、V_{DD} 的增大几乎全部用来克服沟道的电阻，i_D 几乎不变，进入恒流状态，i_D 几乎仅仅决定于 u_{GS}。综上分析可知：预夹断前 i_D 与 u_{DS} 呈近似线性关系；预夹断 i_D 后趋于饱和，基本过程如图 1-31 所示。

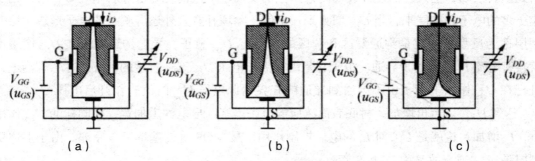

图 1-31　u_{DS} 对 i_D 的控制作用

1.5.2 N 沟道增强型 MOS 管

1. 结构

如图 1-32（a）所示，它是用一块杂质浓度较低的 P 型硅片为衬底，其上扩散两个 N⁺ 区分别作为源极（S）和漏极（D），其余部分表面覆盖一层很薄的 SiO_2，作为绝缘层，并在漏源极间的绝缘层上制造一层金属铝作为栅极（G），就形成了 N 沟道 MOS 管。因为栅极和其他电极及硅片之间是绝缘的，所以称为绝缘栅场效应管。通常将源极和衬底连在一起。符号如图 1-32（b）所示。图中箭头方向表示在衬底与沟道之间由 P 区指向 N 区。

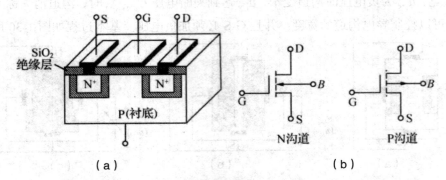

图 1-32　N 沟道增强型 MOS 管结构及符号

2. 工作原理

由图 1-32（a）可见，N^+ 型漏区和 N^+ 型源区间被 P 型衬底隔开，形成两个反向的 PN 结。故 $U_{GS}=0$ 时，不管漏源间所加电压 U_{DS} 的极性如何，总有一个 PN 结反偏，故漏极电流 $I_D \approx 0$。

若栅极间加上一个正向电压 U_{GS}，如图 1-33 所示。在 U_{GS} 作用下，产生垂直于衬底表面的电场，因为 SiO_2 很薄，即使 U_{GS} 很小，也能产生很强的电场。P 型衬底电子受电场吸引到达表层填补空穴，而使硅表面附近产生由负离子形成的耗尽层。若增大 U_{GS} 时，则感应更多的电子到表层来，当 U_{GS} 增大到一定值，除填补空穴外还有剩余的电子形成一层 N 型层称为反型层，它是沟通漏区和源区的 N^+ 型。U_{GS} 愈正，导电沟道宽。在 U_{DS} 作用下就会有电流 I_D 产生管子导通。由于它是由栅极正电压 U_{GS} 感应产生的，故又称感应沟道，且把在 U_{DS} 作用下管子由不导通到导通的临界栅源电压 U_{GS} 的值叫作开启电压 $U_{GS(th)}$。U_{GS} 达到 $U_{GS(th)}$ 后再增加，衬底表面感应的电子增多，导电沟道加宽，在同样的 U_{DS} 作用下，I_D 增加。这就是 U_{GS} 对 I_D 的电压控制作用，是 MOS 管的基本工作原理。由于上述反型层是 N 沟道，故又称 NMOS 管。

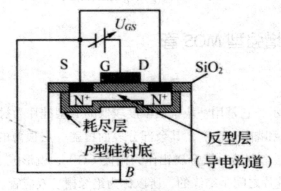

图 1-33　形成导电沟道示意图

当管子加上 U_{DS} 时，则在沟道中产生 I_D，由于 I_D 在沟道中产生的压降使沟道呈楔状，见图 1-34（a）。

当 U_{DS} 增加到使认 $U_{GD}=U_{GS(th)}$ 时，沟道在漏端出现予夹断见图 1-34（b），之后再增加 U_{DS} 则夹断区加长，而 I_D 近似不变。

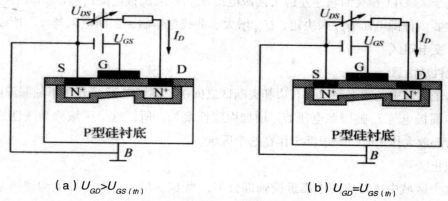

（a）$U_{GD}>U_{GS(th)}$　　　　　　　（b）$U_{GD}=U_{GS(th)}$

图 1-34　U_{DS} 对导电沟道的影响

3. 特性曲线

图 1-35（a）、（b）分别为 N 沟道增强型 MOS 管的转移特性曲线和输出特性曲线。转移特性反映了 U_{GS} 对 I_D 的控制能力，故又称为控制特性。

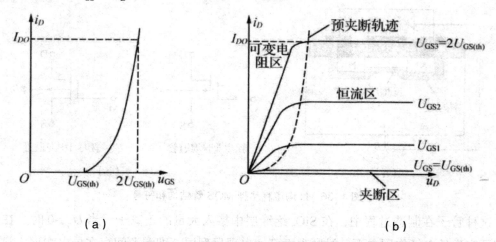

（a）　　　　　　　　　　　　　　（b）

图 1-35　N 沟道增强型 MOS 管的转移特性曲线和漏极特性曲线

（1）转移特性曲线

转移特性曲线是反映漏源电压 U_{DS} 一定时，漏极电流 I_D 与栅源电压 U_{DS} 之间的关系。即：$I_D=f_{(UGS)}|U_{DS}=$ 常数。

由图 1-35（a）可知，当转移特性与横轴的交点即为开启电压 $U_{GS(th)}$。

（2）输出特性曲线

输出特性曲线又称漏极特性，是指当栅源电压 U_{GS} 一定时，漏极电流 I_D 与漏极电压 U_{DS} 之间的关系曲线。即 $I_D=f_{(UDS)}|D_{GS}=$ 常数

如图 1-35（b）所示，不同的 U_{GS} 对应不同的曲线。由图可知，场效应管工作情况可

分为三个区域：可变电阻区、线性放大区和截止区。

①可变电阻区

在这个区域中（预夹断轨迹左边），漏源电压 U_{DS} 较小，漏极电流 I_D 随 U_{DS} 非线性地增大，其数值主要由栅源电压 U_{GS} 来决定，U_{GS} 增大、曲线愈倾斜，因而电阻越大。所以这个区域称为可变电阻区。

②线性放大区

在这个区域中（预夹断轨迹右边和夹断区之间），漏极电流 I_D 几乎不随漏源电压 U_{DS} 变化，但漏极电流 I_D 随栅源电压 U_{GS} 增加而线性增长，所以这个区域称为线性放大区。场效应管起放大作用时，一般都工作在这个区域。

③截止区

在这个区域中（对应图中靠近横轴部分），当 $U_{GS}<U_{GS(th)}$ 时，导电沟道尚未形成，管子处于截止状态，$I_D=0$，所以这个区域称为截止区。

1.5.3 N 沟道耗尽型 MOS 管

图 1-36 是 N 沟道耗尽型场效应管的结构和表示符号图。

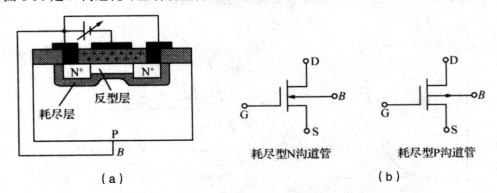

（a）　　　　　　　　　　　　（b）

图 1-36　N 沟道耗尽型 MOS 管结构和符号

这种管子在制造过程中，在 SiO_2 绝缘层中掺入大量的正离子。当 $U_{GS}=0$ 时，在这些正离子产生的电场作用之下，衬底表面已经出现反型层，即漏源间存在导电沟道。只要加上 U_{DS}，就有 I_D 产生。如果再加上正的 U_{GS}，则吸引到反型层中的电子增加，沟道加宽，I_D 加大。反之，U_{GS} 为负值时，外电场将抵消氧化模中正电荷所产生的电场作用，使吸引到反型层中的电子数目减小，沟道变窄，I_D 减小。若 U_{GS} 负到某一值时，可以完全抵消氧化膜中正电荷的影响，则反型层消失，管子截止，这时 U_{GS} 的值称为夹断电压 $U_{GS(off)}$。

N 沟道耗尽型场效应管的特性曲线如图 1-37 所示，（a）图为输出特性曲线，（b）图为转移特性曲线。

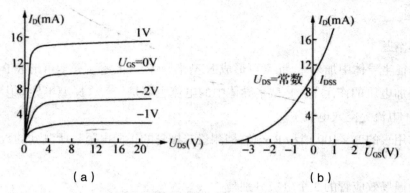

图 1-37　N 沟道耗尽型管的特性曲线

P 型沟道场效应管工作时，电源极性与 N 型沟道场效应管相反。工作原理与 N 型管类似。

1.5.4 场效应管的主要参数

场效应管的主要参数如下：

1. 直流参数

（1）开启电压 $U_{GS(th)}$：是指在 U_{DS} 为某一固定数值的条件下，产生 I_D 所需要的最小 $|U_{GS}|$ 值。这是增强型绝缘栅场效应管的参数。

（2）夹断电压 $U_{GS(off)}$：是指在 U_{DS} 为某一固定数值的条件下，使 I_D 等于某一微小电流时所对应的 U_{GS} 值。这是耗尽型场效应管的参数。

（3）饱和漏极电流 I_{DSS} 是在 $U_{GS}=0$ 的条件下，管子发生予夹断时的漏极电流。这也是耗尽型场效应管的参数。

（4）直流输入电阻 R_{GS}：是栅源电压和栅极电流的比值。绝缘栅型管一般大于 109Ω。

2. 交流参数

（1）跨导 g_m：是衡量场效应管放大能力的重要参数（相当于三极管的 β 值）。

g_m 的表达式为：$g_m = \dfrac{di_D}{du_{GS}}\Big|_{u_{DS}=C}$ （1-11）

即：漏极与源极之间的电压 U_{DS} 为某一固定值时，栅极输入电压每变化量与漏极电流 I_D 变化量的比值。

g_m 单位为西门子（S）或毫西（mS），一般管子的 g_m 为零点几到几毫内。

在转移特性曲线上，g_m 是曲线在某点的切线斜率。

（2）最大耗散功率 P_{DM}：是决定管子温升的参数。$P_{DM}=U_{DS}I_D$ 在场效应管工作时消耗的功率不允许超过这一数值，否则管子会过热而烧坏。

习题

一、填空题

1. 在本征半导体中加入___元素可形成 N 型半导体，加入___元素可形成 P 型半导体。

2. 在外加电压的作用下，P 型半导体中的电流主要是____，N 型半导体中的电流主要是___（电子电流、空穴电流）。

3. 用万用表的 R×100 挡和 R×1K 档测量二极管的正向电阻，所测到的数值将____，因为___。

4. 绝缘栅场效应管的 3 个电极分别是___、_____、___。

5. 开启电压是指_____。饱和漏极电压是指_____。

6. 存放_____场效应管时，应将 3 个电极____，以防止_____。

二、选择题

1. PN 结加正向电压时，空间电荷区将（ ）。

A. 变窄   B. 基本不变   C. 变宽   D. 不能确定

2. 温度升高时，二极管的反向饱和电流将（ ）。

A. 增大   B. 不变   C. 减小   D. 无法确定

3. 点接触型二极管较适用于（ ）

A. 大功率整流   B. 小信号检波   C. 小电流开关

4. 面接触型二极管比较适用于（ ）

A. 高频检波   B. 大功率整流   C. 大电流开关

5. 用万用表欧姆档测量小功率晶体二极管的特性好坏是应把欧姆档拨到（ ）

A. R×100 或 R×1K   B. R×1Ω   C. R×1K   D. 都可以

6. 测得处于放大状态的某三极管一电极对另外两个电极的电压分别为 +3.3V 和 +4V，则此三极管应为（ ）

A. PNP 型锗管   B. NPN 型锗管   C. PNP 型硅管   D. NPN 型硅管

7. 当晶体三极管的两个 PN 结都正偏时，则晶体三极管处于（ ）

A. 截止状态   B. 放大状态   C. 饱和状态   D. 击穿状态

8. 当晶体管的发射结正偏，集电结反偏时，则晶体管处于（ ）

A. 放大状态   B. 饱和状态   C. 截止状态   D. 击穿状态

9. 当环境温度升高时，晶体三极管的反向电流将（ ）

A. 增大   B. 减小   C. 不变   D. 无法确定

10. 三极管处于饱和状态时，它的集电极电流将（ ）

A. 随基极电流的增加而增加

B. 随基极电流的减小而减小

C. 与基极电流变化无关，只决定于 E_C 和 R_C

11. $U_{GS} = 0V$ 时，能够工作在恒流区的场效应管有（　　）。

A. 结型管　　　　　　B. 增强型 MOS 管　　　　C. 耗尽型 MOS 管　　　　D. 以上都不是

12. 绝缘栅场效应管的栅极通常用字母（　　）表示。

A.S　　　　　　　　　B.G　　　　　　　　　C.D　　　　　　　　　D.E

13. 绝缘栅场效应管的转移特性是当 U_{DS} 为固定值时（　　）的关系曲线。

A. U_{GS} 与 i_G　　　　B. U_{DS} 与 i_D　　　　C. U_{GS} 与 i_D　　　　D. U_{DS} 与 U_{GS}

14. N 沟道增强型绝缘栅场效应管，栅源电压 U_{GS} 是（　　）

A. 正极性　　　　　　B. 负极性　　　　　　C. 零　　　　　　D. 不能确定极性

三、计算题

1. 写出能力训练题 1-1 图（a）（b）（c）（d）（e）（f）所示电路中各输出的电压值，设二极管导通电压 $U_D = 0.7V$。

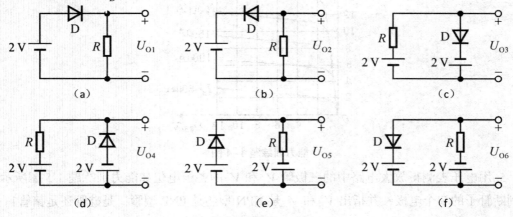

能力训练题 1-1 图

2. 已知稳压管的稳压值 $U_Z = 6V$，稳定电流的最小值 $I_{Zmin} = 5mA$。求能力训练题 1-2 图（a）（b）所示电路中 U_{O1} 和 U_{O2} 各为多少伏。

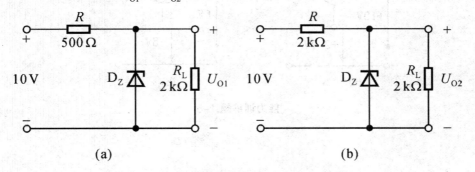

能力训练题 1-2 图

3. 在能力训练题 1-3 图所示电路中，$U=5V$，$u_i=10\sin \omega t$，二极管为理想元件，试画出输出电压 u_{o1}、u_{o2} 的波形。

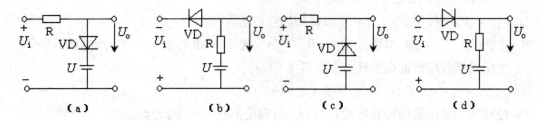

能力训练题 1–3 图

4. 如能力训练题 1-4 图所示是在电路中测出的各个三极管的 3 个电极对地电位。试判断各三极管处于何种状态（设图中 PNP 型管为锗管，NPN 型管为硅管）？

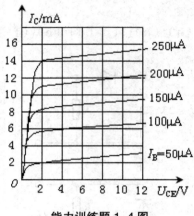

能力训练题 1–4 图

5. 用电压表测得放大电路中的三极管 V_1 和 V_2 的各极电位如能力训练题 1-5 图所示，试判断管子的 3 个电极，并指出 V_1 和 V_2 是 NPN 型还是 PNP 型管；是硅管还是锗管？

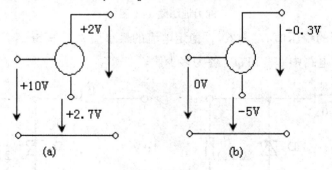

能力训练题 1–5

第 2 章 放大电路

能力目标

1. 能用示波器观察放大电路输入/输出信号波形，熟悉放大电路截止、饱和失真的波形。并能调试放大电路的静态工作点，消除失真的方法。

2. 会用万用表测量三极管的静态工作点，并能由此判断三极管的工作状态。

3. 会用毫伏表测量输入、输出信号的有效值，并由此计算电压放大倍数。

4. 能判断反馈放大电路类型；能测量放大器的开环和闭环放大倍数，并由此计算放大电路的放大倍数及负反馈性能反指标。

5. 会查阅半导体手册，能根据电路的需要选用和代换功率管和功放集成电路。

知识目标

1. 掌握可控整流电路、可控整流触发电路的基本形式及工作原理。

2. 理解单管交流放大电路的放大作用和共发射极、共集电极放大电路的性能特点。

3. 掌握用估算法、图解法分析和计算基本放大电路和多级放大电路的静态工作点。

4. 熟悉绝缘栅场效应管共源极放大电路的性能特点，掌握用估算法计算场效应管放大电路参数。

5. 理解和掌握负反馈的基本概念、判断反馈电路类型的方法及基本计算。

6. 掌握 OTL、OCL 功率放大电路的组成形式、工作原理及工程计算方法。

7. 理解用集成运放组成的比例、加减、微分和积分运算电路的工作原理，了解有源滤波器的工作原理。

2.1 基本放大电路

2.1.1 基本放大器的电路的静态等效电路

在现代技术生产电子设备中，通常需要将微弱的输入信号加以放大，变成与它成正比且幅度较大的输出信号，以便进行有效的观察、测量和利用。例如，我们日常生活中的电视接收机需要将天线接收下来的几微伏的输入信号放大到几十伏输出，显像管才能显示出图像；音响功率放大器要将小信号放大到足够的功率才能够推动音箱中的扬声器发出声音。

自动控制设备把反映压力、温度、位置、光亮度或转速等小信号加以放大后，推动各种继电器动作达到自动控制和调节的目的。这种能把微弱的电信号放大、转换成较强的电信号的电路称为放大电路，也称放大器。

2.1.1.1 放大器的电路系统组成

放大器电路的种类很多，图 2-1（a）为放大器电路系统组成方框图，图 2-1（b）为音响放大电路系统工作示意图。在图 2-1（a）中传感元件能把物理量的变化转换成电压的变化。例如，话筒（传声器）把声波信号转换为交流电压信号；电视机（收音机）天线把电磁波信号转换为交流电压信号；热敏电阻器把温度变化转换为电压变化信号等。电压放大器的主要作用是将小信号电压加以放大。功率放大器主要是将信号放大，除了要求输出一定的电压外，还要求输出较大的电流。执行元件就是把电信号转换成其他形式的能量。例如，扬声器完成电—声转换，显像管完成电—光转换。

放大电路按被放大信号的频率成分不同，可分为直流放大器（能放大很低频率的信号甚至直流信号）、低频放大器（音频信号）、脉冲放大器、宽带放大器和高频放大器等。本节只讨论三极管共射极交流放大电路。

放大器的作用就是把微弱的电信号不失真地加以放大。所谓失真，就是输入信号波形经放大器放大后，输出波形发生了畸变现象。

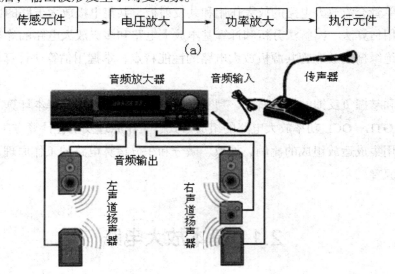

图 2-1　放大系统组成方框与音响放大系统示意图
（a）放大系统组成方框；（b）音响放大系统示意

2.1.1.2 放大器的主要性能指标

为了描述和鉴别放大器性能优劣，给放大器制定了若干性能指标，这些指标主要有：放大倍数、输入电阻、输出电阻、频率响应特性和非线性失真等。对放大器的电路分析就是具体分析这些技术指标，以及影响这些性能指标的因素，从中得出改善这些性能指标的方法。在实际应用中，设计部门主要是根据这些指标来进行选择或合理设计所需要的放大电路。

1. 放大器的放大倍数（增益）

①电压放大倍数 A_u

电压放大倍数 A_u 定义为放大器输出电压 U_o 瞬时值与输入电压 U_i 瞬时值的比值，即

$$A_u = \frac{U_o}{U_i} \qquad (2\text{-}1)$$

②电流放大倍数 A_i

电流放大倍数 A_i 定义为放大器输出电流 I_o 瞬时值与输入电流 I_i 瞬时值的比值，即

$$A_u = \frac{Io}{Ii} \qquad (2\text{-}2)$$

③功率放大倍数 A_p

功率放大倍数 A_p 定义为放大器输出功率 P_o 瞬时值与输入功率 P_i 瞬时值的比值，即

$$A_P = \frac{p_0}{p_i} = \frac{I_0 \cdot u_o}{I_i \cdot u_i} = A_i \cdot A_u \qquad (2\text{-}3)$$

2. 放大器的输入电阻 r_i

从输入端看进出，放大器的等值电阻称为放大器的输入电阻 r_i。

$$r_i = U_i \Big/ I_i \qquad (2\text{-}4)$$

3. 放大器的输出电阻 r_0

从输出端看进去，放大器相当于一个电压源和一个电阻串联的电路，从等值电阻的意义可知，该电阻就是放大器输出端的等值电阻，称为放大器的输出电阻 r_0，如图 2-2 所示。

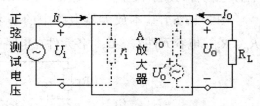

图 2-2　放大器电路等效网络

4. 放大器的通频带 bw

由于放大电路的三极管本身存在结电容，另外有些放大器电路中还接入了电抗元件，如耦合电容、电感、旁路电容等。因此在输入不同的频率信号时，放大电路的输出电压会发生变化，所以放大器对不同频率的交流信号有着不同的放大倍数。一般来说，频率太高或太低放大倍数都要下降，只有对某一频率段放大倍数较高且基本保持不变，设这时放大倍数为 A_{um}，当放大倍数下降为 $\left|A_{um}\right| \Big/ \sqrt{2}$ 时，所对应的频率分别叫上限频率 f_H 和下限频率

f_{L}。上限频率和下限频率之间的频率范围，叫放大器的通频带 f_{bw}，如图 2-3 所示。

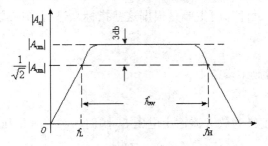

图 2-3　放大器的通频带特性

5. 放大器的非线性失真

由于三极管输入、输出特性在动态范围内不可能保持完全的线性，这样输出波形不可避免地发生线性失真，当对应于某一频率的正弦电压输入时，输出波形将含有一定数量的谐波。它们的总量与基波成分之比，称为非线性失真系数。

6. 放大器的最大输出功率与效率

放大器的最大输出功率，是指它能向负载提供交流功率，用 P_{0max} 表示。放大器的输出功率是通过三极管的控制作用把直流电能转化为交流电能输出的。放大器输出的最大功率与消耗的直流电的总功率 P_E 之比为放大器的效率 η，即

$$\eta = {P_{\text{0max}}}\big/{P_E} \qquad （2\text{-}5）$$

2.1.1.3 三极管基本放大电路组成与元件作用（三极管共射极交流放大电路）

图 2-4（a）是由三极管 V 组成的共射极放大电路。由图可见，电路中只有一个放大器件，且以三极管的发射极作为输入回路与输出回路的公共电极，故称为共射极放大电路。

图 2-4（a）基本放大器电路中的基本元器件有：三极管 V，电源 U_{BB}、U_{CC}，电阻 R_{C}、R_{B}，电容元件 C_1、C_2，各元件在电路中的作用如下：

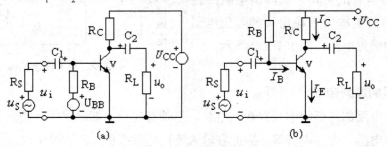

图 2-4　共射放大电路

（a）双电源画法；（b）单电源画法

（1）三极管 V 是放大元件，三极管的放大作用是以输入端的一个小能量信号去控制输出端的一个大能量信号。

（2）电源 U_{CC} 和 U_{BB}。使晶体管产生放大作用的外部条件是：U_{BB} 为提供发射结正偏电压；电源 U_{CC} 一方面为放大电路的输出信号提供能量，另一方面保证集电结处于反向偏置，使三极管工作在放大区。U_{CC} 一般在几伏到十几伏之间。

（3）电阻 R_B 用来调节基极偏置电流 i_B，称为偏置电阻。使晶体管 V 有一个合适的工作点，一般为几十千欧到几百千欧。

（4）R_C 为集电极负载电阻：R_C 一是用来调节集电极偏置电流 i_C；二是将集电极电流 i_C 的变化转换为电压的变化，输出电压 u_o 因 R_C 上电压的变化而改变。这样，放大电路就实现了 u_i 控制 u_o 的电压放大作用。R_C 一般为几千欧到几十千欧。

（5）C_1、C_2 有两重作用：其一起到信号耦合的作用，称为耦合电容，用来传递交流信号。其二，又能使放大电路和信号源及负载间的直流相互隔离，起隔直作用。为了减小传递信号的电压损失，C_1、C_2 应选得足够大，一般为几微法至几十微法，通常采用电解电容器，连接时应注意极性。

在图 2-4（a）所示基本放大电路中，需要用两路直流电源 U_{CC} 和 U_{BB}。在实际应用中常利用 U_{CC} 代替 U_{BB}，并将 R_B 改接到 U_{CC} 上，如图 2-4（b）所示，这样放大电路只用一路电源 U_{CC} 供电，仍可保证三极管的发射结处于正向偏置。只要调整基极电阻 R_B，即可得到合适的静态工作点。U_{CC} 同时为输入和输出回路提供直流电源。

在电子放大电路中，通常把公共端接地，用 "⊥" 符号标出，作为电路的参考点。同时为了简化电路的画法，习惯上不画电源 U_{CC} 的符号。只在连接其正极的一端标出它对地的电压值 U_{CC}，如图 2-4（b）所示，忽略直流电源 U_{CC} 的内阻。

1. 三极管基本放大电路的静态等效电路画法

放大电路的分析一般可分为静态分析和动态分析。所谓静态，输入信号为零（$U_i=0$）时，电路的工作状态，也称直流工作状态。而所谓动态，输入信号不为零（$U_i \neq 0$）时，电路的工作状态，也称交流工作状态。

三极管基本放大电路静态工作状态下的直流通路画法是：在基本放大电路当没有输入信号（$U_i=0$）作用时，电路在直流电源作用下，直流电流流经的通路。对于静态下的直流通路画法原则是：①电路中的电容视为开路；②电路中的电感线圈视为短路；③交流信号源视为短路，但保留其内阻。所以图2-1（a）放大电路的直流通路可用画图2-5 直流电路。

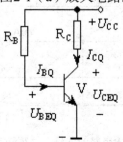

图 2-5　直流电路

2. 放大电路的静态分析与估算计算

基本共射极放大电路处于静态时，三极管电极的电压、电流在特性曲线上确定为一点，称为静态工作点，常称为 Q 点。一般用 I_B、I_C 和 V_{CE}（或 I_{BQ}、I_{CQ}、和 V_{CEQ}）表示。

基本放大电路直流通路用于确定电路的静态工作点，从图 2-5 中可以看出，此时基极电流由 KVL 定理可得

$$I_{BQ} = \frac{U_{CC} - U_{BEQ}}{R_B} \tag{2-6}$$

式中中 U_{BE}：硅管 U_{BE}=0.7V，锗管 U_{BE}=0.2V 较小，在有些计算中可以近似地认为 I_B 基本上由 U_{CC} 和 R_B 决定，即

$$I_{BQ} \approx \frac{U_{CC}}{R_B} \tag{2-7}$$

根据三极管的电流放大作用，并忽略透电流 I_{CEO}，可得出静态集电极电流：

$$I_{CQ} = \bar{\beta} I_{BQ} + I_{CEO} \approx \bar{\beta} I_{BQ} \tag{2-8}$$

此时三极管集 - 射极电压为：

$$U_{CBQ} = U_{CC} - I_C R_C \tag{2-9}$$

由以上各式可以看出，放大电路在静态时，三极管的电流、电压都是确定的直流量，这些直流量确定了放大电路的静态工作点。

2.1.1.4 三极管基本放大电路的图解法计算静态工作点

前面学习用近似估算法计算放大电路的静态工作点方法，该方法是必须已知三极管的 β 值，才能计算和分析静态工作 Q 点。用图解分析法确定静态工作点（Q 点）：其方法是必须已知三极管的输入输出特性曲线，才能计算和分析静态工作 Q 点。

1. 放大电路直流负载线

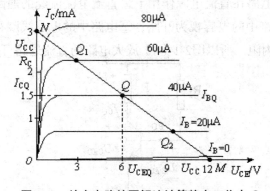

图 2-6　放大电路的图解法计算静态工作点 Q

图 2-6 所示是三极管的输出特性曲线，在放大电路静态时集电极电流 I_C 与集射极电压

U_{CE} 之间的关系曲线，称为直流负载线。在图 2-5 的直流通路中，电源 U_{CC} 和集电极负载电阻 R_C 构成电路线性部分，由欧姆定律可列出 I_C 和 U_{CE} 之间的关系式为：

$$U_{CE} = U_{CC} - I_C R_C \qquad\qquad (2\text{-}10)$$

或 $$I_C = -\frac{1}{R_C} U_{CE} + \frac{U_{CC}}{R_C}$$

在放大电路静态时集电极电流 I_C 与集射极电压 U_{CE} 之间的关系曲线是一个直线方程，描述了放大电路集电极回路中 U_{CC} 和 R_C 的伏安特性，其斜率为 $-\frac{1}{R_C}$，故称为直流负载线。

作直流负载线时，只需在图 2-6 上，由上面的直线方程式确定两个特殊点（M，N）即可。这两个点如下：

横轴上 M 点：$I_C=0$，则 $U_{CE}=U_{CC}$；

纵轴上 N 点：$U_{CE}=0$，则 $I_C = \dfrac{U_{CC}}{R_C}$。

连接 M、N 两点即得直流负载线。

2. 放大电路静态工作点的图解分析法

直流负载线 MN 与三极管的 $i_B=I_B$ 的那条输出特性曲线的交点就是放大电路的静态工作点 Q，根据 Q 点的位置，即可从输出特性曲线上得到相应的 I_C 和 U_{CE}。至此，通过图解法将放大电路的静态工作点求出，即图 2-6 中的 I_{BQ}、I_{CQ}、U_{CEQ}。

工作任务三放大电路的静态分析与计算训练

【案例 2-1】在图 2-4（b）的放大电路中，已知 $U_{CC}=+12V$。$R_C=4k\Omega$，$R_B=300k\Omega$，$\overline{\beta}=37.5$，试分别用计算法和图解法求静态工作点。三极管的输出特性曲线如图 2-6 所示。

解 （1）计算法由放大电路的直流通路可得出

$$I_B \approx \frac{U_{CC}}{R_B} = \frac{12V}{300k\Omega} = 0.04mA = 40\mu A$$

$$I_C = \overline{\beta} I_B = 37.5 \times 0.04mA = 1.5mA$$

$U_{CE}=U_{CC} - I_C R_C=12 - 1.5 \times 4V=6V$

（2）图解法由放大电路的直流通路列出直线方程：

$$U_{CE} = U_{CC} - I_C R_C$$

找出负载线上的两个特殊点：

横轴上 M 点：$I_C=0$，则 $U_{CE}=U_{CC}=12V$；

纵轴上 N 点：$U_{CE}=0$，则 $I_C = \dfrac{U_{CC}}{R_C} = \dfrac{12V}{4k\Omega} = 3mA$。

可在图 2-14 的三极管输出特性曲线上做出直流负载线 NM，它与 I_B=40μA 的一条输出特性曲线的交点即是静态工作点。由图可得出工作点的静态值为：

I_B=40μA I_C=1.5mA U_{CE}=6V

可见本例中用图解法得到的静态工作点与计算法得到的结果完全一致。

2.1.2 基本放大电路的动态等效电路

在静态时，放大电路的输入信号为零。电路在直流电源 U_{CC} 的作用下，三极管各极的电压、电流都是直流量。若在图 2-4 放大电路中的输入端加上一个正弦交流信号，则放大电路中各处的电压、电流将在原来直流量的基础上叠加一个交流成分，出现交直流并存现象。所以，动态分析是在静态工作点确定后分析交流信号的传输放大情况，考虑的只是电流和电压的交流分量（u_i、i_b、i_c、u_{ce}、u_o）。

1. 基本放大电路交流通路画法

放大器的主要作用是将微弱的交流信号加以放大后输出到下一级放大器或用电设备中去。因此，在实际应用中，放大器的输出端总是带有外接负载，可用电阻 R_L 来等效。

在无交流信号输入时（u_i=0），放大器处于直流工作状态。由于 C_2 的隔直流作用，负载电阻 R_L 对放大器不产生影响，此时直流负载电阻就是集电极电阻 R_C。

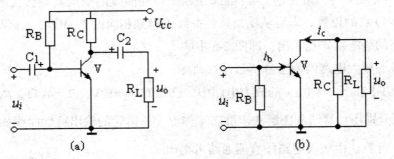

图 2-7　基本放大电路交流通路等效电路画法

（a）基本放大电路（b）交流通路等效电路

当有交流信号输入时（$u_i \neq 0$），其交流通路画法：①容量大的电容视为短路；②直流电源视为短路。由此，图 2-7（a）放大器的交流通路如图 2-7（b）所示。

2. 基本放大电路交流负载线画法

如图 2-7（b）所示，放大器集电极电流的交流分量通过集电极电阻 R_C 和耦合电容 C_2 流过负载电阻 R_L，这时实际负载电阻应是 R_C 和 R_L 的并联，其等效电阻为 R'_L，即

$$R'_L = R_C // R_L = \frac{R_C R_L}{R_C + R_L}$$

由前面的讨论可知，用图解法分析放大器静态特性时，可根据直流电阻 R_C 做出直流

负载线 MN，其斜率是 $1/R_C$。同理，用图解法分析放大器动态特性时，可根据交流等效电阻 R'_L 作交流负载线 $M'N'$，其斜率是 $1/R'_L$。

作交流负载线方法一般是先找到静态工作点 Q，过 M 点作斜率 $1/R'_L$ 辅助线 ML，过 Q 点作 ML 的平行线 $M'N'$，$M'N'$ 即是要求的交流负载线。如图 2-8 所示。

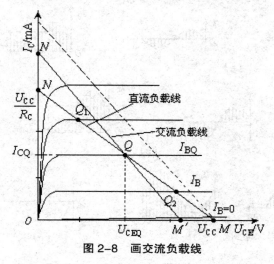

图 2-8　画交流负载线

3. 基本放大电路动态时的各电极电压和电流波形

图 2-7（a）放大电路设置了静态工作点。假设输入信号 u_i 为一个正弦交流电压。u_i 通过耦合电容 C_1 加到三极管的基射极，$u_{EB}=U_{BE}+u_i$，u_{EB} 变化引起基极电流的变化，此时基极总电流 $i_B=I_{BQ}+i_b$。由于三极管工作在放大区，基极电流 i_B 对集电极电流 i_C 有控制作用，所以基极电流的变化将使集电极电流 i_C 和集射极电压 u_{CE} 作相应变化。

（1）集电极电流：$i_C=I_{CQ}+i_c=\beta$（$I_{BO}+i_b$），其中 I_{CQ} 直流分量，i_b 交流分量。

（2）集电极电压：$u_{CE}=U_{CEQ}+u_{ce}=U_{CC}-i_CR_C=U_{CC}-\beta$（$I_{BQ}+i_b$）$R_C=U_{CEQ}-i_cR_C$，其中 U_{CEQ} 为直流分量，$u_{ce}=-i_cR_C$ 为交流分量

式中，负号表示 i_c 增加时 u_{ce} 将减小，也就是说 u_{ce} 与 i_c 反相。故 $u_{CE}=U_{CEQ}+u_{ce}$ 的波形如图 2-9（d）所示。

（3）输出电压：$u_o=u_{ce}-i_cR_C$

由于耦合电容 C_2 起隔直流、通交流的作用，输出端 u_{CE} 中的直流分量 U_{CEQ} 被隔开，放大器的输出电压 u_0 等于 u_{CE} 中的交流分量 u_{ce}，所以加入正弦交流信号电压后，输出电压：$u_o=u_{ce}-i_cR_C$

负号说明输出信号电压 u_0 与 i_c 是反相关系，而 u_i、i_b、i_c 是同相的，故输出信号电压 u_o 与输入信号电压 u_i 是反相。图 2-9（a）中画出了 u_i、i_b 的波形，图 2-9（b）、（c）、（d）、（e）中分别画出了相对应的 i_B、i_C、u_{CE} 和 u_o 的波形。

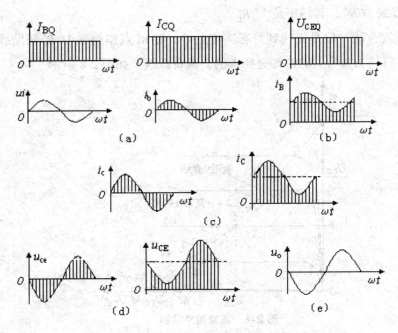

图 2-9　放大器各处的电压、电流波形

（a）输入信号 u_i、i_b 的波形；　（b）电流 i_B 的波形；　（c）电流 i_c、i_C 的波形；

（d）u_{ce}、u_{CE} 的波形；　（e）输出信号电压 u_o 的波形

2.1.3 基本放大电路微变等效电路

如前所述，由于三极管是一个非线性元件，所以放大电路是一个非线性电路。因此，放大电路的分析和计算就是非线性电路的分析和计算。把非线性元件晶体三极管所组成的放大电路等效成一个线性电路，就是放大电路的微变等效电路。然后用线性电路的分析方法来分析，这种方法称为微变等效电路分析法。

2.1.3.1 三极管的微变等效电路

把三极管线性化就是用一个线性等效电路来代替它。三极管线性化的等效的条件：是晶体管在小信号（微变量）情况下工作。当放大电路的输入信号电压很小时，就可以把三极管小范围内的特性曲线近似地用直线来代替。放大电路线性化后得到的微变等效电路就是一个线性电路。这个等效电路是对交流微变量而言的，只能用于分析小信号输入的动态工作情况，不能用来计算静态工作点。

下面从三极管的输入特性曲线和输出特性曲线两方面来分析讨论。

1. 三极管基－射极之间的微变等效电路

在图 2-10（a）的输入特性曲线上，在 Q 点附近的一个小范围内，这段输入特性曲线

基本上是直线。也就是说，可以认为基极电流的变化量 $\triangle I_{B}$ 与基射极电压的变化量 $\triangle U_{BE}$ 成正比，则三极管的基射极之间可以用一个线性电阻 r_{be} 来代替：

$$r_{be} = \frac{\Delta U_{BE}}{\Delta I_B} \qquad （2-11）$$

r_{be} 称为三极管的输入电阻。当输入为微变交流量时，其输入回路的等效电路如图 2-11 所示。根据分析证明，在常温下三极管的输入电阻由下式算出：

$$r_{be} = 300\Omega + (1+\beta)\frac{26mV}{I_E(mA)} \qquad （2-11）$$

式中，I_E 是发射极静态电流。低频小信号时，r_{be} 一般为几百欧到几千欧，它是对交流信号而言的一个动态电阻。

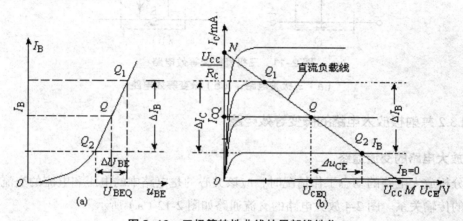

图 2-10　三极管特性曲线的局部线性化

2. 三极管集 – 射极之间的微变等效电路

图 2-10（b）的输出特性曲线，在 Q 点附近一个小范围内，可以将各输出特性曲线近似认为是平行的，而且相互之间平行等距。也就是说，集电极电流的变化量 ΔI_C 与集射极电压的变化量 ΔU_{CE} 无关，而仅仅取决于基极电流变化量。所以三极管的输出回路可等效为一个受控电流源 $i_c = \beta i_b$，即

$$\Delta I_C = \beta \Delta I_B$$

当用微变交流量表示时，β 为三极管的电流放大系数，在小信号情况下 β 是一个常数，一般在 20 ~ 200 之间，在晶体管手册中常用 h_{fe} 表示。

实际上三极管的输出特性曲线并非与横轴平行，当 I_B 为常数时，U_{CE} 的变化会导致 I_C 变化，两者之比为：

$$r_{ce} = \frac{\Delta U_{CE}}{\Delta I_C}$$

当用微变交流量来表示时 $r_{ce} = \dfrac{u_{ce}}{i_c}$，在小信号条件下，$r_{ce}$ 是一个常数，称为三极管的输出电阻。r_{ce} 和受控恒流源 βi_b 并联，如果把三极管的输出电路看作电流源，r_{ce} 也就是电源的内阻。由于输出特性近似认为是水平的，r_{ce} 高达几十千欧到几百千欧，所以在后面的微变等效电路中忽略不计，称这时的微变等效电路为简化微变等效电路。三极管的微变等效电路如图 2-11（b）所示。

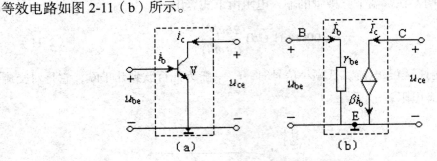

图 2-11　三极管微变等效电路

（a）三极管电路；（b）微变等效电路

2.1.3.2 共射极放大电路的微变等效电路

1. 放大电路的交流通路

在分析放大电路的动态工作情况时，应该关心的是电路中的电压和电流的交流分量在电路中的传输关系。图 2-4 放大电路的交流通路如图 2-12（a）所示。

2. 放大电路的微变等效电路

输入回路把交流通路中的三极管基 - 射极之间用 r_{be} 电阻等效代替，R_B 与 r_{be} 并联。输出回路中三极管集射极之间的电压 u_{CE} 的交流分量 u_{ce} 同时作用在 R_C、R_L 两个并联电路上；一个是经电阻 R_C 和电源 U_{CC} 形成回路；另一个是经电容 C_2 与负载电阻 R_L 形成回路。如果忽略耦合电容 C_1 和 C_2 对交流分量的容抗和电源内阻。即认为 C_1、C_2 和电源 U_{CC} 对交流分量而言相当短路。三极管集 - 射极之间用一个受控电流源 $i_c=\beta i_b$ 代替，可画出共射极放大电路的微变等效电路，如图 2-12（b）所示。假若放大电路中的电压和电流的交流分量都是正弦信号，也可用相量表示。图 2-12（b）所示为用相量表示的共射极放大电路的微变等效电路。

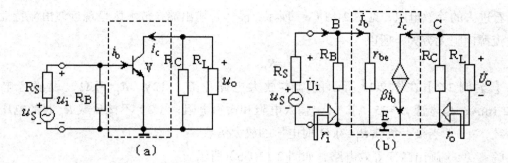

图 2-12　基本放大电路的等效电路画法

（a）基本放大电路的交流通路；（b）等效电路

2.1.3.3 放大电路的参数计算

1. 放大电路电压放大倍数的计算

$$A_v = \frac{v_0}{v_i}$$

在图 2-12（b）用相量表示放大电路的微变等效电路中有如下关系式：

$$U_i = \dot{I}_B r_{be}$$

$$\dot{U}_o = -\dot{I}R'_L$$

$$R'_L = R_C // R_L = \frac{R_C R_L}{R_C + R_L}$$

$$\dot{A}_u = \frac{u_o}{u_i} = \frac{-\beta \dot{I}_B R'_L}{\dot{I}_B r_{be}} = -\beta \frac{R'_L}{r_{be}} \tag{2-12}$$

当放大电路空载时即 $R_L = \infty$，则：$R'_L = R_C$

$$\dot{A}_u = \frac{u_o}{u_i} = -\beta \frac{R_C}{r_{be}} \tag{2-13}$$

当放大电路接入负载 R_L 时，等效负载电阻 R'_L 减小，从而使放大倍数下降。

2、放大电路输入和输出电阻的计算

（1）输入电阻 r_i 放大电路的输入电阻是从放大电路的输入端看进去的等效电阻，定义为：$r_i = U_i/I_i$。由图 2-12（b）可得出放大器输入电阻应为 R_B 与 r_{be} 的并联值，即

$$r_i = R_B // r_{be}$$

一般　　　　$R_B > r_{be}$

所以　　　　$r_i \approx r_{be}$ 　　　　　　　　　　　　　　　　　（2-14）

（2）输出电阻 r_o 放大电路的输出电阻是从放大电路的输出端（不包含外接负载电阻 R_L）看进去的等效电阻，见图 2-12（b）所示，晶体管输出端在放大区呈现近似恒流特性，因电流源内阻无穷大，所以

$$r_o = R_C$$

【案例 2-2】在图 2-13 所示的基本放大电路中 U_{CC}=12V，R_C=3kΩ，设静态电流 I_{EQ}=2.1mA，晶体管 β=35。求（1）输入电阻和输出电阻；（2）不接负载 R_L 时的电压放大倍数；（3）当接上负载 R_L=3kΩ 时电压的放大倍数。

解：（1）画出微变等效电路，如图 2-13（b）所示。

$$r_{be} = 300 + (1+\beta)\frac{26\text{mV}}{I_{EQ}(\text{mA})} = 300 + (1+35) \times \frac{26\text{mV}}{2.1(\text{mA})} \approx 746k\Omega$$

输入电阻 r_i 为：

$$r_i = R_B // r_{be} = R_B // 0.746 \approx 0.746 k\Omega$$

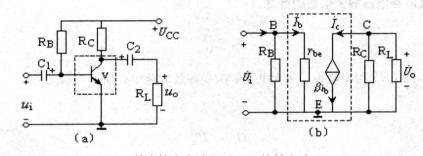

图 2-13 基本放大器及微变等效电路

（a）基本放大电路； （b）微变等效电路

输出电阻 r_o 为：

$$r_o = R_C = 3k\Omega$$

（2）不接负载 R_L 时的电压放大倍数

$$A_u = -\frac{\beta R_C}{r_{be}} \approx -\frac{35 \times 3}{0.746} = -141$$

（3）当接上负载 R_L=3kΩ 时电压的放大倍数为

$$A_u = -\frac{\beta R_L'}{r_{be}} \approx -\frac{35 \times \frac{3 \times 3}{3+3}}{0.746} \approx -70$$

2.1.4 基本放大电路信号波形

2.1.4.1 放大电路测试与信号波形观察

1. 测试电路与设备

测试电路：如图 2-14 所示

设备：万用表、示波器、信号发生器、直流稳压电源，元件参数：R_{W1}=470kΩ，R_{b1}=10kΩ，Rc=3kΩ，R_{L2}=1kΩ（1.1kΩ），C_1=C_2=10μF，V_{CC}=+15V，三极管 3DG100A，ß=60。

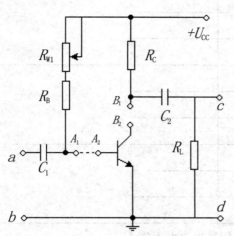

图 2-14　放大电路信号波形失真测试

2. 放大电路信号波形测试

步骤 1：按图 2-14 所示连接测试电路

步骤 2：接入放大器工作电源，连接 B_1、B_2，断开 A_1、A_2 将万用表串入 A_1、A_2 中，调节 R_{W1} 使 I_B=20μA，去掉万用表短接 A_1、A_2 线，断开 B_1、B_2 将万用表串入 B_1、B_2 中，测量 I_C，再用万用表测出 U_{CE}、U_{BE} 值，并记入表 2-1 中。

步骤 3：将信号发生器输出正弦波信号接入 a、b 间，调节低频信号发生器，观测接线如图 2-15 所示。使其输出 1kHz、10mV 的正弦波信号，并在表中画出示波器输出电压 U_o 波形。

步骤 4：按步骤 2 的操作，调节 R_{W1} 使 I_B=40μA 和 I_B=60μA，当输入 1kHz、10mV 的正弦波信号不变的状况下。观测输出的波形变化。

步骤 5：按步骤 2 的操作，调节 R_{W1} 使 I_B=40μA 不变，将信号发生器输出正弦波信号接入 a、b 间，调节低频信号发生器，使其输出 1kHz、10mV 的正弦波信号。调节 R_{W1} 使输出波形无失真。然后逐渐加大输入信号 u_i 的电压幅度，并用示波器监视输出电压 U_o 波形。

步骤 6：放大电路输出波形变化讨论，结论是：如果放大电路静态工作点 Q 的位置设置不当或输入信号幅值过大或过小，会使放大电路的输出波形产生明显的非线性失真。

表 2-1　放大电路信号输出波形观测记录

序号	调节	测量记录值		输出电压波形	波形变化分析
1	$I_B=20\mu A$	U_{BE}			
		U_{CE}			
		I_C			
2	$I_B=40\mu A$	U_{BE}			
		U_{CE}			
		I_C			
3	$I_B=60\mu A$	U_{BE}			
		U_{CE}			
		I_C			
4	$I_B=40\mu A$ 不变	调节 R_{W1} 使输出波形无失真。然后逐渐加大输入信号 u_i 的电压幅度			

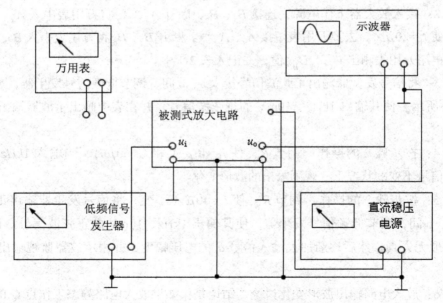

图 2-15　放大电路信号波形测试接线图

2.1.4.2 放大电路信号波形失真图解分析

由放大电路信号波形失真测试可知，放大电路基极电流 I_B 的大小影响着静态工作点 Q 在直流负载线上的位置，也就是说，如果放大电路静态工作点 Q 的位置设置不当或输入信号幅值过大或过小，会使放大电路的输出波形产生明显的非线性失真。利用图解法可以在特性曲线上形象地观察到波形的失真情况。

如图 2-16（a）（b）所示，若 Q 点偏高，当 i_b 按正弦规律变化时，Q' 进入饱和区，造成 i_c 和 u_{ce} 的波形与 i_b（或 u_i）的波形不一致，输出电压 u_o（u_{ce}）的负半周出现平顶畸变，称为饱和失真；若 Q 点偏低，则 Q'' 进入截止区，输出电压 u_o 的正半周出现平顶畸变，称为截止失真。饱和失真和截止失真统称为非线性失真。显然，为了获得幅度大而不失真的交流输出信号，放大器的静态工作点应选在交流负载线的中点 Q 处。

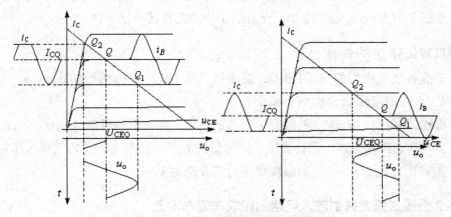

图 2-16 放大电路信号波形失真图解分析

（a）饱和失真；（b）截止失真

2.1.5 分压式偏置共射放大电路

2.1.5.1 了解放大电路静态工作点的稳定因素

通过基本放大电路的测试和图解分析过程可以看出，合理设置静态工作点是保证放大电路正常工作的先决条件，Q 点设置过高或过低都可能使放大器输出信号产生失真。由于放大电路的静态工作点是由 $i_B=I_B$ 的那条输出特性曲线与直流负载线的交点决定的，因此电源电压 U_{CC} 和集电极负载电阻 R_C 一经选定，偏置电流 I_B 也就决定了静态工作点 Q 的位置。在图 2-4（a）所示的共射极放大电路中，其偏置电流 I_B 由下式 2-15 确定，即

$$I_B = \frac{U_{CC} - U_{BE}}{R_B} \approx \frac{U_{CC}}{R_B} \quad\quad （2-15）$$

可见，R_B 一经选定后，I_B 将固定不变，故称为固定偏置共射放大电路。固定偏置电路简单，易于调整，但在外界条件变化时，会造成工作点的不稳定，使原来合适的静态工作点变为不合适而产生失真。

引起放大电路静态工作点不稳定的原因较多，如温度变化、电源电压波动、元件老化而使参数发生变化，其中最主要的原因是温度变化的影响，因为三极管的特性和参数对温度的变化特别敏感。

1. 温度变化时对 I_{CEQ} 的影响

一般情况，温度每上升 12℃，锗管的 I_{CEO} 数值增大一倍，温度每上升 8℃，硅管的 I_{CEO} 数值增大一倍，使静态工作点 $I_{CQ}=\beta I_{BQ}+I_{CEO}$ 增加，Q 点上移接近饱和区。

2. 温度变化对发射结电压 UBE 的影响

在电源电压和偏置电阻一定的情况下，温度升高后，使 U_{BE} 减小，将使基极电流，I_B 增加，从而使集电极电流 $I_C=\beta I_B$ 随之增加，使静态工作点上移接近饱和区。

3. 温度变化对 β 的影响

温度升高将使三极管的 β 值增大，温度每升高 1℃，β 值约增加 0.5% ~ 1%，最大可增加 2%。反之温度降低，β 值将减小。

综上所述，①I_{CBO}、b、V_{BE} 随温度 T 升高的结果，都集中表现在 Q 点电流 I_C 的增大，Q 点上移，其静态工作点难以保持稳定。②硅管的 I_{CBO} 小，温度的变化主要考虑对 V_{BE} 和 的影响。③锗管的 I_{CBO} 大，I_{CBO} 的温度影响对锗管是主要的。

2.1.5.2 分压式偏置共射放大电路的组成与工作原理

1. 分压式偏置放大电路组成

图 2-17（a）所示是一个具有分压式电流负反馈工作点稳定的共射放大电路，通常简称分压式偏置电路。R_{B1} 为上偏置电阻，R_{B2} 为下偏置电阻，电源电压 U_{CC} 经 R_{B1}、R_{B2} 分压后得到基极电压 U_{BQ}，提供基极电流，R_E 发射极电阻。C_E 是射极旁路电容，它的存在使得在讨论交流电路时不必考虑 R_E 的影响。引入分压式偏置电路的目的是使基极电位更加稳定，引入发射极电阻的目的是使 I_C 更加稳定。

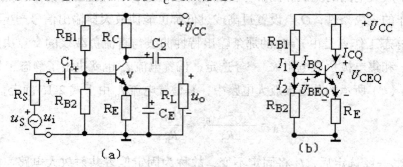

图 2-17　分压式偏置共射放大电路及直流通路

（a）分压式偏置共射放大电路；（b）直流通路

2. 分压式偏置放大电路稳定静态工作点原理

分压式偏置电路稳定静态工作点的过程是，温度上升后，集中表现在三极管集电极电流 I_C 的增大，因此稳定静态工作点就是设法稳定静态电流 I_C。如图 2-17 可知 $U_{BEQ}=U_{BQ}-$

U_{EQ}。当环境温度升高时，引起 I_{CQ} 增加，I_{EQ} 也增加，导致 U_{EQ}（$U_{EQ}=I_{EQ}R_E$）增加，使得 U_{BEQ} 减小，于是基极偏流 I_{BQ} 减小，使集电极电流 I_{EQ} 的增加受到抑制，达到稳定工作点的目的。这种通过电路的自动调节作用来抑制电路静态工作点变化的技术称为"负反馈"。对此，将在后面的学习中做进一步讨论。其稳定工作点的过程用符号表示如下：

$$温度\ T\uparrow \rightarrow I_C\uparrow \rightarrow I_E\uparrow \rightarrow U_E(=I_E R_E)\uparrow \rightarrow U_{BE}(=U_B-I_E R_E)\downarrow \rightarrow I_B\downarrow$$
$$I_C\downarrow$$

实验证明，分压式偏置电路稳定静态工作点的效果好，是一种普遍应用的偏置电路。这种偏置电路中 R_E 并联的旁路电容 C_E 的作用是提供交流信号通路，减少信号放大过程中的损耗，使放大器的交流信号放大能力不致因 R_E 的存在而降低。

3. 分压式偏置电路静态工作点的分析与计算

（1）分压式偏置电路静态工作分析

分压式偏置电路静态工作的计算与基本放大电路计算相同，采用近似估算法。如图 2-18 所示，在已知电源电压 U_{CC}、R_{B1}、R_{B2}、R_C、R_E 及三极管的电流放大系数 β 的情况下，当满足稳定工作点的条件时，可以采用近似估算求出电路的静态值。

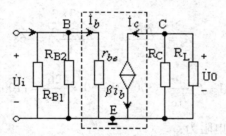

图 2-18 分压式偏置电路微变等效电路

条件 1：当 $I_1 \approx I_2 \gg I_B$ 时，则忽略 I_B 的分流作用：$U_{BQ}=R_{b2}I_2=\dfrac{R_{B2}}{R_{B1}+R_{B2}}U_{CC}$

条件 2：当 $U_B \gg U_{BE}$ 时，忽略 U_{BE} 则：$I_{CQ} \approx I_E = I_{CQ} \approx I_E = \dfrac{U_B-U_{BE}}{R_E} \approx \dfrac{U_B}{R_E}$

$$I_{BQ}=\frac{I_{CQ}}{\beta} \qquad\qquad (2\text{-}16)$$

$$A_u=-\frac{\beta R'_L}{r_{be}}$$
$$\qquad\qquad\qquad (2\text{-}17)$$
$$R_i=R_{B1}\,//\,R_{B2}\,//\,r_{be}$$

$$R_o=R_C$$

（2）分压式偏置电路动态分析计算

在估算图 2-17（a）电路的动态值时，仍然把直流电源及电容都视为短路，可画出图 2-18

所示的微变等效电路。其电路电压放大倍数、输入、输出电阻的计算如下：

【案例 2-3】在图示 2-17（a）所示的放大电路中，已知 U_{CC}=12V，R_{B1}=20kΩ，R_{B2}=10kΩ，R_C=3kΩ，R_E=2kΩ，R_L=3kΩ，β=50，试估算静态工作点，并求电压放大倍数、输入电阻和输出电阻。

（1）用估算法计算静态工作点：

$$U_B = \frac{R_{B2}}{R_{B1} + R_{B2}} U_{CC} = \frac{10}{20 + 10} \times 12 = 4V$$

$$I_{CQ} \approx I_{EQ} = \frac{U_B - U_{BEQ}}{R_E} = \frac{4 - 0.7}{2} = 1.65mA$$

$$I_{BQ} = \frac{I_{CQ}}{\beta} = \frac{1.65}{50} mA = 33\mu A$$

$$U_{CEQ} = U_{CC} - I_{CQ}(R_C + R_E)$$

$$= 12 - 1.65 \times (3 + 2) = 3.75V$$

（2）电压放大倍数：

$$A_u = -\frac{\beta R_L'}{r_{be}} = -\frac{50 \times \frac{3 \times 3}{3 + 3}}{1.1} = -68$$

$$r_{be} = 300 + (1 + \beta)\frac{26}{I_{EQ}} = 300 + (1 + 50) \times \frac{26}{1.65} = 1100\Omega = 1.1k\Omega$$

（3）输入电阻和输出电阻为：

$$r_0 = R_C = 3k\Omega$$

2.1.6 多级放大电路

当输入信号比较弱时，若只用一级放大电路，通常不能得到负载所需的放大倍数和输出功率，所以电子设备中一般采用对输入信号进行逐级接力方式的连续放大，以便获得足够的输出功率去推动负载工作，这就是多级放大电路。在多级放大电路中，各级之间的连接称为耦合，多级放大电路常用耦合方式有：直接耦合、阻容耦合、变压器耦合和光电耦合。

在多级放大电路中，根据所处位置与用途不同，可将多级放大电路分为输入级、中间级、末前级和输出级等几部分，如图 2-19 所示。输入级和中间级又组成所谓的前置级，主要用作电压（或电流）放大，以将微弱的输入信号放大到足够的幅度，然后推动输出级工作，以获得负载所需要的输出功率。

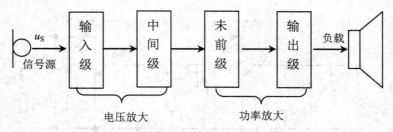

图 2-19 多级放大电路系统构成

2.1.6.1 阻容耦合式多级放大电路的组成

2-20 所示为两级阻容耦合放大电路，两级之间的连接通过耦合电容 C_2 把前级的输出信号加到后级的输入电阻上，故称为阻容耦合。

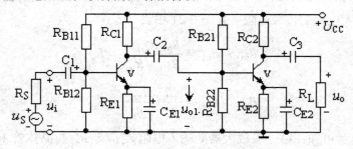

图 2-20 两级阻容耦合放大电路

2.1.6.2 阻容耦合式多级放大电路的优点和缺点

阻容耦合式多级放大电路有很多的优点：如结构简单，成本低，频率特性较好，特别是由于前后级之间的直流通路被耦合电容 C_2 隔开，因而前后两级的静态工作点都是独立的，互不牵扯，各级静态工作点互不影响，可以单独调整到合适位置；放大电路的静态和动态分析与单级放大电路时一样，所以阻容耦合得到广泛应用。

缺点：不能放大变化缓慢的信号和直流分量变化的信号；且由于需要大容量的耦合电容。因此不能在集成电路中采用。主要用于分立元件的交流放大电路。

2.1.6.3 阻容耦合式多级放大电路的计算

1. 阻容耦合式多级放大电路电压放大倍数的计算

步骤 1：计算各级静态工作点

步骤 2：画出阻容耦合两级放大电路的交流通路

在图 2-20 所示的阻容耦合两级放大电路中，由于耦合电容 C_1、C_2、C_3 以及射极旁路电容 C_{E1}、C_{E2} 的容量较大，对交流信号而言可看作短路，其交流通路如图 2-21 所示。

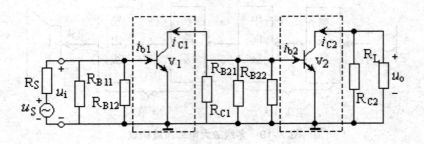

图 2-21 阻容耦合两级放大电路的交流通路

步骤3：分析各放大级的负载电阻

在分析计算每一级电压放大倍数时，必须考虑前后级之间的影响。例如，后级的输入电阻就是前级放大电路的负载电阻。在图 2-21 中设

$$R_{B11}//R_{B12} = \frac{R_{B11}R_{B12}}{R_{B11} + R_{B12}} = R'_{B}$$

$$R_{B21}//R_{B22} = \frac{R_{B21}R_{B22}}{R_{B21} + R_{B22}} = R'_{B2}$$

由图 2-21 所示可知：第一级放大器的输入电阻 r_{i1} 应是 R'_{B1} 与晶体管 V_1 的输入电阻 r_{be} 的并联值，即

$$r_{i1} = R'_{b1}//r_{be1} = \frac{R'_{b1}r_{be1}}{R'_{b1} + r_{be1}}$$

同理，第二级的输入电阻 r_{i2} 为

$$r_{i2} = R'_{b2}//r_{be2} = \frac{R'_{b2}r_{be2}}{R'_{b2} + r_{be2}}$$

一般情况下有 $r_{be} << R'_{B}$，因此认为：

$$r_{i1} \approx r_{be1} \qquad r_{i2} \approx r_{be2}$$

根据前面分析方法：第一级交流负载电阻为：

$$R'_{L1} = R_{C1}//r_{i2} = \frac{R_{C1}r_{i2}}{R_{C1} + r_{i2}}$$

显然，第二级交流负载电阻为：$R'_{L2} = R_{C2}//R_{L} = \frac{R_{C2}R_{L}}{R_{C2} + R_{L}}$

步骤4：计算各级电压放大倍数

由电压放大倍数定义：

第一级电压放大倍数 $A_{u1} = \frac{U_{o1}}{U_{i}} \approx -\beta_1 \frac{R'_{L1}}{r_{be1}}$

第二级电压放大倍数 $A_{u2} = \dfrac{U_o}{U_{o1}} \approx -\beta_2 \dfrac{R'_{L2}}{r_{be2}}$

则，两级电压放大倍数：

$$\dot{A}_u = \dfrac{\dot{U}_o}{\dot{U}_i} = \dfrac{\dot{U}_{o1}}{\dot{U}_i} \cdot \dfrac{\dot{U}_o}{\dot{U}_{o1}} = \dot{A}_{u1} \cdot \dot{A}_{u2} \tag{2-31}$$

由此可类推 n 级放大器的放大倍数为：

$$A_u = A_{u1} \cdot A_{u2} \cdot A_{u3} \cdots A_{un} \tag{2-32}$$

2. 阻容耦合式多级放大电路输入、输出电阻计算

一般来说，多级放大电路的输入电阻等于其第一级的输入电阻，最后一级的输出电阻就是多级放大电路的输出电阻，即

$$r_i = r_{i1} \qquad\qquad r_o = R_{C2}$$

下面举例说明多级放大电路的静态分析与动态分析。

【案例 2-4】在图 2-20 所示两级阻容耦合放大电路中，已知 $U_{BE1} = U_{BE2} = 0.6V$，$\beta_1 = \beta_1 = 60$，$R_{B11} = 30k\Omega$，$R_{B12} = 15k\Omega$，$R_{C1} = 3k\Omega$，$R_{E1} = 3k\Omega$，$R_{B21} = 20k\Omega$，$R_{B22} = 10k\Omega$，$R_{C2} = 2.5k\Omega$，$R_{E2} = 2k\Omega$，$R_L = 5.1k\Omega$，电源电压 $U_{CC} = 12V$，试求：（1）各级的静态工作点；（2）两级放大电路的电压放大倍数；（3）输入电阻、输出电阻。

解（1）各级的静态工作点

第一级：$U_{B1} = \dfrac{R_{B12}}{R_{B11} + R_{B12}} U_{CC} = \left(\dfrac{15}{30+15} \times 12\right) = 4V$

$I_{C1} \approx I_{E1} = \dfrac{U_{B1} - U_{BE1}}{R_{E1}} = \dfrac{4 - 0.6}{3} = 1.13mA$

$I_{B1} = \dfrac{I_{C1}}{\beta} = \dfrac{1.13}{60} = 18.8\mu A$

$U_{CE1} = U_{CC} - I_{C1}(R_{C1} + R_{E1}) = [12 - 1.13 \times (3+3)] = 5.22V$

第二级：$U_{B2} = \dfrac{R_{B22}}{R_{B21} + R_{B22}} U_{CC} = \left(\dfrac{10}{20+10} \times 12\right) = 4V$

$I_{C2} \approx I_{E2} = \dfrac{U_{B2} - U_{BE2}}{R_{E2}} = \dfrac{4 - 0.6}{2} = 1.7mA$

$I_{B1} = \dfrac{I_{C2}}{\beta} = \dfrac{1.7}{60} = 28.33\mu A$

$U_{CE2} = U_{CC} - I_{C2}(R_{C2} + R_{E2}) = [12 - 1.7 \times (2.5+2)] = 4.35V$

（2）电压放大倍数首先求三极管 V_1 和 V_2 的输入电阻，由计算公式可得：

$$r_{be1} = 300 + 1 + \beta_1)\frac{26\text{mA}}{I_{E1}} = 300\Omega + 61 \times \frac{26\text{mA}}{1.13\text{mA}} = 1.7\text{k}\Omega$$

$$r_{be2} = 300 + 1 + \beta_2)\frac{26\text{mA}}{I_{E2}} = 300\Omega + 61 \times \frac{26\text{mA}}{1.7\text{mA}} = 1.23\text{k}\Omega$$

再求第一级的电压放大倍数，其等效负载为：

$$R'_{L1} = R_{C1}//r_{i2}$$

$$r_{i2} = R_{B21}//R_{B22}//r_{be2}$$

$$R'_{L1} = R_{C1}//R_{B11}//R_{B12}//r_{be2} = 3k\Omega//20k\Omega//10k\Omega//1.23k\Omega = 0.77k\Omega$$

$$\dot{A}_{u1} = -\beta_1\frac{R'_{L1}}{r_{be1}} = -60 \times \frac{0.77\text{k}\Omega}{1.7\text{k}\Omega} = -27.2$$

第二级的电压放大倍数为：

$$\dot{A}_{u2} = -\beta_2\frac{R'_{L2}}{r_{be2}} = -\frac{R_{C2}//R_L}{r_{be2}} = -60 \times \frac{2.5k\Omega//5.1k\Omega}{1.23k\Omega} = -81.8$$

（3）输入电阻和输出电阻为：

$$r_i = r_{i1} = R_{B1}//R_{B2}//r_{be1} = 30k\Omega//15k\Omega//1.7k\Omega = 1.45k\Omega$$

$$r_o = r_{o2} = R_{C2} = 2.5k\Omega$$

2.1.6.4 变压器耦合多级放大电路

图 2-22 所示为变压器耦合放大电路，在图 2-22 所示中 T_1 和 T_2 是耦合变压器。接在输入端的耦合变压器 T_1 称为输入变压器，接在输出端的变压器 T_2 称为输出变压器。变压器耦合不仅能传送交流信号，而且同时具有阻抗变换作用。

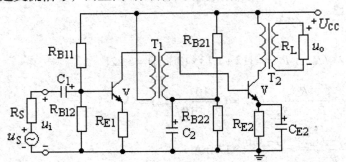

图 2-22　变压器耦合多级放大电路

由于变压器体积大，比较笨重，且容易引起电磁干扰，不能放大缓慢变化的交流信号和直流信号，不适于集成化，所以目前在低频放大电路中已很少采用。

2.1.6.5 直接耦合多级放大电路

图 2-23（a）所示为直接耦合放大电路，前一级放大电路的输出端与后一级放大电路

的输入端直接或通过一个电阻连接起来。

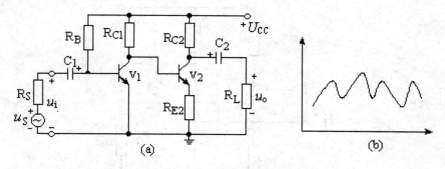

图 2-23　直接耦合多级放大电路

1. 直接耦合放大电路的优点和缺点

直接耦合放大电路的优点是：能放大变化很缓慢的信号和直流分量变化的信号；且由于没有耦合电容，所以非常适宜大规模集成。

直接耦合放大电路的缺点是：由于前后级之间存在直流通路，因此各级的静态工作点互有联系、互相影响；并且存在零点漂移问题。

2. 直接耦合放大电路的零点漂移

零点漂移就是指放大电路在无输入信号的情况下，输出电压 u_o 却出现缓慢、不规则波动的现象，如图 2-23（b）所示。这种现象称为零点漂移，简称零漂。如果漂移的电压很大，可能将有用的信号"淹没"掉，使我们无法分辨输出端的电压究竟是有用信号，还是漂移电压。这样放大电路就不能正常工作，这是所不希望的。

引起漂移的原因很多，但温度变化的影响最大，故又称零漂为温漂。为了减小直接耦合放大电路的零点漂移，通常选用稳定度高的电源和温度稳定性高的电路元件。对于由温度变化所引起的漂移，可采用温度补偿电路。本章后面要介绍的差动放大电路对抑制零点漂移有很好的效果。

2.2　场效应管放大电路

2.2.1 场效应管共源极放大电路

2.2.1.1 共源极放大电路

图 2-24 所示为 N 沟道增强型 MOS 管分压式偏置电路的共源极放大电路。R_{G1} 和 R_{G2} 为分压电阻。R_S 为源极电阻，用来稳定静态工作点，C_S 为源极交流旁路电容。R_G 为栅极电阻，用来构成栅源间的直流通路，以提高放大电路的输入电阻。R_D 为漏极电阻，它使

放大电路具有电压放大作用。C_1 和 C_2 为耦合电容。

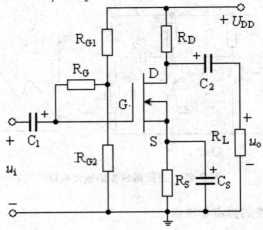

图 2-24　N 沟道增强型 MOS 管共源极放大电路

1. N 沟道增强型 MOS 管共源极放大电路静态分析

场效应管组成放大电路时，也要建立合适的静态工作点 Q，因此，需要有合适的栅 - 源偏置电压。

由于场效应管是电压控制器件，故场效应管的栅极电流为零，R_G 中无电流通过，两端电压为零。

则栅极偏压 U_{GS}

$$U_{GS} = U_G - U_S = \frac{R_{G2}}{R_{G1} + R_{G2}} U_{DD} - I_D R_S$$

式中 U_G 为栅极（对地）电压，U_S 为源极（对地）电压。对于 N 沟道 MOS（耗尽型）场效应管，U_{GS} 为负值，$I_D R_S > U_G$；对于 N 沟道增强型场效应管，U_{GS} 为正值，$I_D R_G < U_G$。场效应管放大电路的静态工作点可用图解法和公式法计算。用公式法求静态工作点时，可利用特性方程与漏源回路联立求解，即

$$I_{DS} = I_{DSS}(1 - \frac{U_{GSQ}}{U_{GS(off)}})^2 \qquad （2\text{-}20）$$

$$U_{DSQ} = U_{DD} - I_{DQ}(R_D + R_S)$$

增强型 MOS 管的转移特性方程为：

$$I_D = I_{D0}(\frac{U_{GS}}{U_{GS(th)}} - 1)^2 \quad (U_{GS} > U_{GS(th)}) \qquad （2\text{-}21）$$

式中，I_{D0} 是 $U_{GS} = 2_{UGS(th)}$ 时的 I_D 值。

2.2.1.2　共源极放大电路动态等效与计算

1. 共源极放大电路动态等效电路

对场效应管放大电路进行动态分析时，同三极管放大电路相似，在低频小信号下，也可利用等效电路分析法。图 2-25（a）所示，是场效应管的近似微变等效模型，图 2-25（b）所示，是场效应管放大电路的微变等效电路。

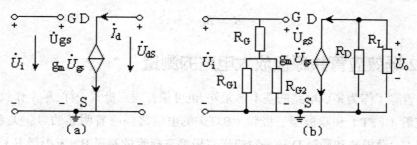

图 2-25　场效应管放大电路等效模型及微变等效电路

（a）等效模型；（b）微变等效电路

2. 共源极放大电路参数的计算

（1）电压放大倍数：

$$\dot{A}_u = \frac{\dot{U}_o}{\dot{U}_i} = \frac{-\dot{I}_d R'_L}{\dot{U}_{gs}} = \frac{-g_m \dot{U}_{gs} R'_L}{\dot{U}_{gs}} = -g_m R'_L \qquad （2\text{-}22）$$

（2）输入电阻：

$$R_i = R_G + R_{G1} // R_{G2}$$

R_G 一般取几兆欧，可见 R_G 的接入可使输入电阻大大提高。

（3）输出电阻：

$$R_o = R_D$$

R_D 一般在几千欧到几十千欧，输出电阻较高。

【案例 2-5】图 2-24 所示的电路，已知 $U_{DD} = 20V$，$R_D = 5k\Omega$，$R_S = 5k\Omega$，$R_L = 5k\Omega$，$R_G = 1k\Omega$，$R_{G1} = 300k\Omega$，$R_{G2} = 100k\Omega$，$g_m = 5mA/V$。求静态工作点及电压放大倍数 $\dot{A}_u$、输入电阻 R_i 和输出电阻 R_o。

解：静态工作点：

$$U_G = \frac{R_{G2}}{R_{G1} + R_{G2}} U_{DD} = \frac{100}{300 + 100} \times 20 = 5V$$

$$I_D = \frac{U_S}{R_S} = \frac{U_G}{R_S} = \frac{5}{5} = 1mA$$

$$U_{DS} = U_{DD} - I_D(R_D + R_S) = 20 - 1 \times (5 + 5) = 10V$$

电压放大倍数：

$$R'_L = R_D // R_L = 5 // 5 = 2.5k\Omega$$

$$\dot{A}_u = -g_m R'_L = -5 \times 2.5 = -12.5$$

输入电阻：

$$R_i = R_G + R_{G1} // R_{G2} = 1000 + 300 // 100 = 1075k\Omega$$

输出电阻：

$$R_o = R_D = 5k\Omega$$

2.2.2 场效应管共源极放大电路的测量

场效应管除了作为集成电路的基本单元外，也可像普通三极管一样，单个作放大管使用。

场效应管（FET）和双极型三极管（BJT）的电极之同有着明显的对应关系。即场效应管的栅极 G、源极 S 和漏极 D——对应于双极型三极管的基极 B、发射极 E 和集电极 C。两者的放大电路也类似，场效应管有共源极、共漏极和共栅极放大电路。下面仅就共源极和共漏极场效应管放大电路进行分析。

2.2.2.1 场效应管共源极放大电路静态工作点的测量

场效应管共源极放大电路静态工作点的测量，应在 $u_i = 0$ 的情况下进行。如图 2-26 所示电路中元件参数取值：$U_{DD} = 20V$，$R_D = 5k\Omega$，$R_S = 5k\Omega$，$R_L = 5k\Omega$，$R_G = 1k\Omega$，$R_{G1} = 300k\Omega$，$R_{G2} = 100k\Omega$。

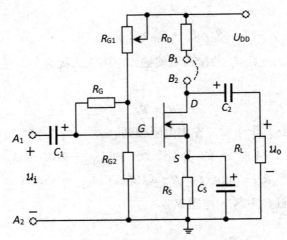

图 2-26 共源极放大电路测试接线图

步骤 1：按图 2-26 所示组装好电路，将放大电路中 A_1、A_2、B_1、B_2 端短接，检查确定无误后接通电源。

步骤 2：用数字万用表选用合适的电压量程测量绝缘栅场效应管 G 极、D 极、S 极对地电压 U_G、U_D、U_S 值。

步骤 3：断开 B_1、B_2 端，用数字万用表选用合适的电流量程串联在 B_1、B_2 端测量 I_D 值。

步骤 4：将测量值与理论计算结果进行比较。

表 2-2 共源极放大电路静态工作点的测量

测量值						计算值		
U_G（V）	U_S（V）	U_D（V）	U_{DS}（V）	U_{GS}（V）	I_D（mA）	U_{GS}（V）	U_{DS}（V）	I_D（mA）

2.2.2.2 场效应管共源极放大电路电压放大倍数测量

步骤 1：按图 2-26 所示组装好电路，将放大电路中 A_1、A_2 端断开，B_1、B_2 端短接，检查确定无误后接通电源。

步骤 2：在放大电路中 A_1、A_2 端加入 u_i=（5～100mV），f=1kHZ 正弦信号，调整放大器到合适的静态工作点，并用示波器监视输出电压 uo 的波形，在输出电压 u_o 不失真的情况下，用交流毫伏表分别测量 R_L=∞ 和 R_L=10kΩ 时的输出电压 u_i 和 u_o 的有效值 U_i 和 U_o。

步骤 3：计算 A_V 值。根据测量值 U_i 和 U_o，由以下公式计算出 A_V 值。

$$A_V = \frac{U_o}{U_i}$$

表 2-3 共源极放大电路电压放大倍数测量

	测量值		计算值	ui 和 uo 波形
	U_i（V）	U_o（V）	A_V	A_V
R_L=∞				
R_L=10kΩ				

2.2.2.3 场效应管共源极放大电路输入电阻的测量

由于场效应管的输入电阻 R_i 较大，为了减小误差，常利用被测放大器的隔离作用，通过测量输出电压 U_o 来计算输入电阻方法。测量电路如图 2-27 所示。取 R=100～200kΩ。

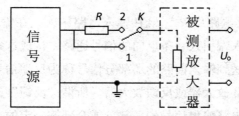

图 2-27 共源极放大电路输入电阻测量接线图

步骤 1：按图 2-27 所示连接好测试电路，即将被测放大器与信号源串入电阻 R=100～200kΩ。检查无误后接通电源。

步骤2：将开关 K 掷向位置1（即使 $R=0$），用数字万用表选用合适的电压量程，测量放大器输出电压 $U_{o1}=A_V U_S$。

步骤3：保持 U_S 不变，将开关 K 掷向位置2（即使 R 接入），用数字万用表选用合适的电压量程，测量放大器输出电压 $U_{o2}=A_V U_S$。

步骤4：计算输入电阻值。由于两次测量中 A_V、U_S 保持不变，则有以下方法计算 R_i。

$$U_{o2} = \frac{R_i}{R + R_i} U_S A_V，\ 故\ R_i = \frac{U_{o2}}{U_{o1} - U_{o2}} R$$

表 2-4　共源极放大电路输入电阻的测量

测量值			计算值
U_{o1}（V）	U_{o2}（V）	R_i（kΩ）	R_i（kΩ）

2.3　负反馈放大电路

2.3.1 放大电路反馈的基本形式与判断

反馈技术在电路中应用十分广泛。反馈是一个十分重要的概念。在放大电路中，采用负反馈可以改善放大电路的多方面性能。

2.3.1.1 电路反馈的基本概念

1. 开环放大器或基本放大器

如图 2-28（a）是一个共射极基本放大器电路，它具有单向性的特点，信号只有从输入到输出一条通路，不存在其他的通路，特别是没有从输出到输入的通路。这种放大器叫作开环放大器或基本放大器。

2. 闭环放大器

如图 2-28（b）放大器电路中 R_E，既在输入电路中，又在输出电路中，也就说 R_E 从基本放大器的输出端到输入端引入一条反向的信号通路，构成这条通路的网络叫作反馈网络，这个从输出回路中反送到输入回路的那部分信号称为反馈信号。由基本放大器和反馈网络构成的放大器叫作闭环放大器或反馈放大器。所谓"反馈"，就是通过一定的电路形式（反馈网络），把放大电路输出信号的一部分或全部按一定的方式送回到放大电路的输入端，并影响放大电路的输入信号。这样，电路输入端的实际信号不仅有信号源直接提供的信号，还有输出端反馈回输入端的反馈信号。

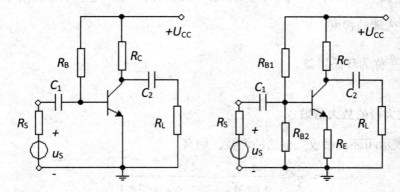

图 2-28　开环和闭环放大电路

（a）开环放大电路；（b）闭环放大电路

图 2-28（b）是分压式偏置放大电路，就是反馈放大器的例子。在图中，$u_{BE} = u_i -$ $i_E R_E$，说明输出回路中的电流 i_E 影响了三极管净输入信号 u_{BE}。电路存在着输出信号反送到输入回路中，使净输入信号减小。

2.3.1.2 反馈放大器一般模型及闭环放大倍数

1. 反馈放大器一般模型

反馈放大电路一般模型可用框图来表示，如图 2-29 所示。$\dot{A}$ 是无反馈的基本放大电路（单级或多级放大电路），$\dot{F}$ 是反馈电路（或称反馈网络），$\otimes$ 是比较环节的符号。

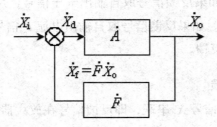

图 2-29　反馈放大器一般模型

图 2-29 中用 $\dot{X}$ 表示信号电压或电流；$\dot{X}_i$ 表示输入信号，$\dot{X}_o$ 表示输出信号，$\dot{X}_f$ 表示反馈信号。用 $\dot{X}_d$ 表示基本放大电路的净输入信号，它由 $\dot{X}_i$ 和 $\dot{X}_f$ 叠加决定。图 2-29 中各函数之间的关系为：

$\dot{X}_d = \dot{X}_i - \dot{X}_f$，$\dot{A}$ 为基本放大电路的电压放大倍数，亦称开环放大倍数；它表示净输入信号 $\dot{X}_d$ 经基本放大电路正向传输至输出端的增益。

$$\dot{X}_o = \dot{A} \cdot \dot{X}_d \text{ 或 } \dot{A} = \frac{\dot{X}_o}{\dot{X}_d}$$

$\dot{X}_f = \dot{F}\dot{X}_o$ 或 $\dot{F} = \dot{X}_f / \dot{X}_o$。其中 $\dot{F}$ 是反馈网络的反馈系数。它表示输出信号经反馈网络反向传输至输入端的程度。

$$\dot{A} \cdot \dot{F} = \frac{\dot{X}_f}{\dot{X}_d} \text{ 称为环路增益。}$$

2. 闭环放大器的放大倍数 $\dot{A}_f$

若用 $\dot{A}_f$ 表示闭环反馈放大电路的增益，则有

$$A_f = \frac{\dot{X}_o}{\dot{X}_i} = \frac{\dot{A}\dot{X}_d}{\dot{X}_d + \dot{X}_f} = \frac{\dot{A}}{(1 + \frac{\dot{X}_f}{\dot{X}_d})} = \frac{\dot{A}}{1 + FA} \qquad （2-23）$$

2.3.1.3 反馈放大电路分类

在电子技术中反馈放大电路是根据电路要求不同，引入的反馈类型也不同。

1. 正反馈与负反馈电路

若放大电路引入反馈后，削弱输入信号源 u_S 的作用，使净输入信号 $\dot{X}_d$ 减小。称为负反馈；反之，反馈信号增强了输入信号源 u_S 的作用，使放大电路的净输入信号 $\dot{X}_d$ 增加，则为正反馈。

2. 电压反馈与电流反馈

在反馈放大电路中，如果反馈信号取自输出电压信号，反馈信号 X_f 与输出端的电压 U_o 成正比，称为电压反馈。如果反馈信号取自输出电流 I_o 信号，反馈信号 X_f 与输出的电流 I_o 成正比，则称为电流反馈。

3. 串联反馈与并联反馈

若反馈信号 X_f 与输入信号 X_i 串联，即反馈信号在放大器输入端以电压的形式出现，那么在输入端必定与输入电路相串联，即是串联反馈。如果反馈信号 X_f 与输入信号 X_i 并联，即反馈信号在放大器输入端以电流的形式出现，那么在输入端必定与输入电路相并联，即是并联反馈。显然，串联反馈与并联反馈是按反馈信号在放大器输入端的连接方式不同来分类的。

4. 直流反馈与交流反馈

如果反馈信号中只有直流成分，即反馈元件只能反映直流量的变化，称为直流反馈；如果反馈信号中只有交流成分，即反馈元件只能反映交流量的变化，称为交流反馈。

2.3.1.4 负反馈放大电路的基本形式

正反馈放大电路多用于某些振荡电路和脉冲数字电路。在此任务中只讨论负反馈放大

电路。负反馈放大电路根据反馈网络与基本放大电路在输出、输入端连接方式的不同，负反馈放大电路的反馈形式可分为四种类型：

（1）电压串联负反馈形式，如图 2-30（a）所示；

（2）电压并联负反馈形式，如图 2-30（b）；

（3）电流串联负反馈形式，如图 2-30（c）所示；

（4）电流并联负反馈形式，如图 2-30（d）所示。

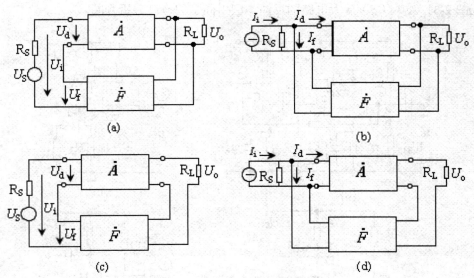

图 2-30　四种负反放大器形式方框图

2.3.1.5 负反馈放大电路的判断

不同类型的反馈电路，其性质是不同的。因此，在分析实际反馈电路时，必须首先判别其属于哪类反馈电路。在判断反馈的类型之前，首先分析放大器的输出端与输入端之间是否有电路连接（即反网络）来确定放大电路有无反馈。

1. 放大电路正与负反馈的判别方法

实际电路中反馈极性的正、负的判别方法通常采用瞬时极性法来判断。

步骤 1 假定放大电路输入端信号在某一瞬时对地信号电压极性为正。

步骤 2 根据放大电路各级输入、输出之间的相位关系，推出电路其他各有关各点信号的瞬时极性（用"+"表示升高，用"-"表示降低）。

步骤 3 根据反馈网络，判别从输出端反映到输入端的信号作用是加强了输入信号还是削弱了输入信号。加强了输入信号为正反馈，削弱了输入信号为负反馈。

【案例 2-6】用瞬时极性法判断图 2-31（a）、（b）、（c）、（d）各电路图的反馈极性。

① 在图 2-31（a）中的反馈元件是 R_f，放大电路有反馈电路。设 V_1 输入端信号瞬时极性为 $\oplus$，由共射极电路集电极与基极反相可推得 V_1 集电极电位为 $\ominus$，V_2 基极电位也

为$\ominus$，进一步推得V_2集电极电位为$\oplus$，输出信号由C_2（耦合电容或旁路电容对交流可视为短路）的输出端电位为$\oplus$，经R_f反馈到输入端的信号极性为$\oplus$，使输入信号得到加强，因而由R_f构成的反馈是正反馈。

②在图2-31（b）中反馈元件是R_E，发射极输出，设当V输入信号瞬时极性为$\oplus$时，V发射极信号与基极信号同极性，发射极e瞬时电位为$\oplus$，经R_E反馈到输入端的信号的结果使V净输入信号削弱，故为负反馈。

③图2-31（c）（d）放大电路的反馈类型由同学们自己分析判断。

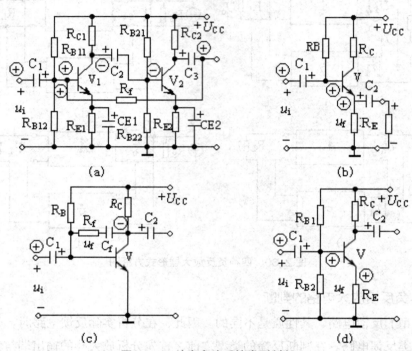

(a)　(b)　(c)　(d)

图2-31　放大电路反馈类型判断

2. 放大电路的电压与电流反馈的判断

放大电路的电压与电流反馈的判断是根据反馈信号与输出端信号之间的关系来确定的，若反馈信号与输出端的电压成正比，称为电压反馈；若反馈信号与输出的电流成正比，则称为电流反馈。常用方法是负载电阻R_L短路法来进行判断。当$R_L=0$，即输出电压$u_o=0$，此时若反馈信号$u_f=0$，则反馈信号与输出端的电压成正比，电路为电压反馈。当$R_L=0$，即输出电压$u_o=0$，此时若反馈信号$u_f \neq 0$，反馈信号仍然存在，说明反馈信号与输出的电流成正比，则称为电流反馈。

【案例2-7】用负载电阻R_L短路法判断图2-31（a）（b）（c）（d）各电路图是电压反馈还是电流反馈

①在图2-31（a）中当负载电阻R_L短路时，输出电压$u_o=0$时，反馈信号$u_f=0$，则电路为电压反馈。

②在图 2-31（b）中当输出电压 u_o=0 时，反馈信号 $u_f \neq 0$，反馈信号仍然存在，电路为电流反馈。

③图 2-31（c）（d）放大电路的判断由同学们自己分析判断。

3. 放大电路的串联与并联反馈的判断

按照串联反馈与并联反馈的概念，常采用输入端短路法来判断电路的串与并联反馈。当输入端短路时，若反馈信号 u_f=0，即反馈信号消失，则 u_f 与 u_i 为并联关系，电路为并联反馈。当输入端短路时，若反馈信号 $u_f \neq 0$，则 u_f 与 u_i 为串联关系，电路为串联反馈。

【案例 2-8】用输入端短路法判断图 2-31（a）（b）（c）（d）各电路图是串联反馈还是并联反馈。

①在图 2-31（a）中当输入端短路时，u_f=0，则该电路为并联反馈。

②在图 2-31（b）中当输入端短路时，$u_f \neq 0$，反馈信号仍然存在，则电路为串联反馈。

③图 2-31（c）、（d）放大电路的判断由同学们自己分析判断。

4. 放大电路的直流反馈与交流反馈判断

放大电路的交流与直流反馈分别反映了交流量与直流量的变化。因此可通过分析放大器中反馈元件出现在哪种电流通路中来进行判断（电路中耦合电容或旁路电容对交流可视为短路，隔直流）。若出现在直流通路中，则该元件起直流反馈作用。若出现在交流通路中，则该元件起交流反馈作用。若反馈信号中既有交流成分，又有直流成分，则该元件起交、直流反馈作用。

【案例 2-9】试判断图 2-31（a）（b）（c）（d）各电路图那些是直流反馈，那些是交流反馈。

①在图 2-31（a）直流分量被 C_2 隔断，反馈元件 R_f 只有交流分量，则为交流反馈。

②在图 2-31（b）反馈元件 R_E 既有交流成分，又有直流成分，则为交直流反馈。

③图 2-31（c）（d）放大电路的判断由同学们自己分析判断。（答案是：图 2-31（c）直流成分被 C_f 隔断，只有交流成分通过 R_f、C_f 反馈元件到输入端，则为交流反馈。图 2-31（d）交流成分被 C_E 旁路，反馈元件 R_E 只有直流成分，则为直流反馈。）

2.3.2 负反馈对放大电路性能改善分析

2.3.2.1 负反馈提高放大倍数的稳定性的测试

1. 测试负反馈放大器设备

+12V 直流电源、低频信号发生器、双踪示波器、频率计、万用表、晶体三极管 9014×2、电阻器、电容器若干。

2. 放大器的开环和闭环放大倍数测量

步骤 1：将三极管 9014 构成两个单级放大器，如图 2-32 所示。

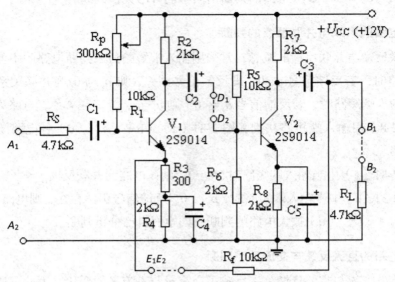

图 2-32　负反馈放大电路测试图

步骤 2：断开 B_1、B_2、D_1、D_2、E_1、E_2，将信号发生器接入 A_1、A_2，调节低频信号发生器，使其输出 5 ~ 10mV、1kHz 的正弦信号，用双踪示波器监视输出 u_{O1} 波形，在 u_{O1} 不失真的情况下测试出 D_1、A_2 端的输出信号 u_{o1}。同理将信号发生器接入 D_2、A_2，调节低频信号发生器，使其输出 5 ~ 10mV、1kHz 的正弦信号，用双踪示波器监视输出波形 u_{O2}（即 B_1、A_2 端），在 u_{O2} 不失真的情况下测试出 A_2、B_1 端的输出信号 u_{o2}，由测量值计算出 A_{u1}、A_{u2}、$A_{u1} \times A_{u2}$。

步骤 3：连接 D_1、D_2，断开 B_1、B_2、E_1、E_2，将信号发生器接入 A_1、A_2，调节低频信号发生器，使其输出 10mV、1kHz 的正弦信号，用双踪示波器，测试出 B_1、A_2 端的输出信号 u_o。

步骤 4：连接 D_1、D_2、B_1、B_2，断开 E_1、E_2，将信号发生器接入 A_1、A_2，调节低频信号发生器，使其输出 10mV、1kHz 的正弦信号，用双踪示波器，测试出 B_1、A_2 端的输出信号 u_o。

步骤 5：连接 D_1、D_2、B_1、B_2，断开 E_1、E_2，将信号发生器接入 A_1、A_2，调节低频信号发生器，使其输出 10mV、1kHz 的正弦信号，用双踪示波器，测试出 B_1、B_2 端的输出信号 u_o。

步骤 6：连接 D_1、D_2、B_1、B_2、E_1、E_2，将信号发生器接入 A_1、A_2，调节低频信号发生器，使其输出 10mV、1kHz 的正弦信号，用双踪示波器，测试出 B_1、B_2 端的输出信号 u_o。

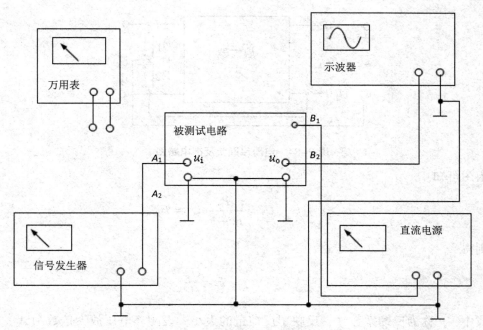

图 2-33 负反馈放大电路测试连接图

表 2-5 负反馈提高放大倍数的稳定性的测试数据

电路状态		输入电压 U_i/mV	输出电压 U_o/V	放大倍数	放大倍数稳定性
开 环 E_1E_2 断开	$R_L= \infty$（空载）	10（1kHz）			
	$R_L = 4.7 k \Omega$（B_1B_2 短接）	10（1kHz）			
闭 环 E_1E_2 短接	$R_L= \infty$（空载）	10（1kHz）			
	$R_L = 4.7 k \Omega$（B_1B_2 短接）	10（1kHz）			

2.3.2.2 负反馈放大电路对倍数的稳定性分析

以图 2-34 电压串联负反馈放大电路来分析负反馈放大倍数的稳定性，引入负反馈后输出电压随之变化，设图 2-34 中，U_f 为反馈信号电压，U_o 为输出电压，A_u 为开环电压放大倍数。

71

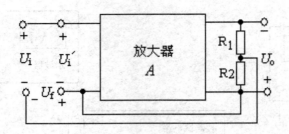

图 2-34　电压串联负反馈电路图

由图可知：

$$U_{\mathrm{f}} = \frac{R_2}{R_1 + R_2} U_{\mathrm{o}} = F U_{\mathrm{o}}$$

则得：

$$F = \frac{U_{\mathrm{f}}}{U_{\mathrm{o}}}$$

式中，F 称为反馈系数，它反映了反馈量的大小。设闭环电压放大倍数为 A_{uf}，净输入信号为 $U_{\mathrm{i}}' = U_i - U_f$，则

$$A_{\mathrm{uf}} = \frac{U_{\mathrm{o}}}{U_{\mathrm{i}}}, \text{且} A = \frac{U_{\mathrm{o}}}{U_{\mathrm{i}}'} \tag{2-24}$$

由式 2-24 可得闭环电压放大倍数

$$A_{\mathrm{uf}} = \frac{U_{\mathrm{o}}}{U_{\mathrm{i}}} = \frac{A \cdot U_{\mathrm{i}}'}{(1 + FA) U_{\mathrm{i}}'} = \frac{1}{1 + FA_u} A_u \tag{2-25}$$

即 $A_{uf} < A_u$

从式中可以看出，A_u 是 A_{uf} 的（$1+FA_u$）倍，若（$1+FA_u$）愈大，A_{uf} 比 A_u 就愈小，因此（$1+FA$）的大小反映了反馈的程度，称为放大器的反馈深度。若（$1+FA_u$）值越大，负反馈越深，当（$1+FA_u$）$\gg 1$ 时，则

$$A_{\mathrm{uf}} = \frac{1}{1 + FA_u} A_u \approx \frac{1}{F} \tag{2-26}$$

式（2-26）表明，在引入深度负反馈的放大电路中，它的闭环放大倍数基本上与开环放大倍数无关，主要取决于反馈网络的反馈系数 F。在此条件下，如果放大电路的放大倍数 A 由于受温度等因素的影响而发生较大的变化，只要反馈系数 F 的值不变，即可使负反馈放大电路的闭环放大倍数在深度负反馈条件下非常稳定。

对放大器放大倍数的稳定性提高程度与负反馈放大电路反馈深度的关系式（2-24）对 A 求导可得：

$$\frac{\mathrm{d}A_f}{\mathrm{d}A} = \frac{1}{1+FA} - \frac{FA}{(1+FA)^2} = \frac{1}{(1+FA)^2}$$

或 $\mathrm{d}A_f = \dfrac{\mathrm{d}A}{(1+FA)^2}$

用式 2-23 除上式两边，可得

$$\frac{\mathrm{d}A_f}{A_f} = \frac{1}{1+FA} \cdot \frac{\mathrm{d}A}{A} \qquad\qquad （2-27）$$

式 2-27 表明，负反馈放大器的闭环放大倍数的相对变化量 $\mathrm{d}A_f/A_f$ 仅为开环放大倍数相对变化量的 $1/（1+FA）$。也就是说，虽然负反馈的引入使放大倍数下降到 $1/（1+FA）$，但放大倍数的稳定性提高了（1+FA）倍。

【案例 2-10】已知一个电压串联负反馈放大电路，$A_u=300$，$F=0.05$，试求：（1）反馈放大电路的闭环放大倍数 A_{uf}；（2）假设当外界因素变化使 A_u 相对变化 $\pm10\%$，求闭环放大倍数的相对变化量。

解（1）反馈放大电路的闭环放大倍数为：

$$A_{uf} = \frac{1}{1+FA_u}A_u = \frac{300}{1+300\times0.05} = 18.75$$

（2）闭环放大倍数的相对变化量为：

$$\frac{\mathrm{d}A_{uf}}{\mathrm{d}A_u} = \frac{1}{1+FA_u} \cdot \frac{\mathrm{d}A_u}{A_u} = \frac{1}{1+300\times0.05}\times(\pm10\%) = \pm0.625\% = \pm0.625\%$$

2.3.2.3 负反馈可改善输出波形的非线性失真现象观察

步骤 1：将三极管 9014 构成两级放大器，如图 2-32 所示。

步骤 2：断开 E_1、E_2，连接 D_1、D_2、B_1、B_2，电路处于开环状态，将信号发生器接入 A_1、A_2，调节低频信号发生器，使其输出 1kHz、10mV 的正弦信号，用双踪示波器，观察出 D_1、A_2 端的输出信号波形，逐渐增大输入信号的幅度，使输出波形开始出现失真，记下此时的波形和输出电压的幅度。

步骤 3：保持输出电压幅度的大小与步骤 2 相同，连接 D_1、D_2、B_1、B_2、E_1、E_2，将实验电路改接成负反馈放大器形式，处于闭环状态，比较有负反馈时，输出波形的变化。

放大电路的非线性失真是由放大元件的非线性造成的。一个无反馈的放大器虽然设置了合适的静态工作点，但是当信号幅度较大时，非线性失真则非常明显。引入负反馈后，在一定程度上可以改善输出波形的非线性失真。

2.3.2.4 负反馈可改善输出波形的非线性失真图解分析

下面以电压串联负反馈为例分析负反馈改善输出波形失真的工作原理，如图 2-35 所示。

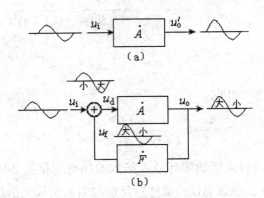

图 2-35　负反馈改善输出波形的非线性失真图解

（a）开环状态；（b）闭环状态

图 2-35 负反馈对非线性失真的改善，假定输入信号 u_i 为不失真的正弦波信号，经基本放大电路放大后输出 u'_o 产生非线性失真，假如为前半周期大后半周期小，如图 2-35（a）所示。引入负反馈后，失真的输出波形就反馈到输入端，如图 2-35（b）所示。在反馈条件不变的情况下，反馈信号 u_f 正比于输出信号，也是前半周期大后半周期小，与 u'_o 的失真情况相似。净输入信号 u_d 为外加输入信号 u_i 与反馈信号 u_f 之差，所以使放大电路的净输入信号产生了不同方向的波形失真，前半周期小后半周期大，再经基本放大电路放大，就可以抵消基本放大器的非线性失真，使输出 u_o 波形的失真得到改善。

2.3.2.5 负反馈对输入、输出电阻的影响

1. 负反馈对输入电阻 Rif 的影响

（1）串联负反馈使输入电阻 R_{if} 增加

由于基本放大电路与反馈电路在输入回路串联，如图 2-30（a）（c）所示。因为 $\dot{U}_d = \dot{U}_i - \dot{U}_f$ 削弱了 $\dot{U}_i$ 的作用，导致在同样的 $\dot{U}_i$ 下，$\dot{I}_i$ 比无反馈时小，或者说相当于在输入回路中串联了一个信号源，使输入回路电阻增大，因此，串联负反馈具有提高输入电阻的作用。可以推算出，串联负反馈使输入电阻增大 $1 + \dot{F} \cdot \dot{A}$ 倍。

$$R_{if} = \frac{\dot{U}_i}{\dot{I}_i} = \frac{\dot{U}_d + \dot{U}_f}{\dot{I}_i} = \frac{\dot{U}_d + AF\dot{U}_d}{\dot{I}_i} = R_i(1 + \dot{A}\dot{F}) \tag{2-28}$$

（2）并联负反馈使输入电阻 R_{if} 减少

由于基本放大电路与反馈电路在输入回路中并联，如图 2-31（b）（d）所示，因为 $\dot{I}_i = \dot{I}_d + \dot{I}_f$ 在相同的 U_i 作用下，因 I_f 的存在而使 I_i 增加，或者说相当于在输入回路中并联了一个信号源，使输入回路电阻减小。因此，并联负反馈使输入电阻 $R_{if}=U_i/I_i$ 减小。可以推算出，并联负反馈使输入电阻减小 $1 + \dot{F} \cdot \dot{A}$ 倍。

$$R_{if} = \frac{\dot{U}_i}{\dot{I}_i} = \frac{\dot{U}_i}{\dot{I}_d + \dot{I}_f} = \frac{\dot{U}_i}{(1 + \dot{A} \cdot \dot{F})\dot{I}_d} = \frac{R_i}{1 + \dot{A}\dot{F}} \qquad (2\text{-}29)$$

2. 负反馈对输出电阻 R_o 的影响

（1）电压负反馈使输出电阻 R_o 减小

由于电压负反馈具有稳定输出 U_o 的作用，即 R_L 改变时，维持 U_o 基本不变，这就是说，电压负反馈具有恒压源的性质，所以，电压负反馈的引入，使 R_o 比开环时小。可以证明：

$$R_{of} = \frac{1}{1 + \dot{A}\dot{F}} R_o \qquad (2\text{-}30)$$

（2）电流负反馈使输出电阻 R_o 增大

由于电流负反馈具有稳定输出 I_o 的作用，即 R_L 改变时，维持 I_o 基本不变，相当于内阻很大的电流源。所以，电流负反馈的引入，使 R_o 开环时大。可以证明：

$$R_{of} = (1 + AF)R_o \qquad (2\text{-}31)$$

总之，电压负反馈使输出电阻减小，使放大电路的输出更接近于恒压源。电流负反馈使输出电阻增大，使放大电路的输出更接近于恒流源。这也是有普遍意义的结论。

2.3.2.6 展宽放大器的通频带图解分析

由于电路电抗元件的存在，以及三极管本身结电容的存在，在同一放大电路中，当被放大信号的频率不同时，其放大倍数会有变化。放大电路工作在一个特定频率范围内，中频段放大倍数较大，而高频段和低频段放大倍数随频率升高和降低而减小，如图 2-36 中 f_{bw} 所示。

如图 2-36 中所示为负反馈展宽放大电路通频带的原理。在中频段由于放大倍数大，输出信号大，反馈信号也大，使净输入信号送减小得也多，这样中频段放大倍数有明显的降低。而在低频段和高频段，放大倍数较小，输出信号小，在反馈系数不变的情况下，其反馈信号也小，使净输入信号减小的程度比中频段要小，这样高频段和低频段放大倍数降低得少，因此放大电路引入负反馈时上限频率 f_{Hf} 更高了，下限频率 f_{Lf} 更低了，频带展宽了，如图 2-36 中 f_{bwf} 所示。

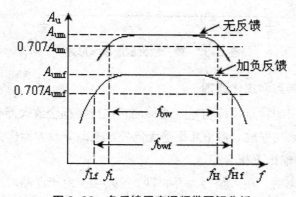

图 2-36　负反馈展宽通频带图解分析

2.4 差分放大电路

2.4.1 差分放大电路的基本形式

在工业自动控制系统中，经常要将一些物理量（如温度、转速的变化）通过传感器转化为相应的电信号，而此类电信号往往是变化极其缓慢的（频率接近零）或是极性固定不变的直流信号。这类信号不能用阻容耦合或变压器耦合放大器来放大，这种频率为零的直流信号或变化缓慢的交流信号必须采用直接耦合方式进行放大。前面已经讨论过，直接耦合方式存在着严重的零点漂移问题。抑制输入级的零漂移将是集成电路必须解决的问题。差动放大电路可以有效地抑制零点漂移，因此被广泛应用于线性集成电路。

2.4.1.1 差分放大电路基本形式

1. 差分放大电路基本形式

如图 2-37 所示就是差分放大器的基本形式，它由两个完全对称的单管放大器组成，两个三极管 V_1、V_2 的特性相同，外接电阻也一一对称相等，静态工作 Q 点也必然相同。输入信号从两管的基极输入，输出信号从两管的集电极之间输出。此电路称是双端输入双端输出差分放大电路的基本形式。

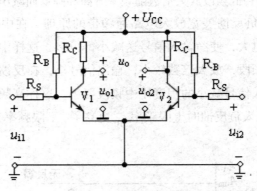

图 2-37　差分放大器的基本形式

2. 差分放大电路特点和工作原理

差动式放大器突出的特点是抑制零点漂移使它在直接耦合放大器和集成电路中被广泛采用。在无变压器声频功率放大器里几乎毫无例外地把差分放大器作为前置级。

（1）静态时双端输出电压为零

差分放大电路静态时，输入信号为零，即 $u_{i1}=u_{i2}=0$。由于电路对称性，则两管的电流相等，两管的集点极电位也相等，即 $I_{C1}=I_{C2}$，$R_{C1}I_{C1}=R_{C2}I_{C2}$，$u_{o1}=u_{o2}$，故差分放大电路双端

输出电压 $u_o = u_{o1} - u_{o2} = 0$。

（2）差分放大电路零点漂移的抑制原理

如果环境温度发生变化，放大电路的静态工作点随温度的变化产生漂移时，两管的集电极电流同步增加（或减小）。相应地，集电极电位同步下降（或升高）。两管集电极的电位漂移相同，设都为 Δu，则

$$u_o = u_{o1} \pm \Delta u - (u_{o2} \pm \Delta u) = 0$$

由于两管都存在零点漂移，但各自的零点漂移电压在输出端互相抵消，输出电压仍为零，因而零点漂移被抑制。

2.4.1.2 差分放大电路共模输入电压与共模放大倍数的计算

差分放大器的输入信号有两种类型：①共模信号；②差模信号两种。

1. 共模输入电压 uic

图 2-38（a）所示为差分共模放大器输入情况，在差分放大器两个输入端分别输入大小相等、极性相同的信号，即 $u_{i1} = u_{i2}$，这种输入方式称为共模输入，这种信号称为共模信号。共模信号常用 $u_{ic} = u_{i1} = u_{i2}$。

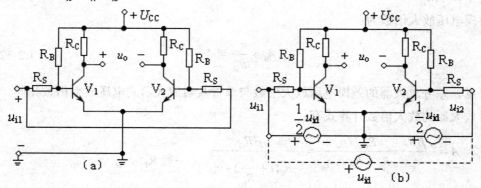

图 2-38 差分放大器电压输入方式

2. 模放大倍数 Auc

在共模信号输入情况下，因电路对称，两管的集电极电位变化相同，因而输出电压 u_{oc} 恒为零。这和输入信号为零（静态）的输出结果一样。说明差分放大器对共模信号没有放大作用，即 $A_{uc} = 0$，或者说对共模信号具有抑制能力。实际上差分放大器对零漂移的抑制就是抑制共模信号。

2.4.1.3 差分放大器的差模输入电压与差模放大倍数

1. 差分放大器的差模输入电压 u_{id}

图 2-38（b）所示为差分放大器差模输入情况，在差分放大器两输入端分别输入大小相等、极性相反的输入电压，即 $u_{i1} = -u_{i2}$。这种输入方式称为差模输入，这种信号称为差

模信号。差模输入信号常用 u_{id} 表示。

$$u_{i1} = \frac{1}{2}u_{id}, u_{i2} = -\frac{1}{2}u_{id}$$

2. 差分放大器的差模放大倍数 Ad

在差模信号作用下，差分放大器中一个管子的集电极电流增大，另一个管子的集电极电流减小，在电路对称的情况下，集电极电位的变化量大小相等、极性相反。若设两管电压放大倍数分别为 A_1、A_2，集电极输出电压分别为 u_{o1}、u_{o2}，则：

$$u_{o1} = A_1 u_{i1} = -A_1 \frac{1}{2}u_{id}$$

$$u_{o12} = A_2 u_{i2} = -A_2 \frac{1}{2}u_{id}$$

总电路输出电压为 $u_o = u_{o1} - u_{o2} = -\frac{1}{2}(A_1 + A_2)u_{id}$

因电路对称，$A_1 = A_2 = A$

则 $u_{od} = -Au_{id}$

差模电压放大倍数为：

$$A_d = \frac{u_{od}}{u_{id}} = A \qquad\qquad （2\text{-}32）$$

可见，差分放大器的差模电压放大倍数与单管共射放大器的电压放大倍数相同，由单管共射放大器的放大倍数计算式有：

$$A_d = A = -\frac{\beta R_C}{r_{be}} \cdot \frac{R_B // r_{be}}{R_S + R_B // r_{be}} = -\frac{\beta R_C}{R_S(1 + \frac{r_{be}}{R_B}) + r_{be}} \quad （\text{一般 } R_B >> r_{be}）$$

故有：$A_d = A \approx -\frac{\beta R_C}{R_S + r_{be}}$

2.4.1.4 任意输入电压

如果在差动放大电路的两个输入端加上任意大小、任意极性的输入电压 u_{i1} 和 u_{i2}，称之为任意输入电压或比较输入电压。

任意输入电压可以分解成共模输入电压 u_{ic} 和差模输入电压 u_{id} 的组合。设

$$u_{i1} = u_{ic} + u_{id}$$

$$u_{i2} = u_{ic} - u_{id}$$

$$u_{id} = \frac{u_{i1} - u_{i2}}{2}$$

可得

$$u_{ic} = \frac{u_{i1} + u_{i2}}{2}$$

例如，如果 u_{i1}=5mV，u_{i2}=3mV，则可以将 u_{i1} 和 u_{i2} 分解成 u_{i1}=4mV+lmV，u_{i2}=4mV-lmV，即 u_{id}=lmV，u_{ic}=4mV。通常，我们认为差模输入电压反映了有效信号，故对于 u_{id} 希望得到尽可能大的放大倍数；而认为共模输入电压可能反映温度变化、电源波动产生的漂移信号，故对于 u_{ic} 希望尽量加以抑制，不予放大。

2.4.1.5 共模抑制比

衡量一个差分放大电路的性能不仅要看它对差模输入电压的放大能力，还要看它对共模输入电压的抑制能力。通常用共模抑制比 K_{CMR} 来表示，它定义为差模电压放大倍数与共模电压放大倍数之比，即

$$K_{CMR} = \left| \frac{A_d}{A_C} \right| \qquad (2\text{-}33)$$

K_{CMR} 越大，表示差分放大器放大差模信号（有用信号）的能力越强，抑制共模信号（无用信号）的能力也越强，在电路完全对称的理想条件下，若采用双端输出，A_C=0，K_{CMR}= ∞。

有时还用对数的形式表示共模抑制比，即：

$$C_{MR} = 20 \lg K_{CMR} = 20 \lg \left| \frac{A_d}{A_C} \right| = 20 \lg |A_d| - 20 \lg |A_C|$$

其中 $20 \lg |A_d|$ 为差模增益。C_{MR} 的单位为：分贝（dB）

【案例 2-11】在图 2-33（a）中，已知两个三极管各自的单管放大倍数 A_1=A_2=-20，（1）求差分放大器的差模电压放大倍数 A_d；（2）若已知该差分放大器共模放大倍数 A_C=0.02，求共模抑制比 K_{CMR}。

解（1）由于 A_1=A_2=-20，则 A_d=-20

（2）$K_{CMR} = \left| \frac{A_d}{A_C} \right| = \left| \frac{-20}{0.02} \right| = 1000$

2.4.2 差分放大电路的测试

2.4.2.1 差分放大电路静态工作点测量

步骤1：按如图 2-39 所示电路在实验仪面包板上组装好电路，并注意电路的对称性。

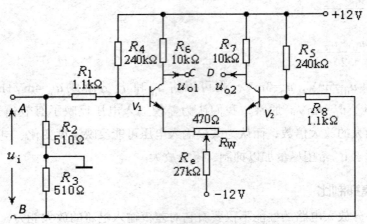

图 2-39 差分放大电路基本测试电路图

步骤 2：电路经检查无误后，接通 ±12V 电源。

步骤 3：将 A、B 点与地短接（$u_{i1}=u_{i2}=0$），用数字万用表电压量程接入 C、D 两端，调节 R_w 使万用表读数为零（$u_o=0$）。

步骤4 断开A、B，用数字万用表按下表的内容测量V_1、V_2两管静态工作点，并填入表2-6 中。

表 2-6　差分放大电路静态工作点测量

测量值						计算值					
V_1			V_2			V_1			V_2		
U_{C1}	U_{B1}	U_{E1}	U_{C2}	U_{B2}	U_{E2}	I_{B1}	I_{C1}	β_1	I_{B2}	I_{C2}	β_2

2.4.2.2 差模电压放大倍数的测试

步骤 1：按图 2-34 组装好电路后，将测量仪器按图 2-35 所示接入被测试的 2-34 电路中，将 F 端接地。

步骤 2：调节信号发生器输出 $f=1KHz$，幅度约为 30mV 的正弦信号（注意：在信号源与 E 端之间接 22μ 电容），由 E 端输入差模信号，用示波器分别观察 u_{o1}、u_{o2} 输出波形，调节信号发生器输出波形幅度，使输出 u_{o1}、u_{o2} 不失真。

步骤 3：在输出波形不失真时，用毫伏表测量的输入信号 u_i 及输出 u_{o1}、u_{o2} 值，计算差动放大器的差模电压增益 Au_d。

步骤 4：将测量的数据填入表 2-7 中。

表 2-7　差模电压放大倍数的测试（测试条件：ui=30mV，f=1KHz）

内容 电路	波形			输出电压			电压增益		
	u_{o1}	u_{o2}	u_o	u_{o1}	u_{o2}	u_o	A_{o1}	A_{o2}	A_d
双端输入 双端输出									

2.4.2.3 共模抑制比 K_{CMR} 的测试

步骤 1：按图 2-39 组装好电路后，将测量仪器接图 2-40 所示接入被测试的 2-39 电路中。检查无误后接通电源。

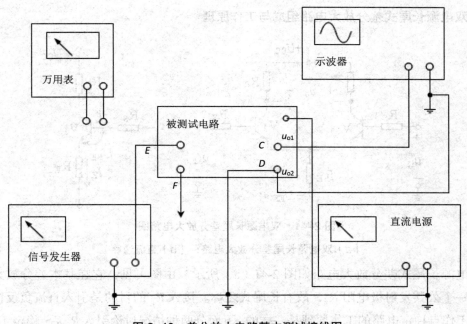

图 2-40　差分放大电路基本测试接线图

步骤 2：将 A、B 端短接为一端，输入共模信号：u_i =40mV，f=1kHz 的正弦波。

步骤 3：用示波器观察输出波形 u_{o1} u_{o2}，并比较相位。（若观察波形时，幅度不够大，可适当增大 u_i ）。

步骤 4：按 2-8 表中内容进行测量。

表 2-8　共模抑制比 K_{CMR} 的测试

内容 电路	波形			$A_C=u_o/u_i$	$K_{CMR}=20\lg（A_d/A_C）$
	u_{o1}	u_{o2}	u_o		
双端输入 双端输出					

2.4.3 典型差分放大电路图解分析

上面所讲的基本差分放大器都是工作在双端输入、双端输出状态，是利用电路对称性来抑制零点漂移的。在实际应用电路中，电路的参数不可能严格对称，或者要求电路进行单端输出（也称不对称输出），则输出电压仍存在零点漂移。有时，当零漂移严重时，由于信号过大，电路两侧将很难做到完全抵消，而且，从基本差动放大电路每一个三极管来看，其集电极对地电压的漂移并没有受到抑制，故在实际电子技术工程中一般不被采用。

2.4.3.1 双电源长尾式差分放大电路

1. 双电源长尾式差分放大电路组成与工作原理

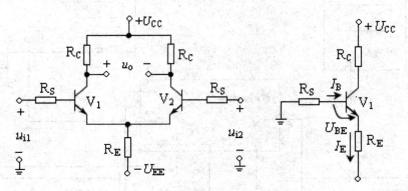

图 2-41　双电源长尾差分放大电路图

（a）双电源长尾差分放大电路；（b）直流通路

双电源长尾式差分放大电路如图 2-41（a）所示。由图可见，它在基本差分放大电路中引入一个公共发射极电阻 R_E，故有长尾式之称。接入 R_E 的目的是引入直流负反馈。这与静态工作点稳定电路的工作原理是一样的。下面分两种情况讨论引入 R_E 后，稳定工作点、抑制零漂的工作原理。

（1）R_E 对差模输入信号没有影响

对于差模信号来说，由于两个三极管的输入电压大小相等、极性相反，因此使两个三极管的集电极电流产生异向变化，在电路结构、参数对称的情况下，增加的量和减小的量彼此相等，所以流过 R_E 的电流 $2I_E$ 将保持不变，因而 R_E 上的信号压降为零，即射极电阻对差模输入信号没有影响。

（1）R_E 对共模输入信号有较强的负反馈作用

对于共模信号而言，由于两个三极管的输入电压大小相等、极性相同，因此使两个管子的集电极电流产生同向变化，并同向流经 R_E，致使 R_E 上的压降为 2 倍的变化电流产生的压降，因而使两个三极管的发射结电压 $U_{BE} = U_B - U_E$ 有相应的变化，即 R_E 对每个管子的共模输入有较强的负反馈作用。由此可见，由于 R_E 对共模信号的负反馈作用，使每个三极管的零点漂移受到削弱。从而大大地提高了电路的共模抑制比，因此 R_E 也称为共模负反馈电阻。

如上所述，共模负反馈电阻 R_E 越大，对共模输入信号的抑制作用越强，但 R_E 越大，在一定电源电压 U_{CC} 控制下，三极管的静态压降 U_{CE} 就越小。这样将影响差模信号的动态范围。因此，在公共发射极回路中引入负电源 U_{EE} 来补偿 R_E 上的直流压降，从而解决了设置静态值与抑制零漂之间的矛盾，如图 2-41（a）所示。

2. 静态工作点分析

在静态时（$u_{i1}=u_{i2}=0$），由于电路对称，则 $I_{B1}=I_{B2}=I_B$，$I_{C1}=I_{C2}=I_C=\beta I_B$，$I_{E1}=I_{E2}=I_E=(1+\beta)I_B$，所以只计算一个三极管静态值即可。图 2-41（a）的直流通路如图 2-41（b）所示。

由图 2-36（b）可得：$I_B R_S + U_{BE} + 2I_E R_E - U_{EE} = 0$

所以 $I_{BQ} = \dfrac{U_{EE} - U_{BE}}{R_S + 2(1+\beta)R_E}$

由于流过 R_S 的电流很小，故 $I_B R_S$ 可忽略，则每个三极管的集电极电流。

$$I_C \approx I_E \frac{U_{EE} - U_{BE}}{2R_E}$$

每个三极管的基极电流 $I_{BQ} = \dfrac{I_C}{\beta}$ （2-34）

每个三极管集电极对地的电压

$$U_{C1} = U_{C2} = U_{CC} - I_C R_C$$ （2-35）

3. 差分放大器放大倍数

（1）对差模输入信号的放大作用

差模信号引起两管电流的反向变化（一管电流上升，一管电流下降），流过射极电阻 R_E 的差模电流为 $I_{E1}-I_{E2}$，由于电路对称，所以流过 R_E 的差模电流为零，R_E 上的差模信号电压也为零，因此射极视为地电位，此处"地"称为"虚地"。因此差模信号时，R_E 不产生影响。差模信号输入时交流通路图 2-42 所示，故双端输出的差模放大倍数仍为单管放大倍数。

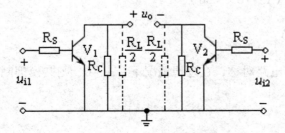

图 2-42　长尾式差分放大电路差模输入交流等效

当未接负载 R_L 时，单管输出的差模放大倍数为

$$A_{d1} = -\frac{\beta R_C}{R_S + r_{be}}$$

差分放大电路双端输出的差模放大倍数为（$u_o=2u_{o1}$，$u_d=2u_{i1}$）

$$A_d = \frac{u_o}{u_d} = \frac{2u_{o1}}{2u_{i1}} = \frac{\beta R_C}{R_S + r_{be}} \qquad (2-36)$$

由此可见，差分放大电路在双端输出时，其电压放大倍数与单管放大电路的电压放大倍数相等。

两个输入端之间的差模输入电阻为：

$$R_i = 2(R_S + r_{be}) \qquad (2-37)$$

两个三极管集电极之间的差模输出电阻为：

$$R_o = 2R_C \qquad (2-38)$$

（2）对共模信号的抑制作用

共模信号对长尾电路中流过射极电阻 R_E 的电流是同向变化的，流过射极电阻 R_E 的共模电流为 $I_{E1}+I_{E2}=2I_E$，对每一管来说，可视为在射极接入电阻为 $2R_E$。它的共模放大倍数为（同学们可以自己推导）：$A_C = -\dfrac{\beta R_L'}{R_S + r_{be} + (1+\beta)2R_E}$

由此式我们可以看出 R_E 的接入，使每管的共模放大倍数下降了很多（对零漂具有很强的抑制作用）。

【案例2-12】电路如图2-36（a）所示。已知：$U_{CC}=U_{EE}=12V$，$R_L=10k\Omega$，$R_S=20k\Omega$，$R_C = R_E=10k\Omega$，三极管的 $\beta =50$。（1）求差分放大电路的静态工作点；（2）求双端输出时的差模电压放大倍数和共模抑制比。

解（1）静态工作点的各相关值如下：

$I_B R_S \approx 0V$，$U_{BE}=0.7V$

由 $I_B R_S+U_{BE}+2I_E R_E-U_{EE}=0$

$2I_E R_E=U_{EE}-U_{BE}$　　$I_C \approx I_E = \dfrac{U_{EE} - U_{BE}}{2R_E} = \dfrac{12 - 0.7}{2 \times 10} = 0.56mA$

$U_{C1}=U_{C2}=U_{CC}-I_C R_C=$（$12-10 \times 0.56$）$=6.4V$

$I_B = \dfrac{I_C}{\beta} = \dfrac{0.56}{50} = 11\mu A$

（2）双端输出时，电路对称，在理想情况下，$A_C=0$，则共模抑制比 $K_{CMR}= \infty$。

$$R'_L = R_C \,/\!/\, \frac{R_L}{2} = 10\text{k}\Omega \,/\!/\, 5\text{k}\Omega = 3.3\text{k}\Omega$$

$$r_{be} = 300 + (1+\beta)\frac{26}{I_E} = 300 + 51 \times \frac{26\text{mA}}{0.56\text{mA}} = 2.67\text{k}\Omega$$

$$A_d = -\frac{\beta R'_L}{R_S + r_{be}} = \frac{-50 \times 3.3}{20 + 2.67} = -7.28$$

2.4.3.2 带恒流源式差分放大电路

在长尾式差动放大电路中，欲提高电路的共模抑制比，R_E 值越大，对共模信号的抑制作用越强，电路的共模抑制比越高。但是，R_E 值越大，要获得合适的静态工作点所需的负电源 U_{EE} 的电压就越高，这将给电路集成化带来一定困难。为了既能增强共模负反馈作用，又不必选用大电阻，也不致要求 U_{EE} 过高，可以用三极管组成的恒流源代替长尾电阻 R_E，如图 2-43 所示。

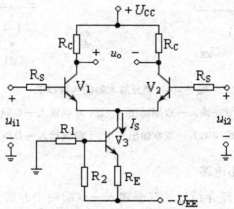

图 2-43　带恒流源的差分放大电路图

在图 2-43 中，用三极管 V_3 组成的恒流源代替 R_E。R_1 和 R_2 构成分压式偏置电路，固定了 V_3 的基极电压，R_E 接在 V_3 的发射极，它具有电流负反馈作用，既能保证差分电路有合适的静态工作点，又能使工作在放大区的 V_3 起到恒流作用。因为由三极管的输出特性曲线可知，三极管工作在放大区时，只要 I_B 确定后，I_C 基本恒定，不随 u_{CE} 而改变。

2.4.4 差分放大电路的四种输入输出方式

差分放大电路有两个输入端、两个输出端。根据不同的需要，差分放大器输入端和输出端的接地不同，可以组成 4 种接法，即双端输入—双端输出、单端输入—双端输出、双端输入—单端输出、单端输入—单端输出。这 4 种接法分别如图 2-44（a）（b）（c）（d）所示。

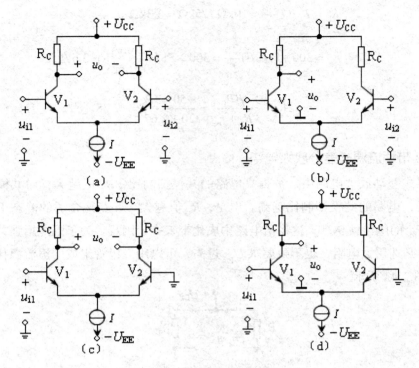

图 2-44 差分放大器的 4 种接法

（a）双端输入—双端输出 （b）双端输入—单端输出

（c）单端输入—双端输出 （d）单端输入—单端输出

1. 双端输入—双端输出电路

图 2-44（a）是前面已经介绍过的双端输入—双端输出方式。其电压放大倍数计算式以及输入、输出电阻计算式在前面已有介绍。

2. 双端输入—单端输出电路

当双端输入、单端输出时，如图 2-44（b）所示，由于输出电压只与一个三极管的集电极电位变化有关，因此它的输出电压变化量 $u_\circ$ 只有双端输出时的一半，所以单端输出的差模电压放大倍数只有双端输出时的一半：

$$A_d = \mp \frac{1}{2} \cdot \frac{\beta R_C}{R_B + r_{be}} \qquad (2\text{-}39)$$

注意，只有从 V_1 集电极输出时，A_d 的表达式中才有负号，如果改为从 V_2 的集电极输出时，A_d 为正值。

输入电阻不随输出方式变化，仍由式计算，而输出电阻为

$$r_o = R_C \qquad (2\text{-}40)$$

3. 单端输入—双端输出电路

当单端输入、双端输出时，如图 2-44（c）所示由于差分放大电路两边完全对称，差分放大电路可以看作有任意电压输入信号 $u_{i1}=0$，$u_{i2}=u_i$（或 $u_{i1}=u_i$，$u_{i2}=0$），分解为

$$u_{i1}=\frac{u_i}{2}-\frac{u_i}{2}，\quad u_{i2}=\frac{u_i}{2}+\frac{u_i}{2}。$$ 可见单端输入时的差分放大电路的输入效果和双端输入差分放大电路一样。

4. 单端输入—单端输出电路

图 2-44（d）所示为单端输入、单端输出的方式，这种接法的特点是通过改变输入或输出端的位置，可以得到同相或反相放大输出电压。

总的来说，不论是何种接法，差模放大倍数与输出电阻都取决于输出方式，而与输入方式无关。只要是双端输出，其差模放大倍数就与单管放大倍数相同，输出电阻为 $2R_C$，只要是单端输出，差模放大倍数就为单管放大倍数的一半，输出电阻为 R_C。输入电阻与输入接法无关，总是 $2(R_s+r_{be})$。从抑制零漂和抗共模干扰的角度看，双端输出优于单端输出。

2.5 集成运算放大电路的基本应用

2.5.1 集成运算放大器在信号运算方面的线性应用电路

2.5.1.1 集成运算放大器的组成与图形符号

集成电路是近几十年半导体器件发展起来的高科技产品。它是采用半导体制造工艺把晶体管、场效应管、二极管、电阻、电容以及它们之间的连线所组成的整个电路集成在同一块半导体芯片上，构成的具有特定功能的电子电路。与分立电路相比较，集成电路具有体积更小、重量更轻、功耗更低的特点，又由于减少了电路的焊接点，从而提高了工作可靠性和灵活性，实现了元件、电路和系统的三结合，为电子技术的应用开辟了一个新时代。

集成运算放大器的种类很多，电路也各不相同，但其基本结构一般都由输入级、中间级、输出级和偏置电路 4 个部分组成，如图 2-45 所示。

图 2-45 集成运算放大器组成方框图

输入级电路：通常由差动放大电路构成，目的是为了减小放大电路的零点漂移、提高输入阻抗。

中间级电路：通常由共发射极放大电路构成，目的是为了获得较高的电压放大倍数。

偏置电路：一般由各种恒流源电路构成，作用是为上述各级电路提供稳定、合适的偏置电流，决定各级的静态工作点。

输出级电路：输出级与负载相接，通常由互补对称放大电路构成，目的是为了减小输出电阻，提高电路的带负载能力。

集成运算放大器的电路符号一般用图 2-46 所示表示。它有两个输入端，标"+"的输入端称为同相输入端，输入信号由此端输入时，输出信号与输入信号相位相同；标"-"的输入端称为反相输入端，输入信号由此端输入时，输出信号与输入信号相位相反。

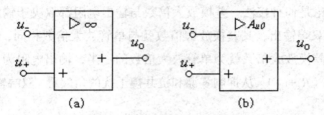

图 2-46　集成运算放大器的图形符号

2.5.1.2 集成运算放大器的主要参数及种类

为了合理选用和正确使用运算放大器，必须了解它的性能和技术指标。下面介绍常用的主要技术指标。

1. 集成运算放大器的主要参数

（1）差模开环电压放大倍数 A_{do}

指集成运算放大器本身（无外加反馈回路）的差模电压放大倍数，即

$$A_{do} = \frac{u_o}{u_+ - u_-} \qquad （2-41）$$

它体现了集成运放的电压放大能力，一般在 104 ~ 107 之间。A_{do} 越大，电路越稳定，运算精度也越高。

（2）共模开环电压放大倍数 A_{co}

指集成运放本身的共模电压放大倍数，它反映集成运放抗温漂、抗共模干扰的能力，优质的集成运放 A_{co} 应接近于零。

（3）共模抑制比 K_{CMR}

用来综合衡量集成运放的放大能力和抗温漂、抗共模干扰的能力，一般应大于80dB。

（4）差模输入电阻 r_{id}

指差模信号作用下集成运算放大器的输入电阻。

（5）输入失调电压 U_{io}

指为使输出电压为零，在输入级所加的补偿电压值。它反映差动放大部分参数的不对称程度，显然越小越好，一般为毫伏级。

（6）失调电压温度系数 $\Delta U_{io}/\Delta T$

是指温度变化 ΔT 时所产生的失调电压变化 ΔU_{io} 的大小，它直接影响集成运算放大器的精确度，一般为几十微伏每摄氏度。

（7）转换速率 S_R

衡量集成运算放大器对高速变化信号的适应能力，一般为几伏每微秒，若输入信号变化速率大于此值，输出波形会严重失真。

2. 集成运算放大器的种类

集成运算放大器的品种繁多，大致可分为"通用型"和"专用型"两大类。

（1）通用型的集成运算放大器

通用型集成运放的各项指标比较均衡，适用于无特殊要求的一般场合，如 CF741（单运放）、CF747（双运放）、CF124（四运放）等。其特点是增益高、共模和差模电压范围宽、正负电源对称且工作稳定。

（2）专用型的集成运算放大器

专用型集成运放种类很多，根据各种特殊需要而设计，大致有如下几类。

①低功耗型（静态功耗在 1mW 左右，如 CA3078、F253/012/013 等）；。

②高速型（转换速率在 10V/μs 左右，如 μA715、LM318）。

③高阻型（输入电阻在 1012Ω 左右，如 CA3140）。

④高精度型（失调电压温度系数在 1μV 左右，如 μA725、F007、F032、F714 等）。

⑤高压型（允许供电电压在 ±30V 左右，如 CF343），宽带型（带宽在 10MHz 左右，如 μA772）等。

"专用型"除具有"通用型"的特性指标外，特别突出其中某一项或两项特性参数，以适用于某些特殊要求的场合。如低功耗型运放适用于遥感技术、空间技术等要求能源消耗有限制的场合；高速型主要用于快速 A/D 和 D/A 转换器、锁相环电路和视频放大器等要求电路有快速响应的场合。使用时需查阅集成运放手册，详细了解它们的各种参数，作为使用和选择的依据。

2.5.1.3 集成运算放大器的理想模型及其电压传输特性

1. 集成运算放大器的理想模型

在分析运算放大器时，为了便于分析和计算，一般可将它视为一个理想运算放大器。理想化的主要条件是：

开环电压放大倍数：$A_{\mathrm{o}} = \infty$

差模输入电阻：$r_{\mathrm{id}} = \infty$

开环输出电阻：$r_{\mathrm{o}} = 0$

共模抑制比：$K_{\mathrm{CMRR}} = \infty$

由于实际运算放大器的上述技术指标接近理想化的条件，因此借助于理想运算放大器进行分析所引起的误差很小，工程上是允许的，这样，分析过程就大大简化了。

2. 集成运算放大器的电压传输特性

电压传输特性是指表示输出电压与输入电压之间的关系的特性曲线，称为电压传输特性。如图 2-47 所示，典型运算放大器的电压传输特性可分为 3 个运行区：一个线性区和两个饱和区。

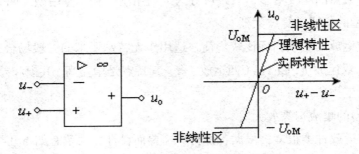

图 2-47 集成运算放大器电压传输特性曲线

（1）线性区分析

①虚断。由 $r_{\mathrm{id}} = \infty$，得 $i_{+} = i_{-} = 0$，即理想运放两个输入端的输入电流为零。

②虚短。由 $A_{\mathrm{do}} = \infty$，得 $u_{+} = u_{-}$，即理想运放两个输入端的电位相等。若信号从反相输入端输入，而同相输入端接地，则 $u_{-} = u_{+} = 0$，即反相输入端的电位为地电位，通常称为虚地。

当理想运算放大器工作在线性区时，u_{o} 和 $u_{\mathrm{i}} = (u_{+} - u_{-})$ 呈线性关系，即

$$u_{\mathrm{o}} = A_{\mathrm{o}}(u_{+} - u_{-}) = A_{\mathrm{oui}} \qquad (2\text{-}42)$$

运算放大器为一线性放大元件。

（2）非线区分析

如果运算放大器的工作信号超出了线性放大范围，则不再满足式 3-2 的线性关系，而进入饱和区。此时，

当 $u_{\mathrm{i}} > 0$，即 $u_{+} > u_{-}$ 时，$u_{\mathrm{o}} = + u_{\mathrm{oM}}$，即正饱和。

当 $u_{\mathrm{i}} < 0$，即 $u_{+} < u_{-}$ 时，$u_{\mathrm{o}} = - u_{\mathrm{oM}}$，即负饱和。

2.5.1.4 集成运算放大器线性应用—反相输入比例运算电路

如前所述，当运算放大器工作在线性区时，输出电压和输入电压满足式 2-47 的线性关系。由于运算放大器的开环电压放大倍数 A_o 非常高，即使输入毫伏级以下的信号，也足以使输出电压达到饱和；另外，由于干扰使工作难于稳定。所以，要使运算放大器工作在线性区，通常要引入深度电压负反馈。

运算放大器能对输入信号进行比例、加、减、积分、微分、对数与反对数以及乘除等运算。下面介绍几种简单的运算电路。

1. 反相输入比例运算电路

（1）反相输入比例运算电路组成与分析

当运算电路作比例运算时，输出量 u_o 与输入量 u_i 之间具有线性比例关系，即

$$u_i = ku_i \qquad (2-43)$$

式中 k 为比例系数。

图 2-48 所示是由运算放大器组成反相比例运算电路。输入信号 u_i 经输入电阻 R_1 加到反相输入端，同相输入端通过电阻 R_2 接地。反馈电阻 R_F 跨接在输出端与反相输入端之间，引入一个电压并联负反馈。为使集成运算放大器两个输入电路的电阻对称，应有 $R_2=R_1//R_F$，R_2 称为平衡电阻。

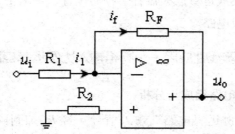

图 2-48　反向输入比例运算电路

根据运放工作在线性区的两条分析依据可知：$i_1 = i_f$，$u_- = u_+ = 0$ 而

$$i_1 = \frac{u_i - u_-}{R_1} = \frac{u_i}{R_1}$$

$$i_f = \frac{u_- - u_o}{R_F} = -\frac{u_o}{R_F}$$

由此可得：$u_o = -\dfrac{R_F}{R_1}u_i \qquad (2-44)$

2-48 式中的负号表示输出电压与输入电压的相位相反。

（2）反相输入比例运算电路参数计算

闭环电压放大倍数为：

$$A_{uf} = \frac{u_o}{u_i} = -\frac{R_F}{R_1} \qquad (2\text{-}45)$$

当 $R_F = R_1$ 时，$u_o = -u_i$，即 $A_{uf} = -1$，该电路就成了反相器。图 2-43 中电阻 R_2 称为平衡电阻，通常取 $R_2 = R_1 // R_F$，以保证其输入端的电阻平衡，从而提高差动电路的对称性。

2. 反相输入比例运算电路与测试实训

步骤 1：取一块集成运算放大器 μA741 按图 2-44 电路元件的参数连接好测试电路。检查无误后，接通 ±12V 电源。

步骤 2：将输入端对地短接，进行调零和消振。

步骤 3：将信号发生器接入 R_1 端，双踪示波器接入输出端。

步骤 4：调节信号发生器从反相端输入 $f=1\text{kHZ}$，$U_i=0.5\text{V}$ 的正弦交流信号，万用表选择合适的电压量程测量输出电压 U_o，并用示波器观察和相位关系。

表 2-9　反相输入比例运算电路测试（$U_i=0.5\text{V}$，$f=1\text{kHZ}$）

U_i（V）	U_o（V）	u_i（波形	u_o 波形	A_V	
				实测值	计算值

注意：实训前要看清集成运算放大器各引脚的位置，切忌正、负电源极性接反和输出端短路，否则将会损坏集成电路。

2.5.1.5 集成运算放大器线性应用——同相输入比例运算电路

1. 同相输入比例运算电路组成与分析

图 2-49 所示为同相比例运算电路。输入信号 u_i 经 R_2 加到同相输入端，输出信号 u_o 经 R_F 和 R_1 分压后反馈到反相输入端。这是一个电压串联负反馈电路。为保持输入端平衡，使 $R_2=R_1//R_F$。

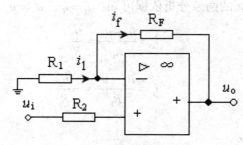

图 2-49　同相输入比例运算电路

根据运放工作在线性区的两条分析依据可知：

$$i_1 = i_f，\quad u_- = u_+ = 0$$

而

$$i_1 = \frac{0 - u_-}{R_1} = -\frac{u_i}{R_1}, \quad i_f = \frac{u_- - u_o}{R_F} = \frac{u_i - u_o}{R_F}$$

由此可得：

$$u_o = \left(1 + \frac{R_F}{R_1}\right)u_i \qquad (2\text{-}46)$$

输出电压与输入电压的相位相同。

同反相输入比例运算电路一样，为了提高差动电路的对称性，平衡电阻 $R_2 = R_1 // R_F$。

（2）同相输入比例运算电路参数计算

闭环电压放大倍数为：

$$A_{uf} = \frac{u_o}{u_i} = 1 + \frac{R_F}{R_1} \qquad (2\text{-}47)$$

由式 2-47 可看出，同相输入比例运算电路的闭环电压放大倍数 A_f 与集成运算放大器本身的参数无关，而仅由外部电阻 R_1 和 R_F 决定，其精度和稳定性都很高。式中 A_f 为正值，表示 u_o 与 u_i 同相，并且 A_f 的值总是大于或等于 1，而不会小于 1，这点与反相比例运算不同。

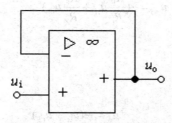

图 2-50 电压跟随器

在图 2-49 所示的电路中，若 $R_1 = \infty$（断开），$R_F = 0$，如图 2-50 所示，则

$$A_f = \frac{u_o}{u_i} = 1 + \frac{R_F}{R_1} = 1 \qquad (2\text{-}48)$$

即 $u_o = u_i$ 这种电路称为电压跟随器，是同相比例运算电路的一个特例。由于它输入电阻非常大，输出电阻很小，因此在各种电子线路中常作缓冲器（作阻抗变换器）用。

2. 同相输入比例运算电路测试实训

步骤 1：取一块集成运算放大器 μA741 按图 2-47 电路元件的参数连接好测试电路。检查无误后，接通 ±12V 电源。

步骤 2：将输入端对地短接，进行调零和消振。

步骤 3：将信号发生器接入 R1 端，双踪示波器接入输出端。

步骤 4：调节信号发生器从反相端输入 $f = 1\text{kHZ}$，$U_i = 0.5\text{V}$ 的正弦交流信号，万用表选择合适的电压量程测量输出电压 U_o，并用示波器观察和相位关系。

表 2-10 同相输入比例运算电路测试（U_i=0.5V，f=1kHz）

U_i（V）	U_o（V）	u_i（波形）	u_o 波形	A_V	
				实测值	计算值

2.5.1.6 集成运算放大器线性应用—加法运算电路

1. 加法运算电路组成与分析

如图 2-48 所示，在反相输入端增加若干输入电路，则构成反相加法运算电路。根据运放工作在线性区的两条分析依据可知：

$$i_f = i_1 + i_2$$

$$i_1 = \frac{u_{i1}}{R_1}, \quad i_2 = \frac{u_{i2}}{R_2}, \quad i_f = -\frac{u_o}{R_F}$$

由此可得：

$$u_o = -\left(\frac{R_F}{R_1}u_{i1} + \frac{R_F}{R_2}u_{i2}\right) \tag{2-49}$$

若 $R_1 = R_2 = R_F$，则：

2. 加法运算电路参数计算

$$u_o = -(u_{i1} + u_{i2}) \tag{2-50}$$

可见输出电压与两个输入电压之间是一种反相输入加法运算关系。这一运算关系可推广到有更多个信号输入的情况。平衡电阻 $R_p = R_1 // R_2 // R_F$。

加法运算电路测试实训在课后由同学们自行完成。输入信号要选择合适的直流信号幅度值以确保集成运算放大器工作在线性区。

2.5.1.7 集成运算放大器线性应用—减法运算电路

当作减法运算时，输出量 u_o 与两个输入量 u_{i2}、u_{i1} 之间应满足

$$u_o = K(u_{i2} - u_{i1})$$

图 2-49 所示为减法运算电路。这种两个输入端都加信号的输入方式，称为差动输入。下面利用叠加原理进行分析。

当 u_{i1} 单独作用时

$$u_{o1} = -\frac{R_F}{R_1}u_{i1} \qquad (2\text{-}51)$$

当 u_{i2} 单独作用时

$$u_{o1} = (1+\frac{R_F}{R_1})u_+ = (1+\frac{R_F}{R_1})\frac{R_3}{R_2+R_3}u_{i2} \qquad (2\text{-}52)$$

所以 $u_o = u_{o1} + u_{o2} = (1+\frac{R_F}{R_1})\frac{R_3}{R_2+R_3}u_{i2} - \frac{R_F}{R_1}u_{i1}$ \qquad (2\text{-}53)

当 $R_1 = R_2$ ， $R_F = R_3$ 时，则上式为

$$u_o = \frac{R_F}{R_1}(u_{i2} - u_{i1}) \qquad (2\text{-}54)$$

当 $R_1 = R_F$ 时，则

$$u_o = u_{i2} - u_{i1} \qquad (2\text{-}55)$$

【案例 2-13】求图 2-51 所示的电路中 u_o 与 u_{i1}、u_{i2} 的关系。

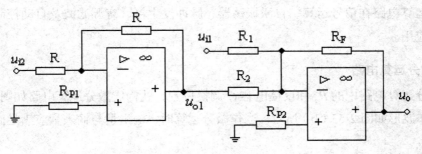

图 2-51　案例 2-13

解：电路由第一级的反相器和第二级的加法运算电路级联而成，则

$$u_{o1} = -u_{i2}$$

$$u_o = -(\frac{R_F}{R_1}u_{i1} + \frac{R_F}{R_2}u_{o1}) = \frac{R_F}{R_2}u_{i2} - \frac{R_F}{R_1}u_{i1}$$

2.5.1.8 集成运算放大器线性应用—积分、微分运算电路

1. 积分运算电路

当作积分运算时，输出量 u_o 和输入量 u_i 应满足积分关系，即

$$u_o = k\int u_i \mathrm{d}t \qquad (2\text{-}56)$$

若将反相比例运算电路（见图 2-48）中的反馈电阻 R_F 用电容 C_F 代替，就构成了积分运算电路，如图 2-52 所示。

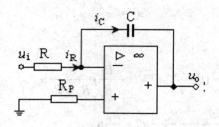

图 2-52　积分运算电路

由于反相输入端"虚地"，故

$$i_i = i_F = \frac{u_i}{R_1}$$

$$u_o = -u_C = -\frac{1}{C_F}\int i_F dt = -\frac{1}{R_1 C_F}\int u_i dt \qquad （2-57）$$

上式 2-57 表明 u_o 与 u_i 成积分关系，负号表示两者反相。$R_1 C_F$ 为积分时间常数。

积分运算电路在信号运算、自激振荡器、脉冲发生器、有源滤波及自动控制电路中得到广泛的应用。

2. 微分运算电路

将积分运算电路中的 R_1 和反馈电容 C 调换位置，就构成微分运算电路如图 2-53（a）所示。工作波形如图 2-53（b）所示。当作微分运算时，输出量与输入量应满足微分关系，即 $u_o = k\dfrac{du_i}{dt}$

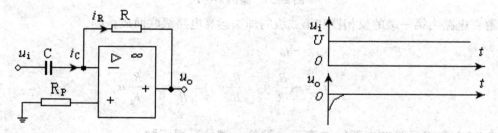

图 2-53　微分运算电路及工作波形

（a）微分运算电路；　（b）工作波形

2.5.2 集成运算放大器在信号测量方面的应用电路

集成运算放大器的线性应用是多方面的，下面介绍集成运算放大器在信号测量方面的一些应用电路。

2.5.2.1 电压、电流和电阻的测量应用电路

1. 电压的测量应用电路

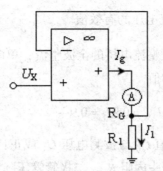

图 2-54　直流电压的测量电路

图 2-54 所示为直流电压的测量电路。内阻为 R_G 的微安（μA）表，表头接在输出端与反相输入端之间作反馈电路，同相端接被测电压 U_X。流过表头的电流 I_g 等于 R_1 上的电流 I_1。由 $u_+ = u_-$ 可知

$$I_g = \frac{U_X}{R_1} \qquad (2\text{-}58)$$

上式 2-58 表明被测电压与微安表读数成正比。因此，表头刻度可直接指示被测电压。

设微安表满量程为 $100\,\mu A$，取 $R_1 = 10\,\Omega$，则图 2-54 所示的测量电路就是一块满量程为 $100 \times 10^{-6} \times 10V = 10^{-3}V = 1mV$ 的直流毫伏表。这种毫伏表的内阻（输入电阻）非常高，测量灵敏度很高，测量值不受表头内阻 R_g 的影响，因此测量精度很高。

2. 电流测量应用电路

若在上述的 1mV 表头电路的基础上，加上倍压器或分流器电路，就可以构成多量程的直流电压表和电流表，如图 2-55（a）和（b）所示。

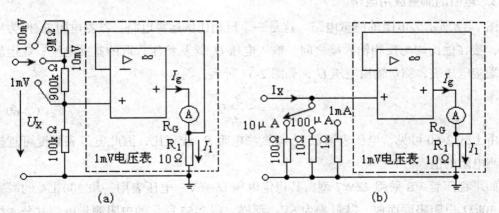

图 2-55　多量程的直流测量表

（a）直流电压测量表；（b）直流电流测量表

若将微安表表头和二极管整流电桥一起接到运算放大器的反馈电路中，就构成了交流电压的测量电路，如图 2-55 所示。被测电压 U_x 接到同相输入端，从图 2-70 电路分析，R_1 上电流的有效值为

$$I_1 = \frac{U_X}{R_1}$$ 式中 U_X 为被测交流电压的有效值。

反馈电路中的交流电流。经整流电桥的全波整流，单向流入表头。表头所指示的电流是这个单向脉动直流电流的平均值

$$I_{AV} = 0.9I_1 = 0.9\frac{U_X}{R_1} \qquad （2-59）$$

由式 2-59 可知，表头指示值 I_{AV} 与被测电压 U_X 成正比，因此微安表刻度可直接指示被测电压。由于表头指示值与表头内阻 R_G、二极管管压降无关，所以测量精度很高。

在图 2-56 所示的电路中，如果把被测正弦交流电信号由反相输入端输入（并使 $R_1=0$），而同相输入端接地，则可作交流电流表使用，测量交流电流 I_x。

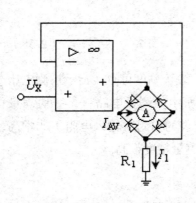

图 2-56　交流电压表

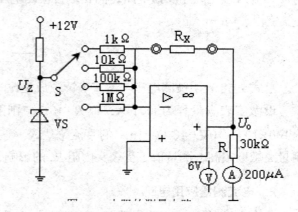

图 2-57　电阻的测量电路

3. 电阻的测量应用电路

图 2-57 所示为电阻的测量电路。这是一个反相比例运算电路，被测电阻 R_x 作为反馈电阻，接在输出端与反相输入端之间。输入电压 U_z 是从稳压管取的基准电压，在运放的输出端接电压表，测量输出电压 U_o，如图 2-57 所示，则

$$U_o = -\frac{R_x}{R_1}U_z \qquad （2-60）$$

由上式 2-60 可见，电压表读数 U_o 与被测电阻 R_x 成正比，因此电压表刻度可直接读出被测电阻的值。

如果稳压管 VS 采用 2ZW7 型，其稳定电压 $U_z=6V$。电压表用一块 $200\mu A$ 的微安表头和 $30k\Omega$ 电阻串联而成，其量程为 6V。那样，图 2-55 所示的电阻测量电路共分 4 档，由上而下依次为 $0 \sim 1k\Omega$，$0 \sim 10k\Omega$，$0 \sim 100k\Omega$，$0 \sim 1M\Omega$。

2.5.2.2 测量放大器应用电路

测量放大器又称仪用放大器，广泛应用于非电量测量和自动控制系统中，用作微弱信号的放大。如在自动控制测量电路中，通过传感器将温度、压力、位移等非电量信息转换成电压信号，但这种电压信号的变化往往非常小，通过一个差分放大器构成的差分放大电路往往达不到要求，常用几个运算放大电路构成多级运算放大电路，将微弱的电信号放大到足够的幅度和大小。

图 2-58 所示为一个由 3 个集成运算放大器构成的测量放大器的原理电路。电路有两个放大级，第一级由 A_1、A_2 组成，它们都是同相输入方式，并且电路结构对称，因此具有很高的输入电阻和共模抑制比；第二级由 A_3 构成差动放大电路。

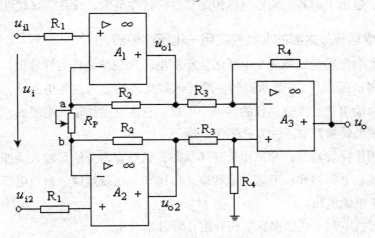

图 2-58 测量放大器电路

由电路可列出

$$u_i = u_{i1} - u_{i2} = u_a - u_b$$

由于集成运算放大器输入电流为零，故两个 R 和 R_p 构成分压电路。则有

$$u_i = u_a - u_b = \frac{R_P}{2R_2 + R_P}(u_{o1} - u_{o2})$$

可得第一级的闭环电压放大倍数为

$$A_{f1} = \frac{u_{o1} - u_{o2}}{u_i} = 1 + \frac{2R_1}{R_P} \tag{2-61}$$

第二级为差动减法运算电路，其输出电压为

$$u_o = -\frac{R_4}{R_3}u_{o1} + (1 + \frac{R_4}{R_3})\frac{R_4}{R_3 + R_4}u_{o2} = -\frac{R_4}{R_3}(u_{o1} - u_{o2})$$

第二级闭环电压放大倍数为

$$A_{f2} = \frac{u_o}{u_{o1} + u_{o2}} = -\frac{R_4}{R_3} \tag{2-62}$$

因此，总的电压放大倍数为

$$A_f = \frac{u_o}{u_i} = A_{f1}A_{f2} = -\frac{R_4}{R_3}(1 + \frac{2R_2}{R_p}) \tag{2-63}$$

从式 2-63 可见，调节 R_p，就可改变测量放大器的电压放大倍数。

2.5.3 集成运算放大器的非线性应用

当运算放大器工作在开环或正反馈状态时，其输出电压不是处于正饱和状态，就是处于负饱和状态，超出了运算放大器电压传输特性的线性范围，故称为非线性应用。

2.5.3.1 集成运算放大器的非线性应用—电压比较器

电压比较器的作用是比较两个电压的大小。电压比较器是将运算放大器的两个输入端的一端接入参考电压，用 U_R 表示；另一端接入被比较的输入信号电压 u_i，将两个电压进行幅值比较，由输出状态反映比较的结果。所以，它能够鉴别输入电平的相对大小，常用于超限报警、模数转换及非正弦波产生等电路。

集成运放用作比较器时，常工作于开环状态，只要有差分信号输入（即使微小的差模信号），输出值就立即饱和；不是正饱和就是负饱和，也就是说，输出电压不是接近正电源电压，就是负电源电压。

电压比较器的电路形式很多，下面介绍几种基本电路。

1. 过零比较器

过零比较器是参考电压为零的比较器。图 2-59（a）所示为同相过零比较器，称为过零比较器，即比较信号电压接同相输入端，反相端接地（$U_R=0$）。其电压传输特性如图 2-59（b）所示。

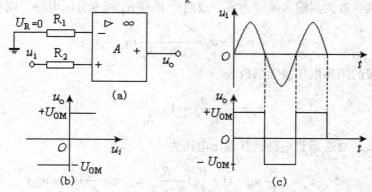

图 2-59　同相过零电压比较器

例如输入信号 u_i 为正弦波信号时，则有：

①当 $U_R=0$，$u_+>0$ 时，比较器输出正饱和值，$u_o=U_{OM}$，即输出为高电平。

②当 $U_R=0$，$u_+<0$ 时，比较器输出负饱和值，$u_o=-U_{OM}$（为负值），输出低电平。则输出电压 u_o 为矩形波，如图 2-59（c）所示。

图 2-60（a）所示为输出端接双向稳压管进行双向限幅的过零电压比较器。这是一个反相比较器，反相输入端接比较电压信号 u_i，同相端接参考电压 U_R，输出端接的双向稳压管 VD_Z 起双向限幅作用，其稳压值为 U_Z。设稳压管的稳定电压为 U_Z，忽略正向导通时管降电压，则 $u_i>U_R$ 时，稳压管正向导通，$u_o=-U_Z$；$u_i<U_R$ 时，稳压管反向击穿 $u_o=+U_Z$，其传输特性如图 2-60（b）所示。

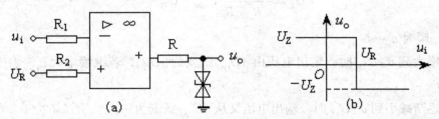

图 2-60 双向限幅的过零电压比较器

（a）双向限幅比较器；（b）电压传输特性

2. 任意电压比较器

图 2-61（a）所示为同相电压比较器。比较信号电压 u_i 加在同相输入端，参考电压 U_R 加在反相端。传输特性如图 2-61（b）所示。可由较 u_o 的正、负来判断 u_i 和 U_R 的相对大小。

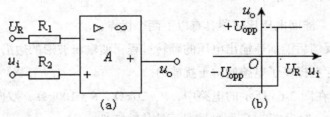

图 2-61 任意电压比较器及传输特性

（a）任意电压比较器；（b）传输特性

工作任务—集成运算放大器的非线性应用—滞回电压比器

滞回电压比较器是带有正反馈的电压比较器，其电路如图 2-62（a）所示，由于电路引入了正反馈电路，当接通电源后，集成运算放大器便工作在饱和区（即非线性区）。

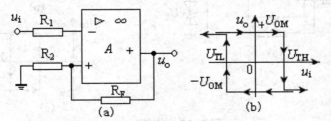

图 2-62 滞回电压比较器及传输特性

（a）滞回电压比较器；（b）传输特性

由电路可见，比较信号电压接入反相端，同相端接入参考电压 U_R，U_R 是由输出电压 u_o 经 R_2 和 R_F 分压而得。

如图 2-62 所示，当输出电压 $u_o=U_{OM}$ 时

$$U_R = \frac{R_2}{R_2 + R_F}U_{OM} = U_{TH}$$

当输出电压 $u_o= -U_{OM}$ 时

$$U_R = -\frac{R_2}{R_2 + R_F}U_{OM} = U_{TL}$$

设某一瞬时 $u_o=+U_{OM}$，

当 u_i 增大到 $u_i \geq U_{TH}$ 时，输出电压由 $+U_{OM}$ 跃变为 $-U_{OM}$，若继续增大 u_i，输出电压保持不变，$u_o= -U_{OM}$。

当 u_i 逐渐减小到 $u_i \leq U_{TL}$ 时，输出电压又从 $-U_{OM}$ 跃变为 $+U_{OM}$。图 2-62（b）是滞回电压比较器的传输特性，U_{TH} 称为正向阈值电压，U_{TL} 称为负向阈值电压。二者之差 $U_{TH} - U_{TL}$ 称为回差，用 ΔU_T 表示

$$\Delta U_T = U_{TH} - U_{TL} = \frac{R_2}{R_2 + R_F}[U_{OM} - (-U_{OM})]$$

可见，改变反馈系数 $\frac{R_2}{R_2 + R_F}$，即可调节 U_{TH}、U_{TL} 及 ΔU_T。滞回电压比较器与前面介绍的比较器相比，滞回电压比较器具有以下两个优点：

（1）引入正反馈后能加速输出电压的翻转过程，使输出波形的边沿更陡。

（2）回差的存在提高了电路的抗干扰能力。

【案例 2-14】在图 2-63 所示的电路中，$R_1=20k\Omega$，$R_2=100k\Omega$，双向稳压管稳压值为 $U_Z=6V$。试画出 U_{REF} 为 0V 和 6V 两种情况下的传输特性。

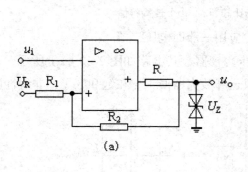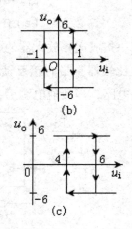

图 2-63 案例 2-14

解 当 $UR_{EF}=0V$ 时：$U_{TH}=\dfrac{R_1}{R_1+R_2}U_Z=\dfrac{20}{20+100}\times 6V=1V$

$U_{TL}=-1V$

做出传输曲线如图 2-63（b）所示。

当 $U_R=6V$ 时，

则 $U_{TH}=\dfrac{R_2}{R_1+R_2}U_{REF}+\dfrac{R_1}{R_1+R_2}U_Z=\dfrac{100}{20+100}\times 6V+\dfrac{20}{20+100}\times 6V=6V$

$U_{TL}=\dfrac{R_2}{R_1+R_2}U_{REF}+\dfrac{R_1}{R_1+R_2}(-U_Z)=\dfrac{100}{20+100}\times 6V+\dfrac{20}{20+100}\times(-6V)=4V$

当 $u_i>6V$ 时，$u_0=-6V$；当 $u_i<V$ 时，$u_o=+6V$。做出传输特性曲线如图 2-63（c）所示。

2.6 功率放大器电路

2.6.1 单管功率放大器电路

在电子电路中，有时需要大的信号功率，使信号具有足够的功率去控制或驱动一些设备工作。例如，驱动电动机的转动，驱动扬声器的发音、仪表指示等。能提供足够大的输出功率以带动负载动作，这种放大电路就是功率放大电路或称功率放大器。

由前所述，放大电路通常由输入级、中间级和输出级组成，一般是小信号放大器。功率放大器是向负载提供信号功率的放大器，所以，功率放大器的输入信号是经电压放大后的大信号，故不能用微变等效电路法进行分析。

2.6.1.1 功率放大电路的基本要求

一个良好的功率放大电路的基本要求有以下几个方面。

1. 非线性失真小

因功率放大电路处于大信号工作状态，易引起失真，所以必须尽可能减小非线性失真。

2. 输出功率足够

功率放大电路的任务是向负载提供足够大的功率，这就要求功率放大器不仅要有较高的输出电压，还要有较大的输出电流。因此功率放大器中的三极管工作在极限运用状态，在参数允许的范围内，尽可能使其得到充分利用，输出电压和输出电流的变化范围应尽量大，以获得足够的输出功率。

3. 效率高

任何放大器的作用实质上就是通过放大管的控制作用，把电源供给的直流功率转换为向负载输出的交流功率（信号功率）。效率高就是提高能量转换效率。功率放大器的转换效率为：

$$\eta = \frac{P_o(输出功率)}{P_D(直流电源供给的功率)} \qquad （2-64）$$

2.6.1.2 功率放大器的分类

1. 按功率放大器的静态工作点位置分类

如图 2-64（a）（b）（c）所示，按功率放大器的静态工作点在交流负载线的位置不同，可分为甲类放大、乙类放大和甲乙类放大等形式。

（1）甲类功率放大器

如图 2-64（a）所示，静态工作点应设置在交流负载线的中点，称为甲类工作状态。在甲类工作状态下，无论有无信号输入，电源供给的功率 $P_D=U_{CC}I_C$ 总是不变的。无信号输入时，电源功率全部消耗在三极管和电阻元件上。有信号输入时，电源功率的一部分转换为有用的输出功率 P_o。信号越大，输出功率也越大。可以证明，在理想条件下，甲类工作状态的放大电路最高效率为 50%。

（2）乙类功率放大器

如图 2-64 所示，电路的静态工作点 Q 设置在交流负载线的截止点，称为乙类工作状态。在乙类工作状态下，晶体管仅在输入信号的半个周期导通。乙类状态的静态功耗 $P_D=0$，这种电路功率损耗减到最少，使效率大大提高，但输出波形会严重失真。因此，必须采用特殊电路结构来克服它。

（3）甲乙类功率放大器

如图 2-64（c）所示，电路的静态工作点介于

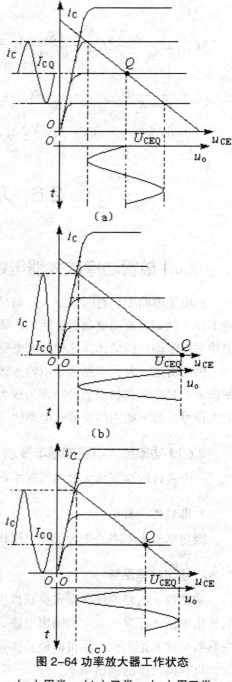

图 2-64 功率放大器工作状态

（a）甲类；（b）乙类；（c）甲乙类

甲类和乙类之间，静态时，晶体管有不大的静态偏流。称为甲乙类工作状态，在甲乙类工作状态下，由于 I_C 很小，因此静态功耗和效率接近于乙类工作状态。

2. 按功率放大器输出端特点分类

（1）有输出变压器功放电路。

（2）无输出变压器功放电路（又称 OTL 功放电路）。

（3.）无输出电容器功放电路（又称 OCL 功放电路）。

（4.）桥接无输出变压器功放电路（又称 BTL 功放电路）。

2.6.1.3 单管功率放大电路分析与电路参数计算

1. 单管功率放大电路组成

图 2-65（a）所示，V 为功率放大管，R_{B1}、R_{B2} 和 R_E 为分压式电流负反馈偏置电路，C_E 为射极旁路电容，R_L 为负载电阻，T_1 和 T_2 为输入、输出变压器，统称为耦合变压器。

耦合变压器的作用，一是隔断直流耦合交流信号，二是阻抗变换，使功率管获得最佳负载电阻 R_L'，以便向负载 R_L 提供最大功率。

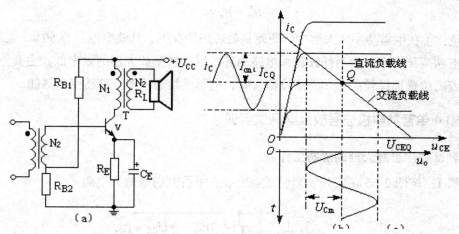

图 2-65 变压器耦合单管功率放大器

（a）电路图；（b）图解分析

不考虑变压器损耗的理想情况下，最佳负载电阻为：

$$R_L' = n^2 R_L \qquad (2-65)$$

式中，$n = \dfrac{N_1}{N_2}$ 是变压器的匝数比（初次匝数比）。合理选择 n，可得管子最佳负载电阻 R_L'。

2. 单管功率放大器最大输出功率和效率

考虑到变压器初级线圈直流电阻很小，在发射极电阻 R_E 也很小时，放大器的直流负载线应是一条几乎垂直于横轴并交于 $u_{CE}=U_{CC}$ 点直线，如图 2-65（b）所示。静态工作点 Q 的确定取决于输出功率的要求，调整 R_{B1} 和 R_{B2} 的分压比以改变 I_{BQ}，从而定出 I_{CQ}、U_{CEQ}。可将 Q 提高到接近 P_{CM}（集电极最大允许耗散功率）线，获得尽可能大的输出功率。在理想情况下，即忽略三极管的 $U_{CE(sat)}$，I_{CEO} 并使其管尽极限运用，则 $U_{cem}\approx U_{CC}$，$I_{cm}=I_{CQ}$，交流负载线与横轴交于 $2U_{CC}$，与纵轴交于 $2I_{CQ}$，此时，单管功率放大器

输出最大功率为：

$$P_{om} = \frac{1}{2}U_{cem}I_{cm} = \frac{1}{2}U_{CC}I_{CQ} \qquad (2\text{-}66)$$

输出最大功率时电路的效率：

电源输出功率为：$P_G = I_{CQ} \cdot V_G$

功放管最大效率为：$\eta_m = \dfrac{U_{cem}I_{cm}}{2U_{CC}I_{CQ}} = \dfrac{1}{2} = 50\%$

由上式可见，变压器耦合的单管功率放大器理想效率为 50%。在实际电路中，如果考虑变压器的损耗，以及三极管饱和压降及 R_E 上的压降等因素，实际效率还低得多。设变压器的效率为 η_T（η_T 为 75%～85%），则放大器最大输出效率为：

$$\eta'_m = \eta_m\eta_T$$

结论：①在甲类功率放大器中，即使是最理想情况下，其效率也只有 50%，也就是说，电源供电功率至少有一半消耗在放大电路内部。甲类功率放大器的效率低，主要原因是静态工作点的位置选择较高；②无信号输入时，电源供给的功率全部转变为热能。

2.6.1.4 单管共射极信号放大器测试实训

1. 调试与测量放大器的静态工作点

步骤 1：按图 2-66 在实验仪面包板上组装好单管共射极放大电路。

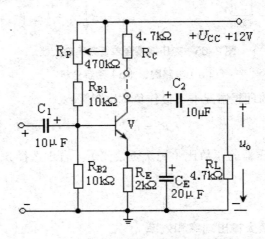

图 2-66　单管共射极信号放大器测试电路图

步骤 2: 按图 2-66 组装好电路后, 将测量仪器按图 2-67 所示接入被测试的 2-66 电路中, 电路经检查无误后, 接通 ± 12V 电源。

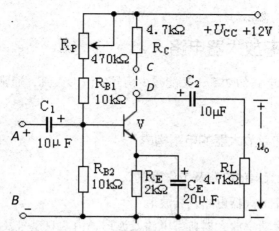

图 2-67 单管共射极信号放大器测试接线图

步骤 3: 将信号发生器接入 A、B 两端, 图 2-6 7 中 C、D 两端短接, 调节信号发生器输入频率为 1kHz 的正弦信号, 用示波器观察功率放大器的输出波形。

步骤 4: 逐渐增大 u_i, 使输出电压达到最大, 若输出波形出现饱和或截止失真, 调节 R_P 使输出端得到的波形最大而不失真。若输出波形同时出现饱和及截止失真, 可略减小输入信号幅度。

步骤 5: 完成步骤 4 的调节后, 撤去信号源, 用万用表选择合适的直流电压挡测量 U_B、U_E、U_C 值, 将数据填入表 2-11 中。

表 2-11　单管共射极信号放大器的测试数据

三极管的静态工作点测量值				最大输出功率 P_{om}		最大输出功率的效率 η	
U_{BEQ}/V	U_{CEQ}/V	I_{BQ}/μA	I_{CQ}/mA	U_{om}		I_C	
				P_{om}		η	

2. 功率放大器最大输出功率 P_{om} 和效率 η 的测试

（1）功率放大器 P_{om} 测量

步骤 1: 完成单管放大器静态工作点的调试和测量步骤 1、2、3、4 后, 加入信号源, 用交流毫伏表测出负载 R_L 上的输出电压 U_{om}。

步骤 2: 由公式 $P_{om} = \dfrac{U_o^2}{R_L}$ 计算出输出功率值。

（2）测量 η

步骤 1: 完成功率放大器 P_{om} 测量的步骤 1、2 后, 断开 C、D, 将直流毫安表串入在 C、D 位置, 读出直流毫安表中的电流值, 此电流即为直流电源供给的平均电流 I_C（有一定误差）。

步骤 2：由此公式 $P_G = U_{CC}I_c$ 计算电源输出功率。

步骤 3：根据公式 $\eta = \dfrac{P_{om}}{P_E}$ ，由上测得的 P_{om}。计算出功率放大器的效率。

2.6.2 推挽功率放大器电路

为了既能提高放大电路的功率，又能减少信号的波形失真，通常采用工作于乙类或甲乙类的推挽功率放大器。

2.6.2.1 乙类推挽功率放大器的电路构成

1. 乙类推挽功率放大器的电路及工作原理

（1）乙类推挽功率放大器电路及其波形

图 2-67 所示的推挽功率放大器典型电路及波形，由两只型号及参数相同的三极管 V_1 和 V_2，以及输入变压器 T_1 和输出变压器 T_2 组成。T_1 次级绕组中心抽头的作用是使输入信号对称地输入，以使 V_1 和 V_2 获得上下大小相等、相位相反的信号 u_{i1} 和 u_{i2}。T_2 次级绕组中心抽头的作用则是将 V_1 和 V_2 的集电极电流耦合到 T_2 次级，向负载输出功率。

V_1、V_2 两管工作在甲乙类放大状态。静态时两管静态电流 I_{C1}、I_{C2} 很小，故电源供给功率很小。而且由于两管电路对称，$I_{C1}=I_{C2}$ 两个电流分别流过输出变压器初级绕组两部分 N_1 和 N_2（N_1 和 N_2 绕向一致），流向相反，因而铁芯中无磁通，次级绕组及负载 R_L 无电流。

（2）乙类推挽功率放大器信号放大原理（信号放大过程）

当有输入信号 u_i 时，则在输入变压器 T_1 次级产生 u_{i1} 和 u_{i2}。u_{i1}、u_{i2} 分别加在 V_1、V_2 的输入回路中，在 u_i 的正半周期内 u_{i1} 使 V_1 管正偏导通，u_{i2} 使 V_2 管反偏截止。电流 i_{C1} 流过 T_2 初级绕组 N_1 的部分，在负载输出半个正弦波；在 u_i 的负半周期内 u_{i1} 使 V_1 管反偏截止，u_{i2} 使 V_2 管正偏导通。电流 i_{C2} 流过 T_2 初级绕组 N_2 的部分（i_{C1} 流向与 i_{C2} 的流向相反），在负载输出另外半个正弦波。因此在输入信号的一个周期内，V_1、V_2 两管轮流导通交替工作，两管集电极电流按相反方向交替流过输出变压器初级的半个绕组，因而在输出变压器 T_2 次级回路中使负载 R_L 取得完整的正弦波电压信号。

2.6.2.2 乙类推挽功率放大器最大输出功率和效率

由图 2-63（b）可知，静态时，管子截止 $I_{BQ}\approx0$，当 I_{CEO} 很小时，$I_{CQ}\approx0$。过点 V_G 作 U_{CE} 轴垂线，得直流负载线。它与作 $I_{BQ}\approx0$ 特性曲线的交点 Q，即为静态工作点。由于两管特性相同，工作在互补状态，因此图解分析时，常将两管输出特性曲线相互倒置。在理想情况下，输出最大电压幅值为 $U_{cem}=U_{CC}$，输出最大电流幅值为 $I_{cm}=\dfrac{U_{cem}}{R_L'}$，则最大输出功率为：

$$P_{\text{om}} = \frac{1}{2} \cdot U_{\text{cem}} I_{\text{cm}} = \frac{1}{2} \cdot \frac{U_{\text{CC}}^2}{R_{\text{L}}'} \qquad (2\text{-}67)$$

其中 R_{L}' 是每管集电极回路等效负载电阻。令输出变压器初级绕组匝数的一半为 N_1，次级绕组匝数为 N，$n = \dfrac{N_1}{N}$，则

$$R_{\text{L}}' = \left(\frac{N_1}{N}\right)^2 R_{\text{L}}$$

最大输出效率为：$\eta_{\text{m}} = \dfrac{P_{\text{om}}}{P_{\text{D}}}$

式中，P_{D} 为直流电源的供给功率。

$$P_{\text{D}} = \frac{1}{2\pi} \int_0^{2\pi} U_{\text{CC}}(i_{\text{C1}} + i_{\text{C2}}) \mathrm{d}(\omega t)$$

$$= \frac{1}{\pi} \int_0^{\pi} U_{\text{CC}} i_{\text{C1}} \mathrm{d}(\omega t)$$

$$= \frac{U_{\text{CC}}}{\pi} \int_0^{\pi} I_{\text{cm}} \sin \omega t \mathrm{d}(\omega t) = \frac{2}{\pi} U_{\text{CC}} I_{\text{cm}}$$

则：

$$\eta_{\text{m}} = \frac{P_{\text{om}}}{P_{\text{D}}} = \frac{\pi}{4} \cdot \frac{U_{\text{cem}}}{U_{\text{CC}}} = \frac{\pi}{4} = 78.5\%$$

可见，推挽功率放大器的效率比单管功率放大器的效率提高了。但在实际电路中，如果考虑变压器的损耗，以及三极管饱和压降及 R_{E} 上的压降等因素，实际效率还要低。设变压器的效率为 η_{T}（η_{T} 为 75% ~ 85%），则放大器最大输出效率为

$$\eta_{\text{m}}' = \eta_{\text{m}} \eta_{\text{T}}$$

2.6.2.3 甲乙类推挽功率放大器

甲乙类推挽功率放大器如图 2-68 所示，图中 R_{B1}、R_{B2}、R_{E} 组成分压式电流负反馈偏置电路。静态时，V_1、V_2 处于微导通状态，从而避免了交越失真。由于静态工作点处于甲、乙类之间，所以叫作甲乙类推挽功率放大器。

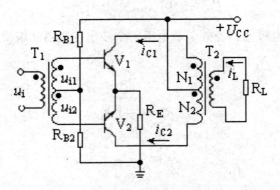

图 2-68　甲乙类推挽功率放大器

2.6.3 OTL 功率放大器电路

2.6.3.1 乙类互补对称 OTL 功率放大器电路

图 2-69 所示为乙类互补对称 OTL 功率放大电路。电路 V_1、V_2 为两个特性对称的异型功放管，三极管组成射极输出电路，其输出端接一个大容量的电解电容。两个三极管都工作在乙类状态，即静态工作点 Q 选在三极管特性截止区，由于三极管输入特性曲线上有一段死区门限电压。若 V_1、V_2 都是硅管，当小于死区电压时，V_1、V_2 均不导通，输出电压为零，因此，当输入波为正弦信号电压时，在负载 $_{RL}$ 上合成输出电压将在正、负两半波交界处跨越时将产生发生失真，如图 2-69 所示，这种现象称为交越失真。

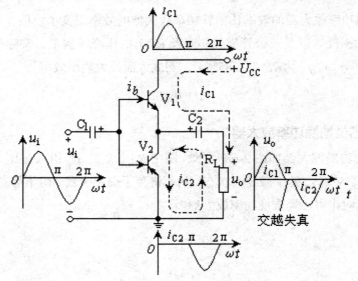

图 2-69　乙类互补对称 OTL 功率放大器电路

2.6.3.2 甲乙类互补对称 OTL 功率放大器的电路

1. 甲乙类互补对称 OTL 功率放大器的电路图解分析

为了克服交越失真，在无信号输入时，可在功放管 V_1、V_2 的基极加上适当的正向偏置电压，常见的偏置电路如图 2-70 所示。由图可见，它在 V_1 和 V_2 管基极增加 VD_1、VD_2，以供给 V_1 和 V_2 一定的正向偏压，锗管应加 0.2V（硅管应加 0.6V），让功放管工作在甲乙类工作状态。调节 R_2 可使 V_1、V_2 满足静态工作点需要，有效克服交越失真。

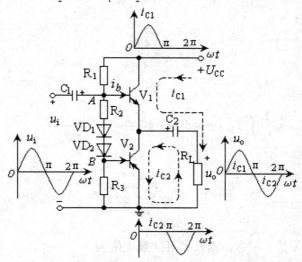

图 2-70 甲乙类互补对称 OTL 功率放大器的电路

静态时，由于两管发射极接入一个大电容器 C，电容器 C 两端充有电压，U_C 为左正右负，因电路对称，两个晶体管发射极连接点 E 的电位为电源电压为 $U_{CC}/2$（即是 U_{CC} 的一半），V_1、V_2 除有很小的穿透电流 I_{CEO} 之外，均处于截止状态，负载 R_L 中没有电流。

动态时，当输入信号 u_i 为正半周时，V_1 导通而 V_2 截止，V_1 以射极输出器的形式将正半周信号输出给负载 R_L，同时对电容 C 充电；输出电流 i_{C1} 由 $U_{CC} \rightarrow V_1 \rightarrow C \rightarrow R_L \rightarrow$ 地。当 u_i 为负半周时，V_2 导通而 V_1 截止，输出电流 i_{C2} 由电容 C 正极 $\rightarrow V_2 \rightarrow$ 地 $\rightarrow R_L \rightarrow C$ 负放电，V_2 以射极输出器的形式将负半周信号输出给负载，电容 C 在这时起到负电源的作用。为了使输出波形对称，必须保持电容 C 上的电压基本维持在 $U_{CC}/2$ 不变，因此 C 的容量必须足够大。由此可见，在输入信号 u_i 的一个周期内，因 V_1、V_2 在正、负半周轮流工作而使负载 R_L 取得完整的正弦波电压信号。V_1、V_2 在正负半周一"推"一"拉"交替工作，互相补充，故为互补对称电路。

2.6.3.3 甲乙类互补对称 OTL 功率放大器最大输出功率和效率

在图 2-63 所示甲乙静态工作点图解中可知，若在图 2-70 输入端输入信号 u_i 为正弦波，输出端的最大交流电压和交流电流的幅值分别为 U_{om} 和 I_{cm}，放大电路的输出功率用 P_o 表示，

则

$$P_o = \frac{U_{om}}{\sqrt{2}} \cdot \frac{I_{cm}}{\sqrt{2}} = \frac{1}{2} I_{cm} U_{om} = \frac{U^2_{om}}{2R_L} \qquad (2\text{-}68)$$

式中 $I_{cm} = \dfrac{U_{cm}}{R_L}$。

由于单管电源电压为 $V_G/2$，故在理想条件下，$U_{om} = \dfrac{U_{CC}}{2} - U_{CES} \approx \dfrac{U_{CC}}{2}$，则可得放大电路的最大输出功率为：

$$P_{om} = \frac{U^2_{CC}}{8R_L} \qquad (2\text{-}69)$$

电源供给的功率为：

$$P_D = U_{CC} I_{CAV} = U_{CC} \times \frac{1}{2\pi} \int_0^\pi I_{cm} \sin \omega t \, d(\omega t) = \frac{U_{om} I_{cm}}{\pi} = \frac{U_{CC} U_{om}}{\pi R_L}$$

电路的效率为：

$$\eta = \frac{P_o}{P_D} = \frac{\pi}{2} \cdot \frac{U_{om}}{U_{CC}}$$

在理想条件下，$U_{om} = \dfrac{U_{CC}}{2}$，则效率可达最大值为

$$\eta m = 78.5\%$$

2.6.3.4 OTL 功率放大器的测试实训

1. 观察 OTL 功率放大器的交越失真现象

步骤 1：按图 2-71 电路中的元件参数准备材料，并对元件进行质量检测。

步骤 2：在实验仪面包板上按图 2-71 所示电路进行元件布局，并组装好电路。

步骤 3：检查组装电路无误后，把测试设备按图 2-72 所示接入被测图 2-71 电路中，接通电源。

步骤4：将实验电路图2-71中A、B 两点用导线短接，在输入端加入 f=1kHz 的正弦信号。调节输入信号幅度，使示波器显示的波形刚好不失真且最大，将输出波形绘制下来。

步骤 5：把 A、B 两点的短接线断开，重复步骤 5，观察输出波形的变化情况，并绘制该波形。

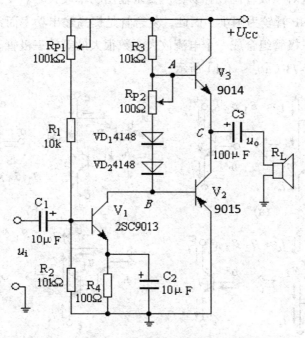

图 2-71 OTL 功率放大器的测试电路图

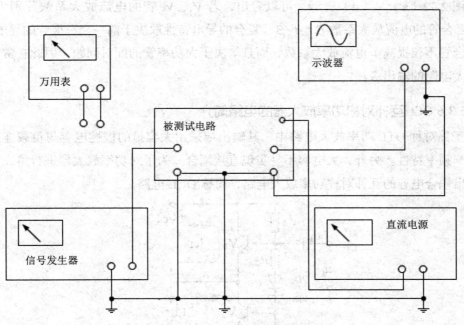

图 2-72 OTL 功率放大器的测试接线图

2.6.3.5 采用复合管的 OTL 功率放大器的电路

上述互补对称 OTL 功率放大电路要求有一对特性相同的 PNP 管和 NPN 管。在输出功率较小时，选配这对三极管比较容易，但要求输出功率较大时。要获得一对特性相同的大功率 NPN 管和 PNP 管较为困难。因此，复合管是提高输出功率而常采用的电路措施。复合管就是用多个三极管组合成一个电流放大系数很大的等效三极管。常用的复合管结构有 4 种形式，如图 2-73（a）～（d）所示。

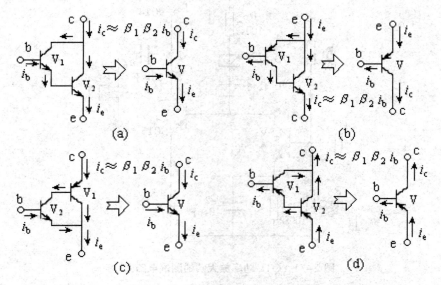

图 2-73　几种典型的复合管连接关系

从图 2-73（a）～（d）所示，可以看出，若 V_1、V_2 管的电流放大系数分别为 β_1、β_2，则复合管的电流放大系数 $\beta \approx \beta_1 \beta_2$。复合的导电特性取决于前一个三极管的导电特性。

复合管不仅提高了电流放大系数，而且解决了大功率管的配对问题，因此它常常作为多级放大电路的输出级。

2.6.3.6 OCL 互补对称功率放大器的电路简介

在互补对称 OTL 功率放大电路中，其输出端采用大容量的极性电容与负载连接，因而会影响频率特性。另外，大电容不易实现直接耦合。为了对功率放大器进行集成，可采用无输出耦合电容的互补对称功率放大电路，简称 OCL 电路。

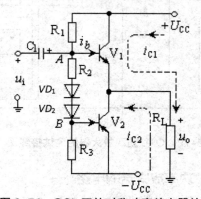

图 2-74　OCL 互补对称功率放大器的电路

图 2-74 所示是实用的甲乙类互补对称 OCL 功率放大电路，它省去了输出耦合电容。V_1、V_2 的发射极经负载 R_L 接地，构成一个射极输出器。为防止因输出端 A 与负载 R_L 直接耦合，造成直流电流对扬声器性能的影响，则 A 点静态电位必须为零，故电路采用正负双电源供电。

电路在静态时，由 R_2 和 VD_1、VD_2 提供一定的偏置电压，使 V_1 和 V_2 处于微导通状态。当外加正弦交流信号时，与 OTL 功率放大电路一样，使 V_1 和 V_2 轮流导通，向负载提供正向电流 i_{C1} 和反向电流 i_{C2}，在负载上形成完整的正弦电压波形。

2.6.4 集成功率放大器

随着集成技术的发展，近年出现了集成功率放大器，采用集成工艺把功率放大器中的晶体管、电阻器制作在一块硅芯片上，有的在一个器件内集成了从差分前置放大直到 OCL 功率放大的整个放大集成电路。由于集成功放中的晶体管对称性和静态电流都是处于最佳状态，电路失真度很小，稳定性好；且使用方便，成本低，因而被广泛应用在收音机、录音机、电视机、直流伺服系统中的功率放大电路。

2.6.4.1 LM386 集成功率放大器的简介

1. LM386 集成功率放大器的电路简介

LM386 是一块小功率音频集成功率放大器，外形如图 2-75（a）所示，采用 8 脚双列直插式塑料封装。管脚如图 2-75（b）所示，4 脚为接"地"端；6 脚为电源端；2 脚为反相输入端；3 脚为同相输入端；5 脚为输出端；7 脚为去耦端；1、8 脚为增益调节端。

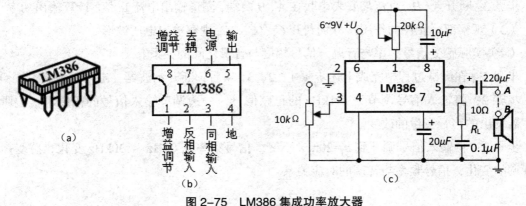

图 2-75 LM386 集成功率放大器

（a）外形；（b）管脚排列；（c）应用电路

外特性：额定工作电压为 4 ～ 16V，当电源电压为 6V 时，静态工作电流为 4mA，适合用电池供电。频响范围可达数百千赫。最大允许功耗为 660mW（25℃），不需散热片。工作电压为 4V，负载电阻为 4W 时，输出功率（失真为 10%）为 300mW。工作电压为 6V，负载电阻为 4、8、16W 时，输出功率分别为 340mW、325mW、180mW。

2. 由 LM386 组成 OTL 应用电路图解分析

如图 2-75（c）所示，由 LM386 组成 OTL 应用电路。4 脚接"地"，6 脚接电源（6 ~ 9V）。2 脚接地，信号从同相输入端 3 脚输入，5 脚通过 220mF 电容向扬声器 R_L 提供信号功率。7 脚接 20mF 去耦电容。1、8 脚之间接 10mF 电容和 20kW 电位器，用来调节增益。

2.6.4.2 LM386 组成 OTL 应用电路组装与测试

（1）输出波形观察

步骤 1：按图 2-75（c）电路中的元件参数准备材料，并对元件进行质量检测。

步骤 2：在实验仪面包板上按图 2-75（c）所示电路进行元件布局，并组装好电路。

步骤 3：检查组装电路无误后，将测试设备按图 2-76 所示接入被测图 2-75（c）电路中，接通电源。

步骤 4：将 2 脚接地，图 2-75 中 A、B 断开，示波器接入 A 与地之间，信号发生器接入 3、4 脚，调节信号发生器输入 f=1kHz 的正弦信号，信号幅度慢慢由零增大，观察输出波形有无交越失真，输出波形正、负半周是否对称。若输出波形同时出现饱和截止失真，可略减小输入信号幅度。

（2）测试电路的电压放大倍数。

步骤 1：在测试过程中完成上述 1、2、3、4、5 步骤后，调节信号发生器输入 f=1kHz 的正弦信号，使示波器显示输出波形无交越失真，输出波形正、负半周时对称。

步骤 2：断开示波器，连接 A、B，用万用表测量（A 端对地）输出电压 U_o 值和输入信号 Ui 幅值，计算出放大倍数 A_u。

步骤 3：断开 A、B，直流毫安表串联在 A、B 两端，测量输出电流 Io 值。计算输出功率。

（3）观察部分元件的作用：分别断开 C_1、C_2、C_4 观察输出电压波形。

（4）实际感受信号频率与音调、信号幅度与音量之间的关系。

步骤 1：在测试过程中完成上述步骤 1、2、3、4 后，断开示波器，A、B 短接。

步骤 2：将输入信号调节为 f=1kHz 的正弦信号，一边调节输入信号的幅度，一边听扬声器发出的声音音量的改变。

步骤 3：将输入信号调节到 u_i=20mV 不变，信号频率从 0kHz ~ 30kHz 变化，感受声音音调的变化，信号频率与音调的对应关系。

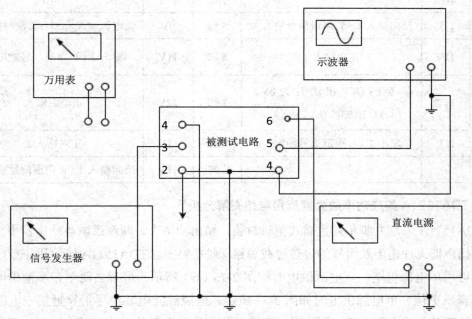

图 2-76　LM386 组成信号放大器测试接线图

2.6.3.3 TDA1521A 集成功率放大器组装实训

1. TDA1521A 集成功率放大器简介

图 2-77（a）（b）所示，是由 TDA1521 组成 BLL 功率放大应用电路，其输出功率可达 40W。TDA1521A 集成功率放大电路具有保真度高，外围元件少，不用调试，一装就响的特点。适合自制，用于随身听功率接续，或用于改造低档电脑有源音箱。

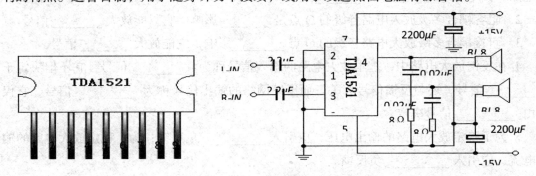

图 2-77　TDA1521 外形及应用电路

表 2-10　TDA1521 引脚功能及参考电压：

引脚	电压	作用	引脚	电压	作用
1 脚	11V	反向输入 1（L 声道信号输入）	5 脚	0V	负电源输入（OTL 接法时接地）
2 脚	11V	正向输入 1	6 脚	11V	输出 2（R 声道信号输出）
3 脚	11V	参考 1（OCL 接法时为 0V，OTL 接法时为 1/2Vcc）	7 脚	22V	正电源输入
4 脚	11V	输出 1（L 声道信号输出）	8 脚	11V	正向输入 2
			9 脚	11V	反向输入 2（R 声道信号输入）

2. TDA1521A 集成功率放大器应用电路图解分析

TDA1521A 采用九脚单列直插式塑料封装，输出功率大，两声道增益差比较小，开、关机时扬声器无冲击声及可靠的过热过载短路保护等特点。TDA1521A 既可用正负电源供电，也可用单电源供电。双电源供电时如图 2-76（b）所示，可省去两个音频输出电容，高低音音质更佳。单电源供电时如图 2-77 所示，电源滤波电容应尽量靠近集成电路的电源端，以避免电路内部自激。制作时一定要给集成块装上散热片才能通电试音，否则容易损坏集成块。散热板不能小于 $200 \times 100 \times 2mm^3$。

习题

一、填空题

1. 现测得两个共射放大电路空载时的电压放大倍数均为 — 100，将它们连成两级放大电路，其电压放大倍数应为 _____。

2. 阻容耦合多级放大电路各级的 Q 点是 _____ 影响，它只能放大 _____ 信号。

3. 直接耦合多级放大电路各级的 Q 点 _____ 影响，它能放大 _____ 信号。

4. 在反馈放大电路中，基本放大电路的输入信号称为 _____ 信号，它不但决定于 _____ 信号，还与反馈信号有关。而反馈网络的输出信号称为 _____ 信号，它仅仅由 _____ 信号决定。

5. 为了稳定放大电路的输出电压，应引入 _____ 负反馈；为了稳定放大电路的输出电流，应引入 _____ 负反馈。

6. 分别选择"反相"或"同相"填入下列各空内。

（1）_____ 比例运算电路中集成运放反相输入端为虚地，而 _____ 比例运算电路中集成运放两个输入端的电位等于输入电压。

（2）_____ 比例运算电路的输入电阻大，而 _____ 比例运算电路的输入电阻小。

（3）_____ 比例运算电路的输入电流等于零，而 _____ 比例运算电路的输入电流等于流过反馈电阻中的电流。

（4）_____比例运算电路的比例系数大于1，而_____比例运算电路的比例系数小于零。

7._____运算电路可实现 $A_u > 1$ 的放大器。_____运算电路可实现 $A_u < 0$ 的放大器。_____运算电路可将三角波电压转换成方波电压。_____运算电路可实现函数 $Y = aX_1 + bX_2 + cX_3$，a、b 和 c 均大于零。

8. 功率放大电路的主要任务是_____，按静态工作点的设置不同，可分为_____、_____、_____；按耦合方式分类有_____、_____、_____。

9. 乙类互补对称 OTL 功率放大器电路的主要优点是提高_____。若不设偏置电路，OTL 功率放大器输出信号将出现_____失真。

10. 集成功率放大器通常由_____、_____、_____三部分构成。

二、选择题

1. 当输入电压幅度一定，放大器空载时输出电压幅度为 U_{o1}，带上负载后输出电压为 U_{o2}，二者相比（　　）。

A. $U_{o1} < U_{o2}$　　　　B. $U_{o1} = U_{o2}$　　　　　　C. $U_{o1} > U_{o2}$；

2. 有一固定偏置电路发生了双重削波失真，现欲通过改变电路参数来消除失真，可行的办法是（　　）。

A. 增大 R_b　　　B. 减小 R_c　　　C. 增大 E_c　　　D. 除去负载

3. NPN 管组成的基本放大器，①若 R_b 增大，在伏安特性（输出回路）上静态工作点将向（　　）移；②其他参数不变，若 E_c 增大，在伏安特性（输出回路）上静态工作点将向（　　）移；③若 R_c 增大，在伏安特性（输出回路）上静态工作点将向（　　）移

A. 上　　B. 下　　　C. 左　　　D. 右下　　　E. 右上　　　F. 左下。

4. PNP 管组成基本共射放大器，①当输入电压为正弦波时发生饱和失真，输出电压的波形将（　　）。②当输入电压为正弦波时发生饱和失真，则基极电流的波形将（　　）。

A. 削顶　　　B. 削底　　　C. 削双峰　　　D. 不削波。

5. 放大器发生了非线性失真，通过减小 R_b 失真消失，这种失真是（　　）。

A. 饱和失真　　B. 截止失真　　C. 双向失真。

6. 温度升高时，晶体管的放大倍数将（　　）。

A. 增大　　　B. 减小　　　C. 不变　　　D. 以上都不正确。

7. 某负反馈放大电路的开环增益 $\dot{F} = 10000$，当反馈系数 $F = 0.0004$ 时，其闭环增益 $A_f' $ _____。

A. 2500　　　B. 2000　　　C. 1000　　　D. 1500

8. 电压串联负反馈可以（　　）。

A. 提高 R_i 和 R_o　　B. 提高 R_i 降低 R_o　　C. 降低 R_i 提高了 R_o　　D. 降低 R_i 和 R_o

9. 电流串联负反馈可以（　　）

A. 稳定输出电压并使 R_i 增大　　　　　B. 稳定输出电压并使 R_o 增大

C. 稳定输出电流并使 R_i 增大　　　　D. 稳定输出电流并使 R_O 增大

10. 差分放大电路的差模信号是两个输入端信号的（　），共模信号是两个输入端信号的（　）。

A. 差　　　　　　　B. 和　　　　　　　C. 平均值　　　　　　D. 以上都不正确

11. 用恒流源取代长尾式差分放大电路中的发射极电阻 R_E，将使电路的（　）。

A. 差模放大倍数数值增大　　　　B. 抑制共模信号能力增强

C. 差模输入电阻增大　　　　　　D. 不能确定

12. 差动放大电路的两个重要指标是差模放大能力和共模抑制能力，其中前者体现了其抑制零点漂移的能力，后者体现了其对有用信号的放大能力。（　）

A. 放大倍数和负载能力　　　　　B. 差模放大能力和共模抑制能力

C. 放大倍数和差模放大能力　　　D. 共模抑制能力和负载能力

13. 功率放大电路的最大输出功率是在输入电压为正弦波时，输出基本不失真情况下，负载上可能获得的最大（　）。

A. 交流功率　　　B. 直流功率　　　C. 平均功率　　　D. 以上都不是

三、计算题

1. 如能力训练题 2-1 图所示，已知场效应管的 $I_{DSS}=0.5mA$，$R_G=10M\Omega$，$RG1=2M\Omega$，$R_{G2}=47k\Omega$，$R_S=2k\Omega$，$R_L=30k\Omega$，$R_D=30k\Omega$，$U_{DD}=18V$，$U_P=-4V$，$g_m=2ms$，（1）估算放大电路的静态工作点 I_D、U_{DS} 及 U_{GS}；（2）画出放大电路的微变等效电路；（3）求放大电路的电压放大倍数 A_u；（4）求放大电路的输入和输出电阻。

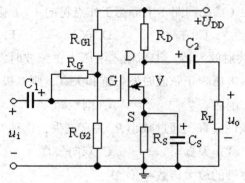

能力训练题 2-1 图

2. 电路如能力训练题 2-2 图所示，V_1 管和 V_2 管的 β 均为 40，r_{be} 均为 $3k\Omega$。试问：若输入直流信号 $u_{i1}=20mV$，$u_{I2}=10mV$，则电路的共模输入电压 u_{iC}？差模输入电压 u_{id}？输出动态电压 Δu_O？

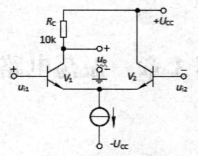

能力训练题 2-2 图

3. 单端输入、单端输出的差分放大电路的参数如能力训练题 2-3 图所示，设 $\beta_1=\beta_2=80$，$r_{be1}=r_{be2}=4.7\mathrm{K}\Omega$，试求：

（1）确定电路的静态工作点。

（2）确定输出电压 u_o 与输入电压 u_i 的相位关系。

（3）计算差模电压放大倍数 A_d。

（4）计算共模电压放大倍数 A_c 及共模抑制比 K_{CMR}。

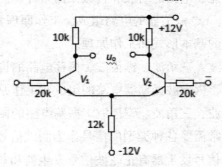

能力训练题 2-3 图

3. 在能力训练题 2-4 图所示的电路中，$R=2\mathrm{k}\Omega$，$R_F=18\mathrm{k}\Omega$，运算放大器具有理想特性。（1）R' 应为多大？（2）推导输出电压的表达式，并求在下列几种情况下其值各为多少：①$u_{i1}=1\mathrm{V}$，$u_{i2}=0\mathrm{V}$；②$u_{i1}=0\mathrm{V}$。$u_{i2}=1\mathrm{V}$；③$u_{i1}=u_{i2}=1\mathrm{V}$。（3）判断（2）中①②的反馈类型。

4. 在能力训练题 2-5 图所示电路中，试求当 S 闭合时和 S 断开时的电压放大倍数。

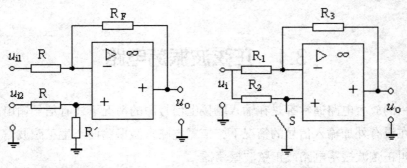

能力训练题 2-4 图   能力训练题 2-5 图

第 3 章　振荡电路

能力目标

1. 能根据电路反馈形式判断振荡器是否起振。
2. 会用示波器观察振荡波形的频率和幅度。
3. 会根据振荡电路组装振荡器、调试振荡器的频率。
4. 会用示波器观察矩形波、三角波、锯齿波振荡波形的频率和幅度。
5. 会根据振荡电路组装振荡器、调试振荡器的频率。

知识目标

1. 了解正弦振荡器的功能、电路的组成和自激振荡条件。
2. 了解 RC 桥式振荡器、LC 振荡器的电路组成、工作原理和振荡频率的工程计算。
3. 熟悉石英晶体振荡器的基本形式和工作原理。
4. 掌握非正弦波（矩形波、三角波、锯齿波）振荡电路的构成及振荡频率。
5. 了解矩形波、三角波、锯齿波振荡器电路的组成和工作原理。
6. 掌握非正弦波（矩形波、三角波、锯齿波）振荡电路的振荡频率决定因素。

在模拟电子电路中，常常需要各种类型的信号作为测试信号或控制信号，产生这种信号的电路就是信号发生器。信号发生器有正弦波信号发生器和非正弦波信号发生器。它们不需要输入信号便能产生各种周期性的波形，如正弦波、矩形波和锯齿波等。本章以正弦波自激振荡的基本原理为起点，接着按照选频网络的特点分别讨论了正弦波产生电路和石英晶体振荡电路。最后介绍了由运放构成的方波、三角波、锯齿波等非正弦波信号产生电路。通过本章对各种信号产生电路的学习应掌握这些电路的组成和工作原理，并会分析他们的振荡频率和输出幅度。

3.1　正弦波振荡电路

前面介绍的放大电路通常都是在输入端接上信号源的情况下才有信号输出。正弦波信号发生器是在没有外加输入信号的情况下，依靠电路自激振荡而产生正弦波信号输出的电路，因此也叫正弦波振荡电路或正弦波振荡器。

3.1.1 正弦波自激振荡的基本原理

1. 正弦波振荡电路的组成

正弦波振荡电路一般由放大电路、反馈网络、选频网络和稳幅电路四部分组成。

（1）放大电路是维持振荡器连续工作的主要环节，保证电路从起振过渡到动态平衡，使电路获得一定幅值的输出量，实现能量的控制。

（2）反馈网络引入正反馈，使放大电路的输入信号等于反馈信号。

（3）选频网络的主要作用是产生单一频率的振荡信号，一般情况下，这个频率就是振荡器的振荡频率。在很多振荡电路中，选频网络和反馈网络结合在一起。

（4）稳幅电路的主要作用是使振荡信号的幅值稳定，它是非线性环节。

2. 产生正弦波振荡的条件

正弦波振荡电路的方框图如图 3-1 所示，图中，$\dot{X}_i$ 为外输入信号，$\dot{X}_o$ 为输出信号，$\dot{X}_f$ 为反馈信号，$\dot{X}_{id}$ 为放大电路的输入信号，$\dot{A}$ 表示放大电路的放大倍数，引入正反馈的反馈网络的反馈系数为 $\dot{F}$。

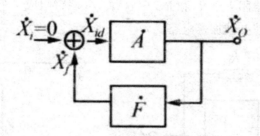

图 3-1　正弦波振荡电路的方框图

不难看出，$\dot{X}_o = \dot{A}\dot{X}_{id}$，$\dot{X}_f = \dot{F}\dot{X}_o$。因为振荡电路不需要外界输入信号，即 $\dot{X}_i = 0$，因此 $\dot{X}_f = \dot{X}_{id}$，所以

$$\dot{A}\dot{F} = 1 \qquad\qquad （3\text{-}1）$$

我们将式（3-1）称为正弦波振荡的平衡条件。

（1）幅值平衡条件

$$\left|\dot{A}\dot{F}\right| = 1 \qquad\qquad （3\text{-}2）$$

幅值平衡条件是对放大电路和反馈网络在信号幅度方面的要求，表示振荡电路已经达到了稳幅振荡的状态。

（2）相位平衡条件

应该引入正反馈，因此反馈信号和输入信号要同相，即放大电路的相移与反馈网络的

相移之和

$$\phi A + \phi F = 2n\pi(n为整数) \qquad （3-3）$$

实际上，为了能够自行起振，电路起始时要满足如下条件

$$|\dot{A}\dot{F}| > 1 \qquad （3-4）$$

只有电路在合闸后，信号的幅度才能由小变大；随着振幅的增大，由于电路中非线性元件的限制，$|\dot{A}\dot{F}| > 1$值会逐渐减小，最后达到$|\dot{A}\dot{F}| = 1$，电路就处于稳幅振荡状态，输出信号的幅值就稳定在某一值上。因此，式（3-4）又称作振荡电路的起振条件。

按选频网络的元件类型，把正弦波信号发生器分为正弦波信号发生器、R_C正弦波信号发生器和晶体振荡器。

3.1.2 RC 桥式正弦波信号发生器

RC正弦波振荡器的振荡频率比较低，一般在零点几赫兹到数百千赫兹，用作低频正弦波信号源。常见的类型有移相式和桥式。我们在这里只介绍RC桥式正弦波信号发生器。

RC桥式正弦波信号发生器如图 3-2 所示，由RC串并联选频网络和同相比例运算电路构成。引入负反馈的电阻R_f、R_1和RC串联臂、并联臂组成一个电桥的四个臂，因此又将这种电路称为文氏桥正弦波振荡电路。

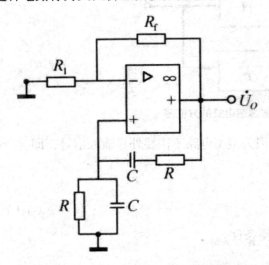

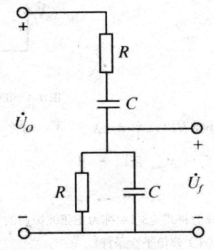

图 3-2　RC 桥式正弦波信号发生器　　　图 3-3　RC 串并联选频网络

1. RC 串并联选频网络

RC串并联选频网络电路如图 7-3 所示。在RC振荡电路中，RC串并联选频网络既是选频网络，又是正反馈网络，其输入为振荡电路的输出电压$\dot{U}_o$，而其输出电压为反馈信号$\dot{U}_f$，就是振荡电路的输入信号，$\dot{U}_+ = \dot{U}_f$。RC串联臂的阻抗为$Z_1 = R + \dfrac{1}{j\omega C}$，$RC$并

联臂的阻抗为 $Z_2 = R // \dfrac{1}{j\omega C}$ ，则选频网络的反馈系数

$$\dot{F} = \frac{\dot{U}_f}{\dot{U}_o} = \frac{Z_2}{Z_1 + Z_2} = \frac{R // \dfrac{1}{j\omega C}}{R + \dfrac{1}{j\omega C} + R // \dfrac{1}{j\omega C}} = \frac{1}{3 + j(\omega RC - \dfrac{1}{j\omega X})}$$

令 $\omega_o = \dfrac{1}{RC}$ ，代入上式，则

$$\dot{F} = \frac{1}{3 + j(\dfrac{\omega}{\omega_o} - \dfrac{\omega_o}{\omega})} \tag{3-5}$$

由式（3-5）可得 RC 串并联选频网络的幅频特性和相频特性。

幅频特性

$$|\dot{F}| = \frac{1}{\sqrt{3^2 + \left(\dfrac{\omega}{\omega_o} - \dfrac{\omega_o}{\omega}\right)^2}} \tag{3-6}$$

相频特性

$$\varphi_F = -\arctan\frac{1}{3}\left(\frac{\omega}{\omega_o} - \frac{\omega_o}{\omega}\right) \tag{3-7}$$

通过式（3-6）（3-7）可画出 RC 串并联网络的反馈系数的频率特性如图3-4；当 $\omega = \omega_o = \dfrac{1}{RC}$ ， $f = f_o = \dfrac{1}{2\pi RC}$ 时 RC 串并联网络的反馈系数最大，且其相位等于零，即

$$|\dot{F}|_{\max} = \left|\frac{\dot{U}_f}{\dot{U}_o}\right| = \frac{1}{3} \tag{3-8}$$

$$\omega_F = 0 \tag{3-9}$$

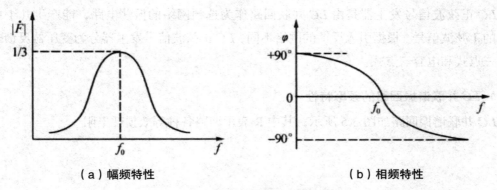

（a）幅频特性　　　　　　　　　　　（b）相频特性

图 3-4　RC 串并联选频网络的频率特性

2. RC 桥式正弦波信号发生器

（1）相位平衡条件

RC 桥式正弦波信号发生器由 RC 串并联选频网络和同相比例运算电路构成。同相比例运算电路的输出电压与输入电压是同相，即 $\phi_A=0$，因此，为了满足相位平衡条件，要求反馈网络的 $\omega_F=0$。通过上面的选频网络的分析可知，RC 串并联选频网络即为反馈网络，且只有 $\omega=\omega_o=\dfrac{1}{RC}$，即 $f=f_o=\dfrac{1}{2\pi RC}$ 时，其相位等于零。可见，在该频率上电路满足相位平衡条件；同时说明该信号发生器的振荡频率为

$$f_o=\frac{1}{2\pi RC} \tag{3-10}$$

（2）起振条件

RC 串并联网络电路在 $f=f_o=\dfrac{1}{2\pi RC}$ 时反馈系数最大，且等于 $\dfrac{1}{3}$。为了满足起振条件，$|\dot{A}\dot{F}|>1$，因此 $|\dot{A}|>3$。而放大环节为同相比例运算电路，其电压放大倍数为

$\dot{A}_u=\dfrac{\dot{U}_o}{\dot{U}_f}=1+\dfrac{R_f}{R_1}$，为了使 $|\dot{A}|=\dot{A}_u>3$，负反馈支路中的两个电阻之间应满足如下的关系，即

$$R_f \geq 2R_1 \tag{3-11}$$

RC 桥式正弦波信号发生器以 R 串并联网络为选频网络和正反馈网络，放大环节中引入了电压串联负反馈，具有振荡频率稳定，带负载能力强，输出失真小等优点。但是只适用于低振荡频率的信号的产生，如果要求振荡频率较高时，应采用 LC 振荡电路。

3.1.3 LC 正弦波信号发生器

LC 正弦波信号发生器是由 LC 并联回路作为选频网络的振荡电路，能产生几十兆赫以上的正弦波信号。根据引入反馈的网络不同，LC 正弦波信号发生器分为变压器反馈式、电感三点式和电容三点式。

1. LC 并联谐振回路的频率特性

LC 并联谐振回路如图 3-5 所示，其中 R 表示回路各种等效损耗电阻。

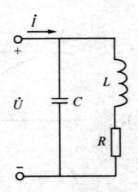

图 3-5 LC 并联谐振回路

LC 并联谐振回路的等效阻抗为

$$Z = \frac{1}{j\omega C} // (R + j\omega L) = \frac{\dfrac{1}{j\omega C}(R + j\omega L)}{\dfrac{1}{j\omega C} + R + j\omega L}$$

通常 $R \ll \omega L$，所以

$$Z = \frac{\dfrac{L}{C}}{R + j(\omega L - \dfrac{1}{\omega C})} \tag{3-12}$$

所以，回路的谐振频率为

$$\omega_o = \frac{1}{\sqrt{LC}} \text{ 或 } F_o = \frac{1}{2\pi\sqrt{LC}} \tag{3-13}$$

i 皆振时，回路的等效阻抗最大，且为纯电阻，即

$$Z_o = \frac{1}{RC} = Q\omega_o L = \frac{Q}{\omega_o C} \tag{3-14}$$

式中，$Q = \omega_o \dfrac{L}{R} = \dfrac{1}{\omega_o CR} = \dfrac{1}{R}\sqrt{\dfrac{L}{C}}$ 称为回路品质因数，其值一般在几十至几百范围内，

Q 值愈大，幅频特性曲线愈陡峭，选频特性就愈好。LC 并联谐振回路的频率特性如图 3-6 所示。

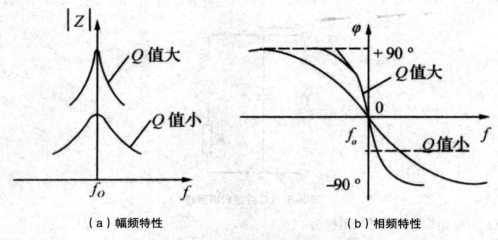

（a）幅频特性　　　　　　　　　（b）相频特性

图 3-6　LC 串并联谐振回路的频率特性

2. 变压器反馈式振荡电路

（1）电路组成

变压器反馈式振荡电路如图 3-7 所示，它是由放大电路、变压器反馈电路和 LC 选频电路三部分组成。图中，三个线圈作变压器耦合，线圈 L_1 与电容 C 成选频网络，构成放大电路的集电极负载；L_2 是反馈线圈，线圈 L_3 与负载相连。组成电路时要注意线圈的同名端。

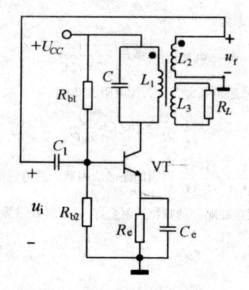

图 3-7　变压器反馈式振荡电路

（2）相位平衡条件

放大电路采用的是典型的分压式工作点稳定电路，而 LC 并联谐振回路在其谐振频率上阻抗最大，且是纯电阻，因此，在此谐振频率上，三极管的集电极和基极电压极性相反。

根据同名端的规定，L_3 引入的反馈电压极性也为正。可见，反馈网络引入了正反馈，满足相位平衡条件。

（3）振荡频率和起振条件

从相位平衡条件的分析过程可以知道，电路在 L_1C 并联谐振回路的谐振频率上才满足相位平衡条件，因此，振荡器的振荡频率必是 L_1C 并联谐振回路的谐振频率，即

$$f_o \approx \frac{1}{2\pi\sqrt{L_1C}} \tag{3-15}$$

理论分析可得到该电路的起振条件为

$$B > \frac{RCr_{be}}{M} \tag{3-16}$$

式中，M 是 L_1 和 L_2 两个绕组之间的等效互感，R 为回路各种等效损耗电阻。

变压器反馈式振荡电路易于起振，改变电容的大小方便地调节振荡频率，因此它的应用范围比较广泛。其缺点是损耗比较大，振荡频率不宜太高。

3. 电感三点式振荡电路

（1）电路组成

电感三点式振荡电路如图 3-8 所示。电路中，电容 C_1 为耦合电容，C_e 为旁路电容，都采用足够大的大电容，对交流可视为短路。因此，对交流信号而言，电感的三个端子分别与三极管的三个极连接，故称为电感三点式。L_1 和 L_2 自耦变压器，与电容 C 并联，构成谐振回路，作为选频网络，连接到三极管的集电极上。

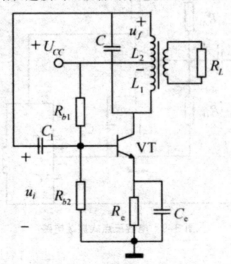

图 3-8 电感三点式振荡电路

（2）相位平衡条件

放大电路采用的仍是典型的分压式工作点稳定电路，在 L_1、L_2、C 并联谐振回路的谐振频率上，三极管的集电极和基极电压极性相反。而自耦变压器的中间抽头交流接地线圈

两端电压极性相反，故经 L_2 引入的反馈电压 u_f 极性与输入 u_i 极性相同，所以，满足相位平衡条件。

（3）振荡频率

从相位平衡条件的分析过程可以知道，电路在 L_1、L_2、C 并联谐振回路的谐振频率上才满足相位平衡条件，因此，振荡器的振荡频率必是该谐振回路的谐振频率，

$$f_o = \frac{1}{2\pi\sqrt{LC}} = \frac{1}{2\pi\sqrt{(L_1 + L_2 + 2M)C}} \qquad (7\text{-}17)$$

其中，M 是电感 L_1 和 L_2 的互感系数。

电感三点式振荡电路具有电路简单，易于起振，调节振荡频率方便，当采用可变电容时，可获得一个较宽的频率范围。其缺点是输出波形中含有较多的高次谐波，所以常用于对波形要求不高的设备中。

3. 电容三点式振荡电路

（1）电路组成

电容三点式振荡电路如图 3-9 所示。电路中，电容 C_3 为耦合电容，C_e 为旁路电容，都采用足够大的大电容，对交流可视为短路。因此，对交流信号而言，电容的三个端分别连接在三极管的三个极上，故称为电容三点式。选频网络由电容 C_1 和 C_2，并与电感 L 并联构成；反馈元件由 C_2 担当。

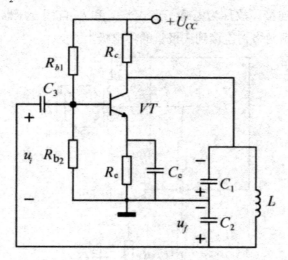

图 3-9　电容三点式振荡电路

（2）相位平衡条件

在 C_1、C_2、L 并联谐振回路的谐振频率上，三极管的集电极和基极电压极性相反。电感线圈两端电压极性相反，故电容 C_2 的下端电压极性与三极管的基极电压相同，所以，满足相位平衡条件。

（3）振荡频率和起振条件与上述电路一样，电路只有在 C_1、C_2、L 并联谐振回路的

谐振频率上才满足相位平衡条件，因此，振荡器的振荡频率必是该谐振回路的谐振频率，

$$f_o = \frac{1}{2\pi\sqrt{LC}} = \frac{1}{2\pi\sqrt{L\dfrac{C_1 C_2}{C_1 + C_2}}}$$　　　　　　（3-18）

在三极管的电流放大系数和电路的其他参数配合得当的话，很容易满足幅度配合条件和起振条件。

与电感三点式振荡器相比较，电容三点式振荡器的反馈电压取自电容，而电容对于高次谐波的阻抗很小，因此，输出波形中高次谐波成分很小，所以输出波形比较好。一般，电容三点式振荡器的振荡频率较高，可以达到 100MHz 以上。但是，该电路频率调节不方便，不能实现频率的连续调节。

3.1.4 晶体振荡器

石英晶体是一种各向异性结晶体，具有非常稳定的固有频率。对于振荡频率的稳定性要求的电路，应选择石英晶体作选频网络。

1. 石英晶体谐振器

石英晶体的化学成分是二氧化硅，从一块晶体上按一定的方位角切下的薄片称为晶片，在晶片的两个面上镀上银层作为电极，就成了石英晶体振荡器。通常称为石英晶振。

（1）压电效应与压电谐振

石英晶体在两侧加交变电场时，产生一定频率的机械变形，而这种机械运动又会产生交变电场，这种物理现象称为压电效应。一般情形下，压电效应的幅度非常小。但是，当交变电场的频率与晶片的固有频率相等时，振幅陡然增大，产生共振，这种现象我们称为压电谐振。晶片的固有频率称为谐振频率，它取决于晶片形状和切片方向，具有很高的稳定性。

（2）石英晶体的等效电路

石英晶体的符号和等效电路如图 3-10 所示。晶片不振动时，等效于一平行板电容 C_o，称为静态电容，其值决定于晶片的几何尺寸。晶片振动时的等效电感、等效电容和等效电阻分别用 L、C 和 R 来表示，它们与晶片的切割方向、形状和几何尺寸有关。晶片的等效电感很大，等效电容和等效电阻都很小，因此回路的品质因数 Q 很大，约为 104 ~ 106，所以，利用石英晶体组成振荡电路，可获得很高的频率稳定性。

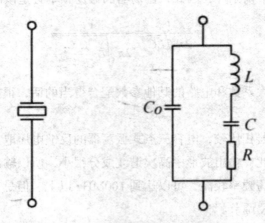

图 3-10 石英晶体的符号和等效电路

（3）石英晶体的谐振频率

由石英晶体的等效电路可以看出，它有两个谐振频率，即串联谐振频率 f_s 和并联谐振频率 f_p。

$$f_s = \frac{1}{2\pi\sqrt{LC}}$$ （3-19）

$$f_p = \frac{1}{2\pi\sqrt{LC}} = \frac{1}{2\pi\sqrt{L\dfrac{CC_o}{C+C_o}}} = f_s\sqrt{1+\frac{C}{C_o}}$$ （3-20）

通常 $C_o \gg C$，所以两个谐振频率非常接近，并联谐振频率 f_p 稍大于串联谐振频率 f_s。石英晶体的电抗频率特性如图 3-11 所示。在频率很低时，两个支路的容抗起主要作用，电路呈容抗性；在 $f_s < f < f_p$ 的情况下，电路呈感性；当 $f > f_p$ 时，C_o 起主要作用，电路又呈容抗性。因此，在晶体振荡器中，常把石英晶体当作一个电感器件，由于品质因数 Q 高，振荡器的频率稳定性也很高。

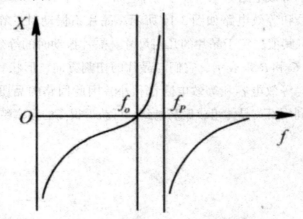

图 3-11 石英晶振的电抗与频率关系

2. 晶体振荡器

石英晶体振荡器有两类，并联型晶体振荡器和串联型晶体振荡器。

（1）并联型晶体振荡器

石英晶体在频率为 $f_s < f < f_p$ 的情况下，电路呈感性，所以用石英晶体来代替电容三点式振荡电路中的电感，即可得到并联型晶体振荡器，如图 3-12 所示。图中电容 C_1 和 C_2 与石英晶体中的 C_o 并联，等效电容远大于石英晶体的 C，所以电路的振荡频率接近于并联谐振频率 f_p。

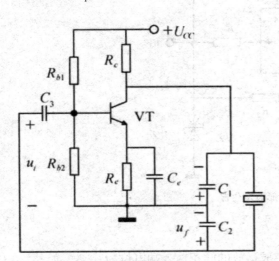

图 3-12　并联型晶体振荡器

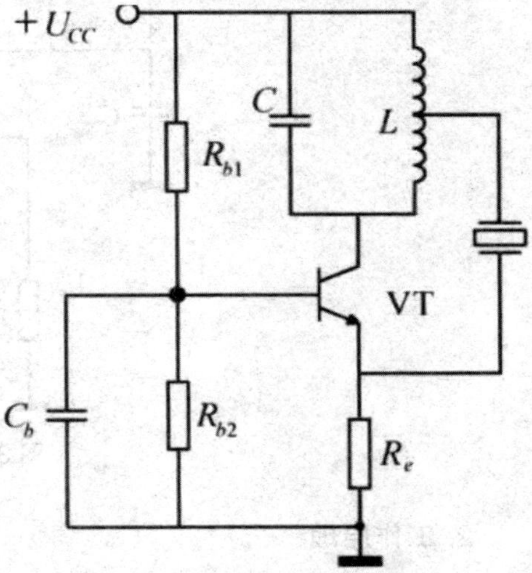

图 3-13　串联型晶体振荡器

（2）串联型晶体振荡器

图 3-13 所示为串联型晶体振荡器，它是共基连接的电感三点式振荡器。通过石英晶体将反馈信号回授至三极管的发射极，石英晶体作为反馈通路。当振荡频率等于石英晶体的串联谐振频率 f_s 时，阻抗呈最小电阻，反馈量最大，且相移为零。故只有在该频率上，才满足相位平衡条件。

3.2　非正弦波振荡电路

在实用电路中，除了正弦波信号以外，我们还常常用到各种类型的非正弦波信号。本节主要介绍矩形波发生器、三角波发生器和锯齿波发生器。

3.2.1 矩形波振荡电路

矩形波发生器是一种能够直接产生矩形波的非正弦信号发生电路。由于矩形波包含极丰富的谐波，因此，这种电路又称为多谐振荡器。矩形波发生器是其他非正弦波发生器的基础。

1. 电路组成

矩形波发生器如图 3-14 所示。该电路由滞回比较器和 RC 充放电回路组成。RC 回路是延迟环节，同时将输出电压反馈到集成运放的反向输入端；利用电阻 R_3 的限流作用和稳压管 VZ 的限幅作用，将电路的输出限制在稳压管的稳压值 $\pm U_Z$。

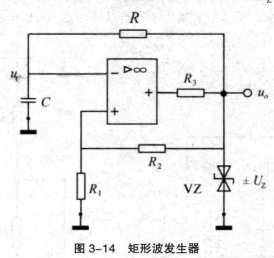

图 3-14　矩形波发生器

2. 工作原理

设某一时刻的输出电压是 $u_o = +U_Z$，则集成运放的同相输入端电位为

$$u_p = +U_T = +\frac{R_1}{R_1 + R_2}U_Z$$

此时，u_o 通过 R 对电容 C 充电，因此，集成运放反向输入端电位 u_N，也是电容两端电压 u_C 随时间 t 的增长而逐渐升高，直到 $u_C = u_N = +U_T$。此时，电容上的电压再略有增加，滞回比较器的输出 u_o 将发生跃变，由高电平跃变为低电平，即 $u_o = -U_Z$ 同时，集成运放的同相输入端电位也立即变为

$$u_p = -U_T = -\frac{R_1}{R_1 + R_2}U_Z$$

这时，电容两端电压 u_C 高于输出电压 $u_o = -U_Z$。随后，电容 C 经过充放电，因此，集成运放反向输入端电位 u_N，也是电容两端电压 u_C 随时间 t 的增长而逐渐降低，直到 $u_C = u_N = -U_T$。此时，电容上的电压再略有下降，滞回比较器的输出 u_o 将发生跃变，由低电平跃变为高电平，即 $u_o = +U_Z$。

上述过程周而复始，电容反复进行充电和放电，滞回比较器的输出反复在高电平和低电平之间跃变，于是发生了自激振荡，产生如图 3-15 所示的矩形波。

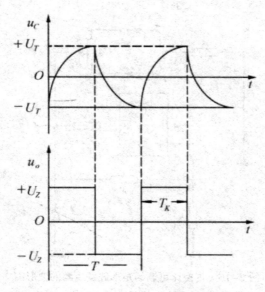

图 3-15 矩形波发生器的波形图

3. 振荡周期

通过电路原理的分析可以看出，电容充电和放电的时间相等，时间常数均为 $\tau = RC$，所以输出电压在高电平和低电平维持的时间一致，u_o 为对称的方波。理论分析可以求出矩形波发生器的振荡周期为

$$T = 2\tau \ln(1 + \frac{2R_1}{R_2}) = 2RC \ln(1 + \frac{2R_1}{R_2}) \qquad （3-21）$$

调整滞回比较器的电路参数 R_1、R_2 和 U_Z 可以改变信号发生器的振荡波形的振幅；调整 R_1、R_2、R 和 C 的值可以改变电路的振荡周期即振荡频率。

我们将矩形波的宽度 T_K 与周期 T 的比值称为占空比。图 3-14 电路中，由于电容的充电时间常数和放电时间常数相等，该电路的占空比为 50%，且是不可调的。如果要得到占空比可调的振荡电路，只需改变 RC 充放电回路，使电容的充电时间常数与放电时间常数不一致即可。

如图 3-16 所示电路是占空比可调的矩形波发生器。利用二极管的单向导电性可以引导电流流经不同的通路，图中，改变电位器的滑动端可以改变充电、放电时间常数。

135

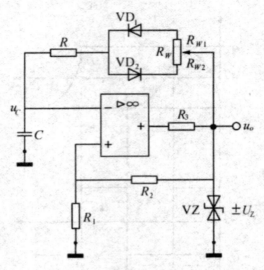

图 3-16 占空比可调的矩形波发生器的波形图

当输出电压 $u_o = +U_Z$ 时，u_o 通过电阻 R_{W1}、二极管 VD_1 和 R 对电容 C 充电，充电时间常数为

$$\tau 1 = (R_{w1} + R)C \tag{3-22}$$

当输出电压 $u_o = -U_Z$ 时，电容 C 上的电压 u_C 通过电阻 R、二极管 VD_2 和电阻 R_{W2} 放电，放电时间常数为

$$\tau 2 = (R_{w2} + R)C \tag{3-23}$$

因此，电路输出高电平的时间为

$$T = \tau_1 \ln(1 + \frac{2R_1}{R_2}) = (R + R_{w1})C \ln(1 + \frac{2R_1}{R_2}) \tag{3-24}$$

电路输出低电平的时间为

$$T_2 = \tau_2 \ln(1 + \frac{2R_1}{R_2}) = (R + R_{w2})C \ln(1 + \frac{2R_1}{R_2}) \tag{3-25}$$

所以，振荡周期为

$$T = T_1 + T_2 = (2R + R_w)C \ln(1 + \frac{2R_1}{R_2}) \tag{3-26}$$

3.2.2 三角波和锯齿波振荡电路

如果将方波信号作为积分运算电路的输入，那么在积分运算电路的输出可得到三角波信号；将占空比远小于 50% 的矩形波作为积分运算电路的输入，那么在积分运算电路的输出端可得到锯齿波信号。所以，理论上可以用波形变换的手段获得角波和锯齿波。下面我们要介绍的是实用电路中经常来用的三角波发生器和锯齿波发生器。

1. 三角波发生器

（1）电路组成

三角波发生器如图 3-17 所示，由以集成运放 A_1 为中心的滞回比较器和以集成运放 A_2 为中心的积分运算电路组成。滞回比较器的输出作为积分运算电路的输入；而积分运算电路的输出信号又连接到滞回比较器的同相输入端上。

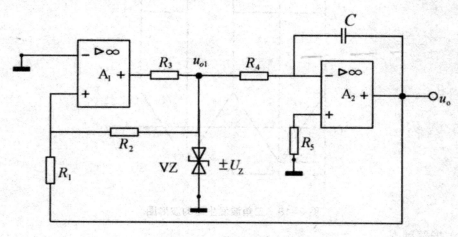

图 3-17 三角波发生器

（2）工作原理

图中，滞回比较器的输出电压为 $u_{o1} = \pm U_Z$，而其输入电压是积分运算电路的输出电压 u_o，根据叠加原理，集成运放 A_1 同相输入端的电位为

$$u_{p1} = \frac{R_2}{R_1 + R_2} u_o + \frac{R_1}{R_1 + R_2} u_{o1} = \frac{R_2}{R_1 + R_2} u_o \pm \frac{R_1}{R_1 + R_2} U_Z$$

令 $u_{p1} = u_{N1} = 0$，则比较器的门限电压为

$$\pm U_T + \pm \frac{R_1}{R_2} U_Z \tag{3-27}$$

当 $u_{o1} = +U_Z$ 时，积分电路反向积分，输出电压 u_o 随着时间的增长线性下降，一旦 $u_o = -U_T$，则此时输出电压略有下降，比较器的输出电压 u_{o1} 将会从 $+U_Z$ 跃变为 $-U_Z$，即 $u_{o1} = -U_Z$。当 $u_{o1} = -U_Z$ 时，积分电路正向积分，输出电压随着时间的增长线性增加，一旦 $u_o = +U_T$，则此时输出电压略有增加，比较器的输出电压 u_{o1} 将会从 $-U_Z$ 一跃变为 $+U_Z$，即 $u_{o1} = +U_Z$，电路回到原来的状态，积分电路又开始反向积分。如此循环往复，就可以得到三角波信号。积分电路和滞回比较器的输出电压波形如图 3-18 所示。

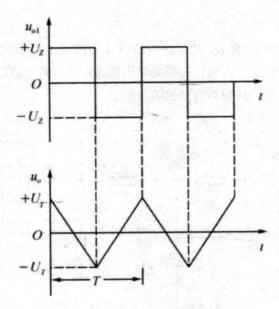

图 3-18　三角波发生器的波形图

（3）振荡频率

可以证明，上面所述的三角波信号的周期为

$$T = \frac{4R_1R_4C}{R_2} \qquad (3\text{-}28)$$

振荡频率为

$$f = \frac{R_2}{4R_1R_4C} \qquad (3\text{-}29)$$

2. 锯齿波发生器

（1）电路组成

在三角波发生器中，如果改变积分运算电路的正向积分和反向积分的时间常数，令其两者相差悬殊，即可在积分电路的输出端得到锯齿波信号。锯齿波发生器如图 3-19 所示。为了改变积分常数，我们用二极管 VD_1、VD_2 和电位器 R_W 代替图 3-17 三角波发生器中的积分电阻 R_4。

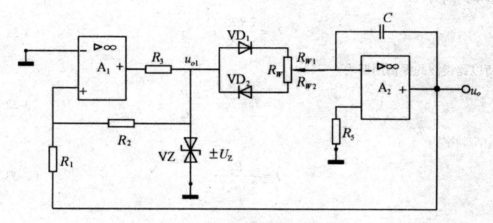

图 3-19　锯齿波发生器

（2）工作原理

二极管具有单向导电性，因此，当 $u_{o1} = +U_Z$ 时，u_{o1} 通过二极管 VD_1、电阻 R_{W1}、对电容 C 充电，进行反向积分；而当 $u_{o1} = -U_Z$ 时，电容 C 上的电压通过电阻 R_{W2} 和二极管 VD_2 放电，进行正向积分。调节电位器 R_W，使 $R_{W1} \ll R_{W2}$，则电容的充电时间常数将比放电时间常数小得多，于是充电很快，放电过程很慢，此时积分电路的输出端即可得到锯齿波信号，波形如图 3-20 所示。

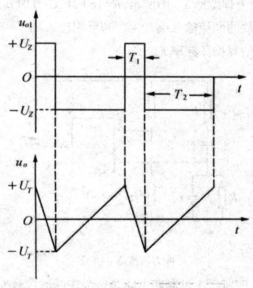

图 3-20　锯齿波发生器的波形图

（3）振荡周期

如果忽略二极管的导通电阻，可以证明，电容的充电时间为

$$T_1 = \frac{2R_r R_{w1} C}{R_2} \tag{3-30}$$

放电时间为

$$T_2 = \frac{2R_1R_{w2}C}{R_2}$$ （3-31）

所以锯齿波的振荡周期为

$$T = T_1 + T_2 = \frac{2R_1R_wC}{R_2}$$ （3-32）

振荡频率为

$$f = \frac{R_2}{4R_1R_4C}$$ （3-33）

习题

1. 正弦波振荡器由哪几部分组成？各部分的作用是什么？

2. 如何理解正弦波振荡器的平衡条件？

3. 正弦波振荡器的振荡频率和电路的哪些常数有关？

4. 非正弦波振荡器主要有哪几部分组成？

5. 晶体振荡器有哪些类型？

6. 正弦波振荡器如能力训练题3-1图所示，$R=16\,\text{k}\Omega$，$C=0.01\,\mu\text{F}$，集成运放为理想运放。

（1）请画出集成运放的同相输入端"＋"和反相输入端"－"；

（2）若电路起振，估算振荡频率f_o。

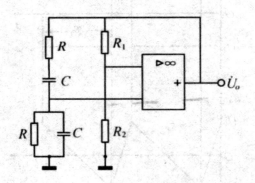

能力训练题 3-1 图

7. 如能力训练题 3-2 图所示，试判断电路是否为正弦波信号发生器。

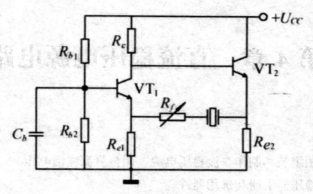

能力训练题 3-2 图

8. 如能力训练题 3-3 图所示的电路为三角波发生器，已知 $R=100k\Omega$，$R_2=R_3=R_0=100k\Omega$，$C=3300pF$，$U_Z=6V$。（1）画出 u_{o1} 和 u_o 的波形；（2）求输出电压 u_o 的周期 T。

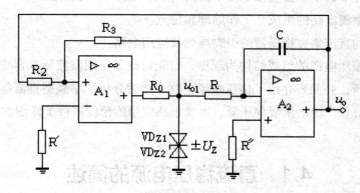

能力训练题 3-3 图

第4章　直流稳压电源电路

能力目标

1. 能根据电路图组装和制作直流稳压电源，调整直流输出电压。

2. 会查阅集成稳压器手册和选用器件。

3. 初步具有检查、排除稳压电源故障的能力。

知识目标

1. 了解直流稳压电源的组成和技术指标。

2. 掌握放大环节的串联型直流稳压电路的组成、工作原理和特点。

3. 熟悉单相整流电路的组成、工作原理和特点。

4. 熟悉常用的直流集成稳压器的引脚排列及应用电路。

本章以直流稳压电源的组成结构为起点，首先讨论了单相整流和电容滤波电路的工作原理及其性能分析，并简要介绍了倍压整流电路。然后分析了串联型直流稳压电路的工作原理。对于应用日益广泛的集成稳压器，本章也从应用的角度进行了详细的分析。

4.1　直流稳压电源的简述

各种电子电路和电子设备都需要稳定的直流电源提供能量，在电子电器等设备中，直流电源起着重要的作用，是电子电器设备不可缺少的重要组成部分，其性能良好直接影响到电子电器设备工作的稳定性和可靠性。由于电网提供的是 50Hz 的正弦交流电，这就需要将电网的交流电转换成稳定的直流电，实现这种转换的电子电路就是直流稳压电源。它是能量转换电路，可将 220V（或 380V）50Hz 的交流电转换为直流电。

4.1.1 直流稳压电源的构成

直流稳压电源通常先把交流电转换成脉动的直流电，再通过滤波电路和稳压电路得到稳定的直流输出电压。根据上述要求可将一个直流稳压电源电路划分为电源变压器、整流电路、滤波电路、稳压电路四个组成部分，并画出如图 4-1 所示的直流稳压电源电路方框图。

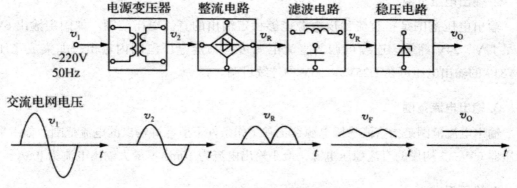

图 4-1 直流稳压电源电路方框图

直流稳压电源电路四个组成部分的作用如下所示:

1. 电源变压器

由于所需的直流电压比电网的交流电压相差较大,因此常利用电源变压器降压得到合适的交流电压进行转换,将交流电网电压变为合适的交流电压。

2. 整流电路

利用具有单向导电性能的半导体二极管作为整流元件,将正负交替的正弦交流电压整流成为单方向的脉动电压。将交流电压变为脉动的直流电压。

3. 滤波电路

由 C、L 储能元件组成,尽可能将单向脉动电压中的脉动成分滤掉,使输出电压成为比较平滑的直流电压。将脉动直流电压转变为平滑的直流电压。

4. 稳压电路

稳压电路采取某些措施,使输出电压在电网电压波动或负载电流变化时,能够清除电网波动及负载变化的影响,保持输出电压的稳定。

4.1.2 直流稳压电源的技术指标

直流稳压电源的主要技术指标包括额定输入电压、输出电压范围、输出电流范围、稳压系数、等效内阻、温度系数等。

1. 额定输入电压

额定输入电压是指使直流稳压电源正常工作的输入交流电压大小和频率。如 220V/50Hz。

2. 输出电压范围

输出电压范围是指直流稳压电源能够稳定输出的直流电压范围。如固定输出 6V、9V、12V、24V 等等。连续可调的直流电源可在一定电压范围内输出，如集成稳压器 CW317 的输出电压可在 1.25V ～ 35V 内连续可调。

3. 输出电流范围

输出电流范围是指直流稳压电源在正常工作条件下所允许输出的电流范围。如由集成稳压器 CW317 构成的直流稳压电源，最小输出电流为 10mA，最大输出电流为 0.5A。

4. 稳压系数

稳压系数是指当负载和环境温度不变时，输出电压的相对变化量与输入电压的相对变化量之比值。

即：
$$S_r = \frac{\Delta U_o / U_o}{\Delta U_I / U_I}\bigg|_{R_L} = \frac{\Delta U_o}{\Delta U_I} \cdot \frac{\Delta U_I}{\Delta U_o}\bigg|_{R_L} \tag{4-1}$$

S_r 是衡量直流稳压电源对电网电压（即输入交流电压）波动的适应能力，即稳压性能好坏的标志。一般情况下 $S_r \leq 1$，其数值越小表明输出电压越稳定。

5. 输出电阻 R_o

输出电阻是指直流稳压电源的输入电压和环境温度不变，当负载 R_L 变化时，输出电压的变化量与输出电流变化量的比值。

即：
$$R_o = \left|\frac{\Delta U_o}{\Delta I_o}\right| \bigg| u_i = C \tag{4-2}$$

R_o 值越小表明稳压性能越好，即带负载能力越强。

6. 温度系数 S_t

温度系数是指直流稳压电源的输入电压和负载均不变时，由于环境温度变化引起的输出电压变化量与温度变化量之比。

即：
$$S_t = \left|\frac{\Delta U_o}{\Delta T}\right| \bigg| u_i = C \tag{4-3}$$

S_t 越小，表明直流稳压电源受环境温度的影响也越小，输出电压越稳定。

4.2 单相整流电路

将交流电变为直流电的过程称为整流，通常利用半导体二极管的单向导电性组成整流电路。此方法简单、方便、经济，下面着重分析单相半波整流电路和单相桥式全波整流电路。这类电路中、加在电路两端的信号电压幅值大于二极管的导通电压；整流电流大于二极管的反向饱和电流，所以可用半导体二极管的理想模型来分析这类电路。

4.2.1 单相半波整流电路

单相半波整流电路如图 4-2 所示：它由电源变压器 T，整流二极管 D 和负载电阻 R_L 组成。

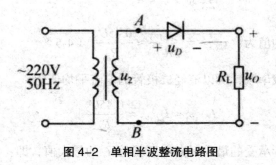

图 4-2　单相半波整流电路图

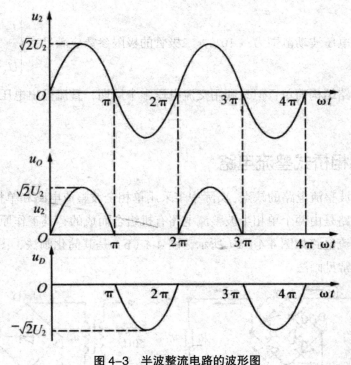

图 4-3　半波整流电路的波形图

设变压器副边电压为 $u_2 = \sqrt{2} U_2 \sin \omega t$

在 u_2 的正半周期间，A 端为正、B 端为负，二极管因正向电压作用而导通。电流从 A 端流出，经二极管 D 流过负载电阻 R_L 回到 B 端。如果略去二极管的正向压降，则在负载

两端的电压就等于 U_2。其电压波形如图 4-3 所示。

在 u_2 的负半周期间，二极管承受反向电压而截止，负载中没有电流，电压为 0。这时二极管承受了全部 u_2，其波形如图 4-3 所示。

尽管 u_2 是交变的，但因二极管的单向导电作用，使得负载上的电流和电压都是单一方向。这种电路只有在 u_2 的半个周期内负载上才有电流，故称为半波整流电路。

由于负载电压 u_o 为半波脉动，在整个周期中负载电压平均值为：

$$U_{o(AV)} = \frac{1}{2\pi} \int_0^\pi \sqrt{2}U_2 \sin \omega t d(\omega t) = \frac{\sqrt{2}U_2}{\pi} \approx 0.45U_2 \qquad (4-4)$$

负载上的电流平均值为：$l_{L(AV)} = \dfrac{U_{o(AV)}}{R_L} \approx \dfrac{0.45U_2}{R_L}$ （4-5）

由于二极管与负载串联，所以流经二极管的电流平均值为：

$$I_{D(AV)} = I_{L(AV)} \approx \frac{0.45U_2}{R_L} \qquad (4-7)$$

二极管在截止时所承受的最大反向电压就是 u_2 的最大值，即：

$$U_{RMAX} = \sqrt{2}U_2 \qquad (4-8)$$

考虑到电网电压波动范围为 ±10%，二极管的极限参数应满足：$\begin{cases} I_F > 1.1 \times \dfrac{0.45U_2}{R_L} \\ U_R > 1.1\sqrt{2}U_2 \end{cases}$

半波整流电路结构简单，但只利用交流电压半个周期，直流输出电压低，波动大，整流效率低。

4.2.2 单相桥式整流电路

为了克服半波整流电路的缺点，实际中多采用单相全波整流电路和单相桥式整流电路。单相全波整流电路是由两个单相半波整流电路有机组合而成的，其工作原理与半波整流相同。单相桥式整流电路如图 4-4（a）所示，图 4-4（b）是其简化画法，图 4-5 是桥式整流电路的另外一种常见画法。

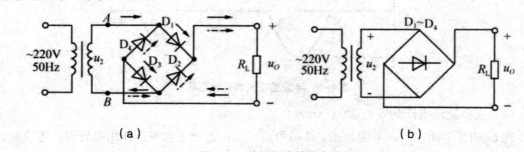

（a）　　　　　　　　　　　　　　　　（b）

图 4-4　单相桥式整流电路

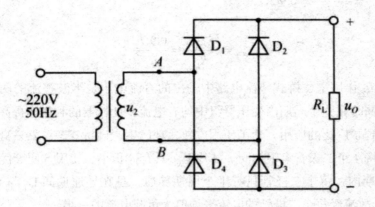

图 4-5　单相桥式整流电路另外一种常见画法

设 $u_2 = \sqrt{2} \, U_2 \sin \omega t$：在 u_2 的正半周，变压器的副边 A 端为正，B 端为负，二极管 D_1、D_3 受正向电压作用而导通。D_2、D_4 受反向电压作用而截止，电流路径为 $A \rightarrow D_1 \rightarrow D_3 \rightarrow B$。在 u_2 的负半周期间，A 端为负，B 端为正，二极管 D_2、D_4 受正向电压作用而导通，D_1、D_3 受反向电压作用而截止，流路径为 $B \rightarrow D_2 \rightarrow D_4 \rightarrow A$。可见，在整个周期内，负载上得到同一方向的全波脉动电压和电流，其波形如图 4-6 所示。

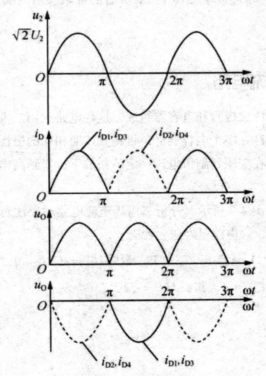

图 4-6　单相桥式整流电路波形图

由图 4-6 可见，桥式整流负载上的电压和电流的平均值为半波整流时的两倍，即：$U_{O(AV)} = \dfrac{2\sqrt{2}U_2}{\pi} \approx 0.9U_2$ （4-8）

$$I_{O(AV)} = \dfrac{U_{O(AV)}}{R_L} = \dfrac{0.9U_2}{R_L} \qquad （4-9）$$

在相同的 u_2 作用下，桥式整流电路中输出的直流电压是半波整流的两倍，电压的脉动程度较小，同时在整个周期内变压器组中均有电流，变压器的利用率提高了，因此，桥式整流电路得到了广泛的应用。为了使用方便，现已生产硅桥式整流器—硅桥堆，它应用集成电路技术将 4 个二极管集中在同一硅片上，具有体积小、使用方便等优点。

在整个周期内，每个二极管只有半个周期导通，且在导通期间 D_1 与 D_3 相串联，D_2 与 D_4 相串联，故流经每个二极管的电流平均值为负载电流的一半。

即：$L_{D(AV)} = \dfrac{I_{o(AV)}}{2} \approx \dfrac{0.45U_2}{R_L}$ （4-10）

每个二极管截止时所承受的最高反向电压为 u_2 的最大值。

即：$U_{RMAX} = \sqrt{2}U_2$ （4-11）

考虑到电网电压波动范围为 $\pm 10\%$，二极管的极限参数应满足：$I_F > 1.1 \times \dfrac{0.45U_2}{R_L}$ 和

$U_R > 1.1\sqrt{2}$。

4.2.3 倍压整流电路

倍压整流电路主要由二极管和电容器组成。这种电路利用二极管的整流和导引作用、将较低的直流电压分别存在多个电容器上，再将其按照相同的极性相串联、从而得到较高的输出直流电压。实现在变压器副边电压一定的条件下，得到高出变压器副边电压若干倍的直流电压。

二倍压整流电路如图 4-7 所示。分析二倍压整流电路时要注意两个要点：首先，要设负载处于开状态，其次，该电路已经进入稳态。

u_2 正半周 C_1 充电：$A \to D_1 \to C_1 \to B$，最终 $U_{C1} = \sqrt{2}U_2$，u_2 负半周，u_2 加 C_1 上电压对 C_2 充电：$B \to D_2 \to C_2 \to A$。最终 $U_{C2} = \sqrt{2}U_2$。

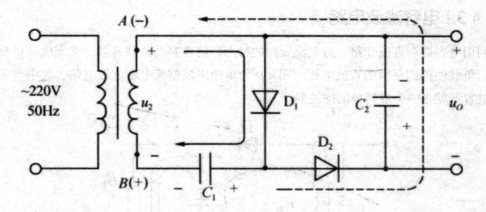

图 4-7 二倍压整流电路

同理，将更多的电容相串联、同时放置相应的二极管进行充电，即可得到多倍压整流电路，如图 4-8 所示。

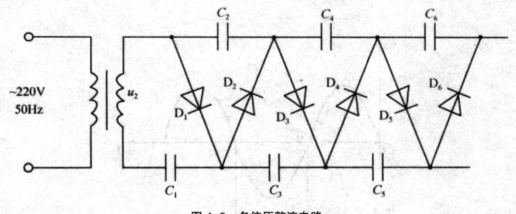

图 4-8 多倍压整流电路

鉴于负载电阻越小、电容就放电越快，造成输出直流电压越低、同时脉动成分越大的现象，因此倍压整流电路主要用于要求输出电压较高、同时负载电流较小的场合。

4.3 滤波电路

通过整流得到的直流电，由于其脉动程度大，只能作为电镀电解、充电设备或对直流电源要求不高的负载的电源，如果用于电子设备（如电视机、计算机），则电压中的交流成分将对设备的工作产生严重的干扰。为了得到脉动程度小的直流电，必须在整流电路与负载之间加上平滑脉动电压的滤波电路。构成滤波电路的主要元件是电容和电感，利用它们的储能作用，可以降低输出电压中的交流成分，保留直流成分，实现滤波。

4.3.1 电容滤波电路

利用电容器对直流开路，对交流短路的特点，将电容与负载并联，交流成分将被电容滤掉，负载便得到平滑的直流电压。图 4-9 为单相半波整流电容滤波电路，其中与负载并联的电容器就是一个最简单的滤波器。

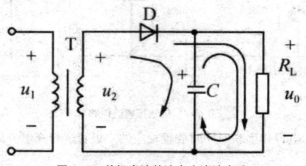

图 4-9　单相半波整流电容滤波电路

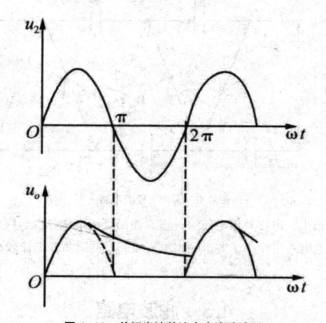

图 4-10　单相半波整流电容滤波波形

在 u_2 的正半周期开始时，输入电压上升，二极管 D 导通，电源经二极管向负载供电。随后，u_2 由最大值开始下降，当 $u_2<u_C$ 时，二极管承受反向电压而提前截止，电容 C 通过 R_L 放电。u_2 为负半周期时，加在二极管上的反向电压更大，二极管仍处于截止状态，电容继续向 R_L 放电，u_C 随之下降，直到 u_2 进入下个正半周。当 $u_2>u_C$ 时，二极管重新导通。重复以上过程，便形成了比较平稳的输出电压，其波形图 4-10 所示。滤波后，输出电压平均值增大，脉动变小。

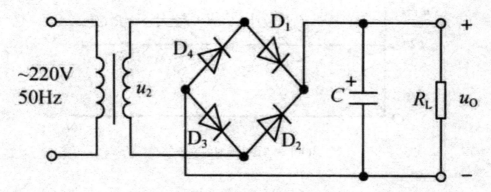

图 4-11　单相桥式整流电容滤波电路

单相桥式整流电容滤波电路如图 4-11 所示。在 u_2 正半周，u_2 通过 D_1、D_3 对电容充电，这一段时间 $u_o = u_2$，当 $t = t_1$ 时，$u_2 = \sqrt{2}U_2$，电容电压达到最大值之后 u_2 下降，$D_1 \sim D_4$，均反向截止，电容通过放电，当放电的时间常数较大时，电容两端的电压下降较慢，直至下一个周期 $u_2 > u_C$ 的时刻。当 $u_2 > u_C$ 时，u_2 通过 D_2、D_4 对 C 充电，直到 $t = t_3$ 二极管又截止，电容再次放电，重复前述的过程。如此循环，形成周期性的电容器充放电过程，其波形如图 4-12 所示。

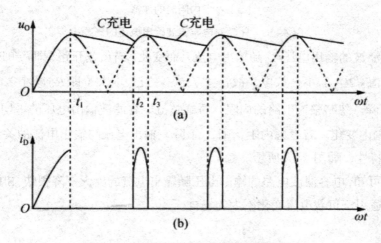

图 4-12　单相桥式整流电容滤波波形

通过上述分析，可得到下面四点结论：

（1）利用电容的储能作用，加入滤波电容后输出电压的直流成分提高、脉动成分减小。当二极管导通时，电容将能量储存起来；二极管截止时，电容把储存的能量释放给负载。通过电容的充放电，使输出电压波形变得平滑。

（2）电容滤波能够提高直流输出电压。输出直流电压与放电时间常数有关，$R_L C$ 变化对电容滤波的影响如图 4-13，当 $R_L C = \infty$ 时，滤波效果最佳。因此，应选择大容量的电容作为滤波电容，而且要求负载电阻 R_L 也要大。电容滤波常适宜于大负载场合下运用。

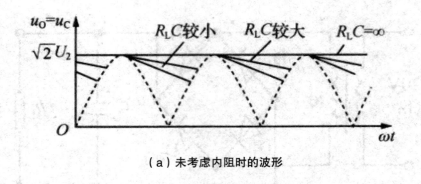

（a）未考虑内阻时的波形

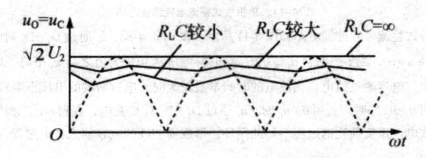

（b）考虑内阻时的波形

图4-13　$R_L C$ 对电容滤波输出电压的影响

（3）电容滤波的输出电压 U_o 随输出电流 i_o 而变化。当负载开路，即 $i_o=0$ 时，电容充电，电压到达最大值 $\sqrt{2}U_2$ 后不再放电，故 $u_o=\sqrt{2}U_2$。当 i_o 增大（即 R_L 减小）时，电容放电加快，使 u_o 下降。忽略整流电路的内阻，桥式整流电容滤波输出电压的平均值 u_o 在 $\sqrt{2}U_2$ 至 $0.9U_2$ 小范围内变化。若考虑内阻，则 u_o 下降。输出电压与输出电流的关系曲线称电容滤波电路的外特性，如图4-14所示。

由图4-14可知，电容滤波电路的输出电压随输出电流的增大下降很快，S|1 外特性较软，所以电容滤波适用于负载电流变化不大的场合。

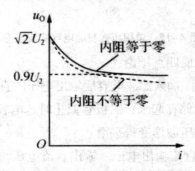

图4-14　电容滤波电路的外特性

（4）电容滤波电路中，整流二极管的导通角小于180°，而且电容放电时间常数越大，导通角越小。二极管在短暂的导电时间内，有很大的浪涌电流流过，这对于二极管的寿命是不利的，所以选择二极管时，应考虑到它能承受最大冲击电流的情况。通常要求二极管承受正向电流的能力应大于输出平均电流的 2 ~ 3 倍。为了获得较好的滤波效果，实际工作中按下式选择滤波电容的容量：

$$R_L C = (3 \sim 5)\frac{T}{2}$$

（4-12）

其中为了交流电网电压的周期。由于电容值较大（几十至几千微法），故选用电解电容器，使用时应注意电解电容的正、负极性，不能接错，否则，电容器将被击穿。

电容的耐压值应大于 $\sqrt{2}U_2$，考虑到电网的波动，通常按超过电源额定电压 10% 来计算。

电容滤波电路满足条件式（4-13）时，其输出电压可按下式估算

半波整流电容滤波　$U_o \approx U_2$

（4-14）

桥式整流电容滤波　$U_o \approx 1.2U_2$

（4-15）

4.3.2 其他滤波电路

1. 电感滤波电路

图 4-15 是一个桥式整流电感滤波电路，滤波电感与负载 R_L 相串联，这种滤波电路又称串联滤波器。

由于电感具有阻碍电流变化的特性，当负载电流增加时，通过电感 L 的电流也增加，电感产生与负载电流方向相反的自感电动势，阻碍负载电流的增加，同时将一部分电能转变为磁场能储存起来。当负载电流减小时，电感释放储存的能量补偿流过负载的电流，使负载电流的脉动程度减小，负载电压变得更平滑。

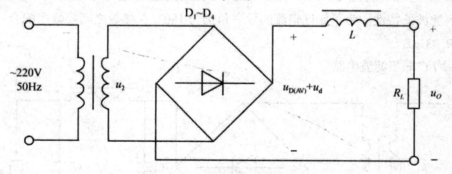

图 4-15　桥式整流电路滤波电流

整流输出的电压可以看成是直流分量和交流分量的叠加。由于电感的直流电阻很小，而交流电抗较大，所以可认为直流分量全部降在负载电阻上，交流分量几乎都降在电感上，输出的直流电压近似为 $0.9U_2$。显然，L 越大，滤波效果越好。

一般要求：$L \geq \dfrac{10R_L}{\omega}$ （4-16）

由于负载的变化对输出电压影响较小，因此，电感滤波器常用于负载电流大及负载变化大的场合，但电感元件的体积和重量都较大，故在晶体管电子器件中很少应用。

2. 复式滤波电路

当单独使用电容或电感滤波效果仍不理想时，可考虑采用复式滤波电路。所谓复式滤波电路就是利用电容、电感对直流量和交流量呈现不同电抗的特点，将它们适当组合后合理地接入整流电路与负载之间，以达到比较理想的滤波效果。常见的复式滤波电路有 LC 滤波电路、$LC\pi$ 型滤波电路、$RC\pi$ 型滤波电路等。

（1）LC 滤波电路

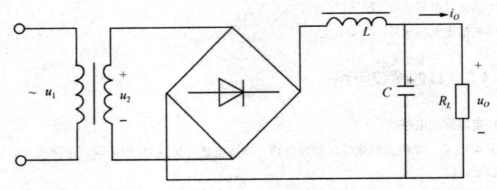

图 4-16　LC 滤波电路

LC 滤波电路如图 4-17 所示，该电路是在电感滤波电路的基础上，再在 R_L 旁并联一个电容所构成的，具有输出电流大、带负载能力强、滤波效果好的优点，适用于负载变动大、负载电流大的场合。但在 LC 滤波电路中，如果电感 L 值太小，或 R_L 太大，则将呈现出电容滤波的特性。为了保证整流的导通角仍为 180°，参数之间要恰当配合，近似的条件是 $R_L < 3\omega L$。

（2）$LC\pi$ 型滤波电路

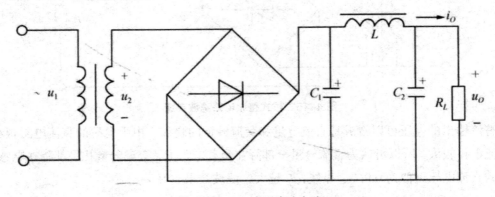

图 4-17　LCπ 型滤波电路

$LC\pi$ 电路如图 4-17 所示，经整流后的电压包括直流分量及交流分量。对于直流分量来说 L 呈现很小的阻抗，可视为短路，因此，经 C_1 滤波后的直流量大部分降落在负载两端，对于交流分量，由于电感呈现很大的感抗，C_2 呈现很小的容抗，因此，交流分量大部分降落在 L 上，负载上的交流分量很小，达到滤除交流分量的目的。这种电路常用于负载电流较小或电源频率较高的场合。缺点是电感体积大、笨重、成本高。

（3）$RC\pi$ 型滤波电路

$RC\pi$ 型滤波电路如图 4-18 所示，它是在电容滤波基础上加一级 RC 滤波电路构成的。这种电路采用简单的电阻、电容元件进一步降低输出电压的脉动程度，但这种滤波电路的缺点是在 R 上有直流压降，必须提高变压器次级电压；而且整流管冲击电流仍然比较大。由于 R 上产生压降，外特性比电容滤波更软，只适应于小电流的场合。在负载电流较大的情况下，不宜采用这种滤波电路形式。

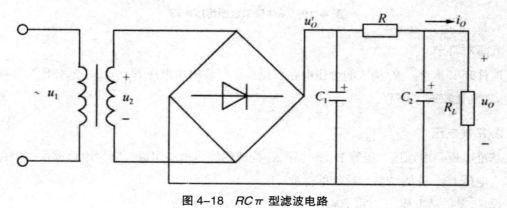

图 4-18 $RC\pi$ 型滤波电路

4.4 直流稳压电路

经过整流和滤波后的电压往往会随着交流电源电压的波动和负载的变化而变化。电压的不稳定有时会引起测量和计算的误差，造成控制装置的工作不稳定、甚至是无法正常工作。因此、需要直流稳压电路将不稳定或不可控的直流电压变换成稳定且可调的直流电压。本节将介绍最基本的串联型直流稳压电路和输出电压固定的三端集成稳压器。

4.4.1 串联型直流稳压电路

串联型直流稳压电路如图 4-19 所示，该电路包括以下四个组成部分：

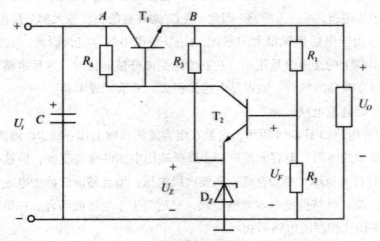

图 4-19　晶体管串联型稳压电路

1. 取样环节

取样环节是 R_1、R_2 构成的分压电路所组成，可将输出电压 U_O 分出一部分作为取样电压 U_F 送到比较放大环节。

2. 基准电压

基准电压是由稳压二极管 D_Z 和电阻 R_3 构成的稳压电路组成，能为电路提供一个稳定的基准电压 U_Z，作为调整、比较的标准。

设 T_2 发射结电压 U_{BE2} 可忽略，

则：
$$U_F = U_Z = \frac{R_2}{R_1 + R_2} U_o \tag{4-17}$$

其中 $\dfrac{R_2}{R_1 + R_2}$ 称为取样电路的取样比。改变电路的取样比，可以调节输出电压 U_o 的大小。当 U_o 经常需要调节时，可在分压电阻之间串接电位器 U_p。

3. 比较放大环节

由 T_2 和 R_4 构成比较放大环节，该环节为一个直流放大器，能够将取样电压 U_F 与基准电压 U_Z 之差放大后去控制调整管 T_1。

4. 调整环节

由工作在线性放大区的功率管 T_1 组成，T_1 的基极电流 I_{B1} 受比较放大电路输出的控制，它的改变又可使集电极电流 I_{C1} 和集、射电压 U_{CE1} 改变，从而达到自动调整稳定输出电压的目的。由于调整管与负载串联，流过管子的电流很大，要选用功率管调整管，或采用复合管来改善单管的性能。

当输入电压 U_i（或输出电流 I_o）变化引起输出电压 U_o 增加时，取样电压 U_F 相应增大，使 T_2 管的基极电流 I_{B2} 和集电极电流 I_{C2} 随之增加，T_2 管的集电极电位下降，因此 T_1 管的基电极电流 I_{B1} 下降，使得 I_{C1} 下降，U_{CE1} 增加，U_o 下降，使 U_o 保持基本稳定。这一自动调压过程可表示如下：

$$U_o \uparrow \rightarrow U_F \uparrow \rightarrow I_{B2} \uparrow \rightarrow I_{C2} \uparrow \rightarrow U_{C2} \uparrow \rightarrow I_{B1} \uparrow \rightarrow U_{CE1} \uparrow \rightarrow U_o \downarrow$$

同理，当 U_i 或 I_o 变化使 U_o 降低时，调整过程相反，U_{CE1} 将减小使 U_o 保持不变。

从上述调整过程可以看出，该电路是依靠电压负反馈来稳定输出电压的。

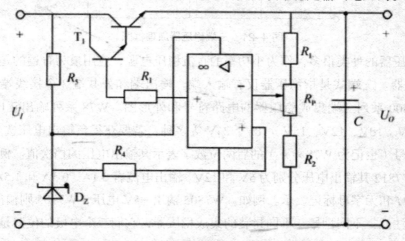

图 4-20　集成运放和复合管构成的串联型直流稳压电路

串联型稳压电路的比较放大电路还可以用集成运放来组成；由于集成运放的放大倍数高，输入电流极小，提高了稳压电路的稳定性，因而使用集成运算放大器稳压电路愈来愈多。图 4-20 就是用集成运算放大器作比较放大电路的一个串联型稳压电路实例。该稳压电路输出电压的调整范围是：

$$U_{o\max} = \frac{R_1 + R_P + R_2}{R_2} U_Z \quad （\text{对应 } R_P \text{ 调到下端}） \tag{4-18}$$

$$U_{omin} = \frac{R_1 + R_P + R_2}{R_2 + R_P} U_Z \quad （\text{对应 } R_P \text{ 调到上端}） \tag{4-19}$$

串联型稳压电源输出电压稳定、可调，输出电流范围较大，技术经济指标好，在小功率稳压电源中应用很广，并且是高精度稳压电源的基础。

4.4.2 集成稳压电路

串联型稳压电路输出电流较大，稳压精度较高，曾得到较广泛的应用。但由分立元件组成的串联型稳压电路，即便采用了集成运算放大器，仍需外接不少元件，体积大，使用不方便。集成稳压电路是将稳压电路的主要元件甚至全部元件制作在一块硅基片上的电路，具有体积小、使用方便、工作可靠等优点，目前已广泛应用。

集成稳压器多采用串联型稳压电路，组成框图如图 4-21 所示。除基本稳压电路外，常接有各种保护电路，当集成稳压器过载时，使其免于损坏。

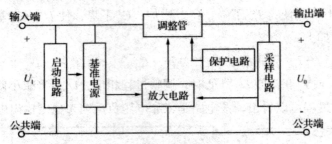

图 4-21　三端稳压器原理框图

集成稳压器的种类很多，作为小功率的直流稳压电源，应用最为普遍的是三端式串联型集成稳压器。三端式是指稳压器仅有输入端、输出端和公共端 3 个接线端子，图 4-22 所示为 W7800 系列三端集成稳压器的电路符号和外形图。W78 系列输出正电压有 5V、6V、8V、9V、10V、12V、15V、18V、24V 等多种，若要获得负输出电压选 W79×× 系列即可。型号（也记为 W78××）的后两位数字表示其输出电压的档次值。例如，型号为 W7805 和 W7812 其输出电压分别为 5V 和 12V。输出电流有 0.1A、0.5A 和 1.5A 三个档次，分别用 L、M 和无字母标记表示。例如：W7805 输出 +5V 电压，W7905 则输出 -5V 电压。

要特别注意：不同型号、不同封装的集成稳压器，它们三个电极的位置是不同的，要查手册确定。

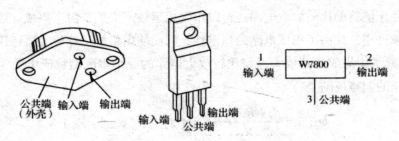

图 4-22　W7800 系列的电路符号和外形图

1. 输出固定电压的稳压电路

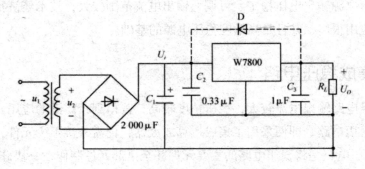

图 4-23　输出固定电压的稳压电路

图 4-23 是 W7800 系列集成稳压器输出固定电压的稳压电路。输入端的电容 C_2 用以抵消其较长接线的电感效应，防止产生自激振荡，（接线不长时可以不用），C_2 一般在（0，1，1）u_F。输出端的电容 C_3 用来改善暂态响应，使瞬时增减负载电流时不致引起输出电压有较大的波动，削弱电路的高频噪声，C_3 可用 1 u_F 电容。

W7900 系列输出固定负电压稳压电路，其工作原理及电路的组成与 W7800 系列基本相同，实际中，可根据负载所需电压及电流的大小选择不同型号的集成稳压器。

若输出电压比较高，应在输入端与输出端之间跨接一个保护二极管 D，如图 4-23 中的虚线所示。其作用是在输入端短路时，使输出通过二极管放电，以保护集成稳压器内部的调整管。输入直流电压 U_i 的值应至少比 U_o 高 3V。

2. 提高输出电压的电路

如果实际需要的直流电压超过集成稳压器的电压数值，可外接一些元件提高输出电压，如图 8-24 所示电路。图中 R_1、R_2 为外接电阻，R_1 两端的电压为集成稳压器的额定电压 U_{00}，R_1 上流过的电流 $I_{R1}=U_{00}/R_1$，集成稳压器的静态电流为 I_Q。

可以看出：$I_{R2}=I_{R1}+I_Q$

稳压电路的输出电压为：

$$U_O=U_{00}+I_{R2}R_2=I_{R1}R_1+I_{R1}R_2+I_QR_2=\left(1+\frac{R_2}{R_1}\right)U_{00}+I_QR_2 \qquad （4-20）$$

由于 I_Q 一般很小，I_{R2}，$I_{R2} \gg IQ$

因此，输出电压为 $U_O\approx\left(\frac{1+R_2}{R_1}\right)U_{00}$ 　　　　　　　　　　　　　　（4-21）

因此，改变外接电阻 R_1，R_2 可以提高输出电压。

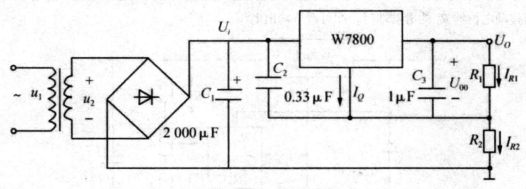

图 4-24　提高输出电压的电路

3. 扩大输出电流电路

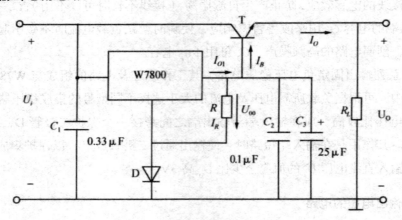

图 4-25　扩大输出电流的电路

三端集成稳压器的输出电流有一定限制（1.5A、0.5A 或 0.1A），在此基础上扩大输出电流可以通过外接大功率三极管的方法实现，如图 4-25 所示。

图 4-25 中输出电压 $U_o = U_{00} + U_D - U_{BE}$，$U_{00}$ 为稳压器的输出电压，适当选取二极管，使 $U_D = U_{BE}$ 时，则有 $U_o = U_{00}$。若三端集成稳压器的输出电流为 I_{D1}，则有：

$$I_o = (1+\beta)(I_{o1} - I_R) = (1+\beta)(I_{o1}\frac{U_{00}}{R}) \tag{4-22}$$

4. 输出电压可调电路

由三端集成稳压器构成的输出电压可调稳压电路如图 4-26 所示，这里运放起电压跟随作用，由于运算放大器具有很高的输入电阻和很低的输出电阻，输入电流可忽略。因此当移动电位器 R_P 的滑动端时，即可调节输出电压。

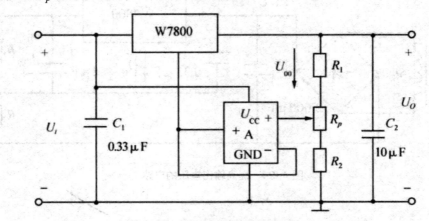

图 4-26　输出电压可调的稳压电路

输出电压范围为：$\dfrac{R_1 + R_P + R_2}{R_1 + R_P} \cdot U_{00} \leq U_O \leq \dfrac{R_1 + R_P + R_2}{R_1} \cdot U_{00}$

（4-23）

5. 输出正、负电压的稳压电路

在电子电路中常需要同时输出正、负电压的双向直流电源。图 4-27 是由 W7800 系列和 W7900 系列集成稳压器组成的同时输出正、负电压的稳压电路。

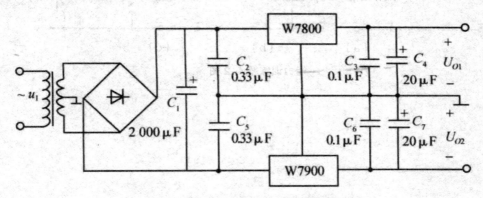

图 4-27 输出正、负电压的稳定电路

习题

1. 已知单相桥式整流电路中的负载电阻 R_L=200Ω 变压器副边电压有效值 U_2=36V，试求：

（1）负载上的平均电压和平均电流；

（2）二极管的最高反压和通过的平均电流，并选择二极管。

2. 半波整流电容滤波电路中，已知变压器二次电压 U_2=12V，（1）正常工作情况下 U_o=？（2）若电容断开，U_o=？

3. 桥式整流电容滤波电路中，已知变压器副边电压 U_2=20V，输出电压 U_o 分别出现如下情况：（1）U_o=28V，（2）U_o=18V，（3）U_o=24V，（4）U_o=9V。

试分析所测得的数值，哪些说明电路正常，哪些说明电路出了故障，并指出原因。

4. 如能力训练题 4-1 图所示电路是串联型直流稳压电源，请找出图中有错误，请改正、画出正确电路。

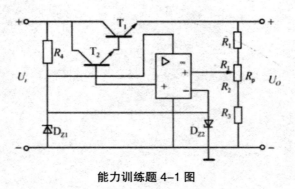

能力训练题 4-1 图

5.如能力训练题 4-2 图所示，分别判断各电路能否作为滤波电路，简述理由。

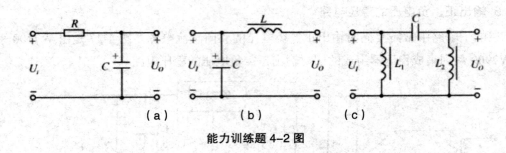

能力训练题 4-2 图

第 5 章　组合逻辑电路

能力目标

1. 能根据逻辑电路图组装满足特定要求的组合电路（如表决器、抢答器等）。

2. 能组装基本逻辑门电路，并能进行逻辑功能测试。

3. 会分析编码器、译码器电路。

4. 会组装和使用半导体七段显示数码管。

知识目标

1. 掌握组合逻辑电路的分析方法，熟练组合逻辑电路的设计步骤。

2. 掌握常用组合逻辑（部件）电路组成。

3. 掌握常用的组合逻辑集成电路的功能和应用方法。

4. 掌握编码器、译码器的基本概念、逻辑功能分析方法。

5. 了解数据选择器、数据分配器的基本原理和应用。

6. 掌握组合逻辑电路的读图方法。

组合逻辑电路是由门电路组成，电路中没有记忆单元，也没有反馈通路。电路任一时刻的输出状态只取决于该时刻各输入状态的组合，输出信号随输入信号的变化而改变，与电路的原状态无关。

5.1　组合逻辑电路的分析设计

图 5-1 所示是组合逻辑电路的一般框图，假设它有 m 个输入端、n 个输出端，则可以用下列逻辑函数描述，每一个输出变量是全部或部分输入变量的函数，即

图 5-1　组合逻辑框图

$$\begin{cases} Y_1 = f_1(X_1, X_2, \cdots, X_m) \\ Y_2 = f_2(X_1, X_2, \cdots, X_m) \\ \vdots \\ Y_n = f_n(X_1, X_2, \cdots, X_m) \end{cases}$$

常用组合逻辑电路有：编码器、译码器、全加器、多路选择器、多路分配器、数值比较器、奇偶检验电路等。

5.1.1 组合逻辑电路的分析

所谓组合逻辑电路的分析，就是通过分析一个给定的逻辑电路的输出和输入之间的逻辑关系，找出电路的逻辑功能。一般按下列步骤进行：

（1）根据给定的逻辑电路，从输入端开始，逐级推导出输出端的逻辑函数表达式；

（2）化简逻辑函数表达式，求出最简函数式（若化简比较复杂可以直接进行第三步）；

（3）根据函数表达式列出真值表；

（4）写出电路的逻辑功能。

【例 5-1】已知逻辑电路如图 5-2 所示，试分析其功能。

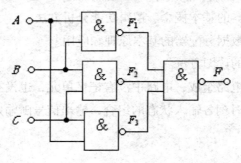

图 5-2　例 5-1 图

解：（1）从输入端开始，逐级推导出输出端的逻辑函数表达式并进行化简。为了写表达式方便，借助中间变量 F_1、F_2 和 F_3。

$$F_1 = \overline{AB} \quad F_2 = \overline{BC} \quad F_3 = \overline{CA}$$

$$F = F = \overline{Y_1 Y_2 Y_3} = \overline{\overline{AB} \cdot \overline{BC} \cdot \overline{AC}}$$

步骤 2 化简并写出最简与或表达式：

$$F = \overline{\overline{AB} \cdot \overline{BC} \cdot \overline{AC}} = \overline{(\overline{A}+\overline{B}) \cdot (\overline{B}+\overline{C}) \cdot (\overline{A}+\overline{C})}$$

$$= \overline{(\overline{A}\cdot\overline{B} + \overline{AC} + \overline{B} + \overline{BC}) \cdot (\overline{A}+\overline{C})} = AB + BC + CA$$

（2）由表达式列出真值表，如表 5-1 所示。

表 5-1 例 5-1 表

输入			输出
A	B	C	F
0	0	0	0
0	0	1	0
0	1	0	0
0	1	1	1
1	0	0	0
1	0	1	1
1	1	0	1
1	1	1	1

（3）分析逻辑功能：由真值表可知，当三个输入变量 4、B、C 有两个及两个以上变量取值为 1 时，输出才为 1。可见电路是一个三人表决电路，当一个提案被三人表决时，只有两人或三人同意才能通过。

【例 5-2】组合逻辑电路如图 5-3 所示，试分析其逻辑功能。

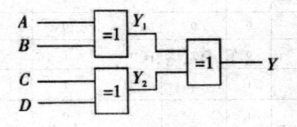

图 5-3 例 5-2 图

解：（1）从输入端开始，逐级推导出输出端的逻辑函数表达式。为了写表达式方便，借助中间变量 Y_1 和 Y_2。

则 $Y_1 = A \oplus B$，$Y_2 = C \oplus D$

$Y = Y_1 \oplus Y_2 = (A \oplus B) \oplus (C \oplus D)$

由于上式化简比较麻烦，所以直接列真值表。

（2）由表达式列出真值表，如表 5-2 所示。

表 5-2　例 5-2 表

输入				中间变量		输出
A	B	C	D	Y_1	Y_2	Y
0	0	0	0	0	0	0
0	0	0	1	0	1	1
0	0	1	0	0	1	1
0	0	1	1	0	0	0
0	1	0	0	1	0	1
0	1	0	1	1	1	0
0	1	1	0	1	1	0
0	1	1	1	1	0	1
1	0	0	0	1	0	1
1	0	0	1	1	1	0
1	0	1	0	1	1	0
1	0	1	1	1	0	1
1	1	0	0	0	0	0
1	1	0	1	0	1	1
1	1	1	0	0	1	1
1	1	1	1	0	0	0

（3）分析电路逻辑功能：由表可知，当四个输入中有奇数个 1 时，输出为 1，而当有偶数个 1 时，输出为 0，所以该电路实际上是一个奇偶校验电路。

5.1.2 组合逻辑电路的设计

组合逻辑电路设计的任务就是根据功能设计电路。一般按下列步骤进行。

（1）根据逻辑功能写出真值表，这是十分重要的一步。首先要仔细分析解决逻辑问题的条件，对应输入、输出变量的逻辑状态进行相应的赋值，然后列出真值表。

（2）根据真值表写出逻辑函数表达式。

（3）若逻辑函数表达式不是最简表达式或设计要求的表达式形式，则对其进行化简（该步骤一定要有，以便得到最简单的电路）。

（4）根据化简结果和选定的门电路，画出逻辑电路图。

所谓最简是指电路所用器件最少，器件之间的连线也最少。

【例 5-3】试设计一个楼上、楼下开关的控制逻辑电路来控制楼梯上的电灯，使之在上楼前，用楼下开关打开电灯，上楼后，用楼上开关关闭电灯；或者在下楼前，用楼上开关打开电灯，下楼后，用楼下开关关闭电灯。

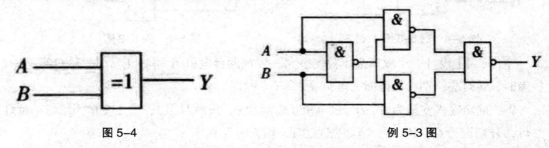

图 5-4　　　　　　　　　　　　　　　　　例 5-3 图

解：设楼下开关为 A，楼上开关为 B，灯泡为 Y。并设 A、B 闭合时为 1，断开时为 0；灯亮时 Y 为 1，灯熄灭时 Y 为 0。

（1）根据逻辑功能列出真值表，如表 5-3 所示。

表 5-3　例 5-3 表

输入	输出
A　　B	Y
0　　0	0
0　　1	1
1　　0	1
1　　1	0

（2）由真值表写逻辑函数表达式：

$$Y = \overline{A}B + A\overline{B}$$

（3）根据逻辑表达式，画出逻辑图，如图 5-4 所示。

上题中，如果要求用与非门来设计逻辑电路，则应将所得表达式化为最简与非表达式。即

$$Y = \overline{A}B + A\overline{B}$$

$$= \overline{\overline{\overline{A}B + A\overline{B}}} = \overline{\overline{B(\overline{A} + \overline{B})} \cdot \overline{A(\overline{A} + \overline{B})}}$$

$$= \overline{\overline{B \cdot \overline{AB}} \cdot \overline{A \cdot \overline{AB}}}$$

则得逻辑电路如图 5-5 所示。

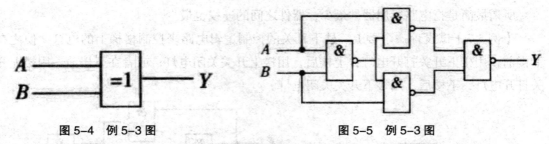

图 5-4　例 5-3 图　　　　　图 5-5　例 5-3 图

【例 5-4】设计一个故障显示控制线路，要求两台电机 A 和 B 正常时，绿灯亮；一台故障时，黄灯亮；两台故障时，红灯亮。

解：确定输入变量为 A、B，设电机正常时为 0，故障时为 1；输出变量为绿灯、黄灯、红灯，分别设为 G、Y、R，当灯亮时为 1，熄灭时为 0。

（1）根据逻辑功能列出真值表，如表 5-4 所示。

表 5-4 例 5-4 表

输入		输出		
A	B	G	Y	R
0	0	1	0	0
0	1	0	1	0
1	0	0	1	0
1	1	0	0	1

（2）由真值表写出逻辑函数表达式：

$$G = \overline{A+B}$$

$$Y = \overline{A}B + A\overline{B}$$

$$R = AB$$

（3）根据逻辑表达式，画出逻辑图如图 5-6 所示。

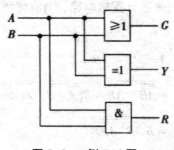

图 5-6　例 5-4 图

5.2 编码器和译码器

5.2.1 编码器

用文字、符号或数码表示特定对象的过程称为编码。在数字电路中用二进制代码按一定组合规则表示有关的信号称为二进制编码。实现编码操作的电路就是编码器。按照被编码信号的不同特点和要求，有二进制编码器、二—十进制编码器、优先编码器之分。而二进制编码器和二—十进制编码器都属于普通编码器。在普通编码器中，任何时刻只允许输入一个有效信号，不允许同时输入两个或两个以上的有效信号，所以普通编码器的输入是一组有约束的变量。而对于优先编码器，允许同时输入两个或两个以上的有效信号。

1. 二进制编码器

二进制编码器即将输入信号编成二进制代码的电路。由于 n 位二进制代码可以表示 2^n 个状态，所以能够将 2^n 个信号编成 n 位二进制代码。实现此功能的电路称为 n 位二进制编码器。而此电路将有 2^n 个输入端，n 个输出端，所以又称为 2^n 线—n 线编码器。

【例 5-5】设计一个 3 位二进制编码器（输入 8 个互斥的信号输出 3 位二进制代码，称为 8 线—3 线编码器）。

表6-15　编码器输入输出对应关系

输入								输出		
I_0	I_1	I_2	I_3	I_4	I_5	I_6	I_7	Y_2	Y_1	Y_0
1	0	0	0	0	0	0	0	0	0	0
0	1	0	0	0	0	0	0	0	0	1
0	0	1	0	0	0	0	0	0	1	0
0	0	0	1	0	0	0	0	0	1	1
0	0	0	0	1	0	0	0	1	0	0
0	0	0	0	0	1	0	0	1	0	1
0	0	0	0	0	0	1	0	1	1	0
0	0	0	0	0	0	0	1	1	1	1

（1）列出三位二进制编码器编码表，如表 5-5 所示，I_1、$I_2 \cdots I_7$ 为 8 个互斥的输入信号，当某一输入信号为高电平时，电路对其编码。三个输出端 Y_2、Y_1、Y_0 为代码输出。

（2）根据编码表，写出逻辑函数表达式。

$$Y_2 = I_4 + I_5 + I_6 + I_7 = \overline{\overline{I_4}\,\overline{I_5}\,\overline{I_6}\,\overline{I_7}}$$

$$Y_1 = I_2 + I_3 + I_6 + I_7 = \overline{\overline{I_2}\,\overline{I_3}\,\overline{I_6}\,\overline{I_7}}$$

$$Y_0 = I_1 + I_3 + I_5 + I_7 = \overline{\overline{I_1}\,\overline{I_3}\,\overline{I_5}\,\overline{I_7}}$$

从表 5-5 可以看出，当任何一个输入信号为高电平时，三个输出端的取值组成对应的 3 位二进制代码。例如，当 $I_5=1$，其余为 0 时，则输出代码为 101；当 $I_7=1$，其余为 0 时，则输出代码为 111。即二进制代码 101、111 分别表示输入信号，I_5 和 I_7。所以，电路能对任一信号编码。具体的编码方案（即用 3 位二进制代码表示八个信号的方案）很多，习惯上采用表 5-5 所示的方案。

（3）根据逻辑表达式画出逻辑框图和逻辑图。图 5-7 所示是由与非门构成的 3 位二进制编码器的逻辑电路图。

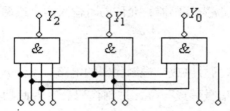

图 5-7 3 位二进制编码器的逻辑图

注意，此电路要求任何时刻只允许一个输入端有信号（为高电平），其余输入端无信号（为低电平）。否则，电路不能正常工作。输出编码将发生错误。

2. 二—十进制（8421BCD）编码器

我们知道 4 位二进制代码共有 16（2^4）个状态，若用其中任何 10 种状态组成一组代码来表示十进制的十个数码 0、1、2、3、4、5、6、7、8、9，我们将这二进制代码称为二—十进制代码，简称 BCD 码。BCD 代码的种类很多，最常用的是 8421BCD 码，就是在 4 位二进制代码的 16 种状态中取出前面 10 种状态，表示 0 ~ 9 十个数码。

表6-16 8421BCD编码器输入输出对应关系

输入 I	输出			
	Y_3	Y_2	Y_1	Y_0
0(I_0)	0	0	0	0
1(I_1)	0	0	0	1
2(I_2)	0	0	1	0
3(I_3)	0	0	1	1
4(I_4)	0	1	0	0
5(I_5)	0	1	0	1
6(I_6)	0	1	1	0
7(I_7)	0	1	1	1
8(I_8)	1	0	0	0
9(I_9)	1	0	0	1

【例 5-6】设计一个二—十进制（8421BCD）编码器，就是将十个输入信号（$I_0 \sim I_9$）编成对应的 BCD 编码器码编码电路。

（1）列出 8421BCD 码的编码表，如表 4-23 所示。$I_0 \sim I_9$ 为 8421BCD 编码输入端，Y_3、Y_2、Y_1、Y_0 为代码输出端。

（2）根据编码表，写出逻辑函数表达式。

由表 5-6 所示，可以写出其逻辑函数表达式

$$Y_3 = I_8 + I_9 = \overline{\overline{I_8}\,\overline{I_9}}$$

$$Y_2 = I_4 + I_5 + I_6 + I_7 = \overline{\overline{I_4}\,\overline{I_5}\,\overline{I_6}\,\overline{I_7}}$$

$$Y_1 = I_2 + I_3 + I_6 + I_7 = \overline{\overline{I_2}\,\overline{I_3}\,\overline{I_6}\,\overline{I_7}}$$

$$Y_0 = I_1 + I_3 + I_5 + I_7 + I_9 = \overline{\overline{I_1}\,\overline{I_3}\,\overline{I_5}\,\overline{I_7}\,\overline{I_9}}$$

如表 5-6 所示。从表中可以看出，当而 $I_0=1$，其余为 0 时，则输出为 0000；当 $I_1=1$，其余为 O 时，输出为 0001；…。即用 8421BCD 代码 0000、0001、…、1001 分别表示输入信号 I_0、I_1、…I_9。

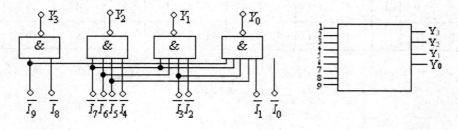

图 5-8　8421BCD 编码器

（3）根据逻辑表达式画出逻辑框图和逻辑图。图 5-8 所示是由与非门构成的 8421BCD 编码器的逻辑电路图。

3. 优先编码器

优先编码器允许多个输入信号同时有效，但它只按其中优先级别最高的有效输入信号编码，对级别较低的输入信号不予理睬。优先编码器常用于优先中断系统和键盘编码。常用的集成优先编码器有 10/4（如 74LS147）、8/3（如 74LS148）。下面以 8/3 优先编码器 74LS148 为例介绍其逻辑功能。逻辑符号如图 5-9 所示。功能表如表 5-7 所示。

表 5-7　74LS148 的功能真值表

输入									输出				
$\overline{ST}$	$\overline{I_0}$	$\overline{I_1}$	$\overline{I_2}$	$\overline{I_3}$	$\overline{I_4}$	$\overline{I_5}$	$\overline{I_6}$	$\overline{I_7}$	$\overline{Y_2}$	$\overline{Y_1}$	$\overline{Y_0}$	$\overline{Y_{EX}}$	$\overline{Y_S}$
1	×	×	×	×	×	×	×	×	1	1	1	1	1
0	1	1	1	1	1	1	1	1	1	1	1	1	0
0	×	×	×	×	×	×	×	0	0	0	0	0	1
0	×	×	×	×	×	×	0	1	0	0	1	0	1
0	×	×	×	×	×	0	1	1	0	1	0	0	1
0	×	×	×	×	0	1	1	1	0	1	1	0	1
0	×	×	×	0	1	1	1	1	1	0	0	0	1
0	×	×	0	1	1	1	1	1	1	0	1	0	1
0	×	0	1	1	1	1	1	1	1	1	0	0	1
0	0	1	1	1	1	1	1	1	1	1	1	0	1

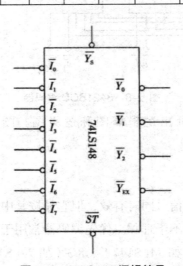

图 5-9　74LS148 逻辑符号

图 5-9 中，输入端和输出端都是低电平有效，$\overline{I_0} \sim \overline{I_7}$ 为输入信号，$\overline{Y_2} \sim \overline{Y_0}$ 为输出信号，$\overline{ST}$ 为使能输入端，低电平有效。当 $\overline{ST}$ = 0 时，编码器允许编码，当 $\overline{ST}$ =1 时，禁止编码。$\overline{Y_S}$ 为使能输出端，只有在 $\overline{ST}$ =0 时，且 $\overline{I_0} \sim \overline{I_7}$ 均无编码输入信号时为 0。$\overline{Y_S}$ 和 $\overline{ST}$ 配合可以实现多级编码器之间的优先级别的控制。$\overline{Y_{EX}}$ 为扩展输出端，是控制标志。$\overline{Y_{EX}Y_{EX}}$ =0 表示是编码输出；$\overline{Y_{EX}}$ =1 表示不是编码输出。输入端中 $\overline{I_7}$ 的优先级别最高，$\overline{I_0}$ 的级别最低，

即当有两个或两个以上输入信号为低电平时，则输出会按优先级别高的进行编码。

下面通过举例来了解 74LS148 的应用。

【例 5-7】用两片 74LS148 组成 16 位输入、4 位二进制码输出的优先编码器，试分析其工作原理。

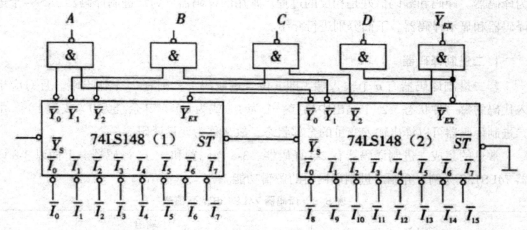

图 5-10　两片 74LS148 级联成 16/4 优先编码器

解：由于每片 74LS148 只有 8 个编码输入，所以需将 16 个输入信号分别接在两片上。逻辑图如图 5-10 所示，74LS148（1）作为低位片，74LSM8（2）作为高位片，其中 $\overline{I}_{15}$ 的优先权最高，$\overline{I}_0$ 的优先权最低。

由优先顺序的要求，只有 $\overline{I}_{15} \sim \overline{I}_8$ 均无输入信号时，才允许对 $\overline{I}_7 \sim \overline{I}_0$ 的输入信号编码。所以，只要将第二片的使能输出端 $\overline{Y}_S$ 作为第 1 片的使能输入端 $\overline{ST}$ 即可。当第二片有编码信号输入时，其 $\overline{Y_{EX}}$ 为 0，无编码信号输入时 $\overline{Y_{EX}}$ 为 1，可以用它作为输出编码的第四位，以区分 8 个高优先权输入信号和 8 个低优先权输入信号的编码。编码输出的低 3 位应为两片输出 $\overline{Y}_2$、$\overline{Y}_1$、$\overline{Y}_0$ 的逻辑与或。

当 $\overline{I}_{15} \sim \overline{I}_8$ 中任一输入端为低电平时，例如 $\overline{I}_{12}=0$ 时，则高位片的 $\overline{Y_{EX}}=0$，$D=1$，$\overline{Y}_2\overline{Y}_1\overline{Y}_0=011$，$\overline{Y}_S=1$，将低位片封锁，使低位片的输出 $\overline{Y}_2\overline{Y}_1\overline{Y}_0=111$。于是在最后的输出端得到 $DCBA=1100$。若 $\overline{I}_{15} \sim \overline{I}_8$ 中同时有几个输入端为低电平时，则只对其中优先权最高的一个信号编码。

当 $\overline{I}_{15} \sim \overline{I}_8$ 中所有输入端均为高电平时，高位片的 $\overline{Y}_S=0$，故低位片的 $\overline{ST}=0$，处于编码工作状态，对 $\overline{I}_7 \sim \overline{I}_0$ 中输入的低电平信号中优先权最高的一个进行编码。例如 $\overline{I}_5=0$，则低位片的 $\overline{Y}_2\overline{Y}_1\overline{Y}_0=010$，高位片的 $\overline{Y_{EX}}=1$，$D=0$，$\overline{Y}_2\overline{Y}_1\overline{Y}_0=111$，则在最后的输出端得到了 $DCBA=0101$。

5.2.2 译码器

把具有特定意义信息的二进制代码翻译出来的过程称为译码，实现译码操作的电路称为译码器。译码和编码恰好是相反的过程。常用的译码器分为二进制译码器、二—十进制译码器和显示译码器。下面分别进行介绍。

1.二进制译码器

若二进制译码器有 n 个输入端（即 n 位二进制码），则有 2^n 个输出端。且对应于输入代码的每一种状态，2^n 个输出中只有一个为 1（或为 0），其余全为 0（或为 1）。由于二进制译码器可以译出输入变量的全部状态，故又称为变量译码器。

常见的集成二进制译码器有 2-4 译码器、3-8 译码器和 4- 16 译码器。下面以 3-8 译码器 74LS138 为例，介绍二进制译码器的逻辑功能。

表 5–8　译码器 74LS138 的真值表

输入					输出							
S_1	$\overline{S}_2 + \overline{S}_3$	A_2	A_1	A_0	$\overline{Y}_7$	$\overline{Y}_6$	$\overline{Y}_5$	$\overline{Y}_4$	$\overline{Y}_3$	$\overline{Y}_2$	$\overline{Y}_1$	$\overline{Y}_0$
×	1	×	×	×	1	1	1	1	1	1	1	1
0	×	×	×	×	1	1	1	1	1	1	1	1
1	0	0	0	0	0	1	1	1	1	1	1	1
1	0	0	0	1	1	0	1	1	1	1	1	1
1	0	0	1	0	1	1	0	1	1	1	1	1
1	0	0	1	1	1	1	1	0	1	1	1	1
1	0	1	0	0	1	1	1	1	0	1	1	1
1	0	1	0	1	1	1	1	1	1	0	1	1
1	0	1	1	0	1	1	1	1	1	1	0	1
1	1	1	1	1	1	1	1	1	1	1	1	0

如图 5-11 所示为译码器 74LS138 的逻辑符号，功能表如表 5-8 所示。图中，A_2、A_1、A_0 为输入端，$\overline{Y}_7 \sim \overline{Y}_0$ 为状态信号输出端，低电平有效。S_1、$\overline{S}_2$、$\overline{S}_3$ 为选通控制端，控制该电路是否可以译码。由功能表可看出，只有当 S_1 为高电平且 $\overline{S}_2$、$\overline{S}_3$ 都为低电平时（即 S_1=1 且 $\overline{S}_2 + \overline{S}_3$ =0），该译码器才有有效状态信号输出；若有一个条件不满足，则译码器

不工作，输出全为高。其输出逻辑表达式可表示为 $\overline{Y_i} = \overline{m_i}$（$i=0，1，\cdots 6，7$）（当 $S_1 = 1$ 且 $\overline{S_2} + \overline{S_3} = 0$ 时），$\overline{m_i}$ 表示由 A_2、A_1 和 A_0 组成的第 i 个最小项。

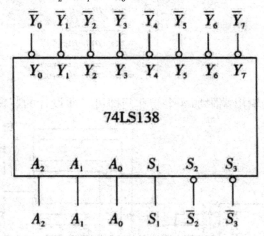

图 5-11　译码器 74LS138 的逻辑符号

集成二进制译码器可以应用于实现组合逻辑函数、实现存储系统的地址译码，还可用作数据分配器或脉冲分配器（仅限于带使能端的译码器）。下面通过例 5-8 来看如何用 74LS138 实现组合逻辑函数。

【例 5-8】试利用 3 - 8 译码器 74LS138 和与非门设计一个多输出的组合逻辑电路。输出的逻辑函数表达式为

$$\begin{cases} Z_1 = A\overline{C} + \overline{A}BC + A\overline{B}C \\ Z_2 = BC + \overline{A}\overline{B}C \\ Z_3 = \overline{A}B + A\overline{B}C \\ Z_4 = \overline{A}B\overline{C} + \overline{B}\overline{C} + ABC \end{cases}$$

解：先将该式化成最小项表示的形式，得

$$\begin{cases} Z_1 = AB\overline{C} + A\overline{B}\overline{C} + \overline{A}BC + A\overline{B}C = m_3 + m_4 + m_5 + m_6 \\ Z_2 = ABC + \overline{A}BC + \overline{A}\overline{B}C = m_1 + m_3 + m_7 \\ Z_3 = \overline{A}BC + \overline{A}B\overline{C} + A\overline{B}C = m_2 + m_3 + m_5 \\ Z_4 = \overline{A}\overline{B}\overline{C} + \overline{A}B\overline{C} + A\overline{B}\overline{C} + ABC = m_0 + m_2 + m_4 + m_7 \end{cases}$$

令 74LS138 的输入 $A_2 = A$，$A_1 = B$，$A_0 = C$，则输出即为 $\overline{Y_0} \sim \overline{Y_7}$，上式还要转化为反函数的形式，即

$$\begin{cases} Z_1 = \overline{\overline{m_3} \cdot \overline{m_4} \cdot \overline{m_5} \cdot \overline{m_6}} \\[4pt] Z_2 = \overline{\overline{m_1} \cdot \overline{m_3} \cdot \overline{m_7}} \\[4pt] Z_3 = \overline{\overline{m_2} \cdot \overline{m_3} \cdot \overline{m_5}} \\[4pt] Z_4 = \overline{\overline{m_0} \cdot \overline{m_2} \cdot \overline{m_4} \cdot \overline{m_7}} \end{cases}$$

只需在 74LS138 的输出端附加 4 个与非门即可。所设计的逻辑电路如图 5-12 所示。

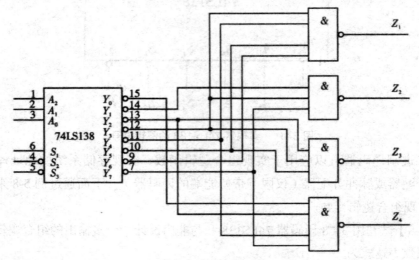

图 5-12　例 5-8 图

【例 5-9】将 3-8 译码器扩展为 4-16 译码器。

解：用两片 74LS138 译码器构成 4-16 译码器，低位片 74LS138（1）的 S_2 与高位片 74LS138（2）的 S_1 连接作为输入端 A_3 和 A_2、A_1、A_0 共同组成四个输入端，当 $A_3=0$ 时，低位片工作，对输入 A_2、A_1、A_0 进行译码，还原出 $Y_0 \sim Y_7$，高位片禁止工作；当 $A_3=1$ 时，低位片禁止工作，高位片工作，还原出 $Y_8 \sim Y_{15}$。电路连接图如图 5-13 所示，真值表省略。当 $A_3=0$ 时，低位片工作，则高位片禁止。

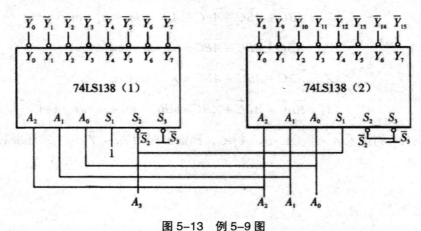

图 5-13　例 5-9 图

2. 二－十进制译码器

二－十进制译码器也称 BCD 译码器，它的逻辑功能是将输入的 BCD 码（四位二元符号）译成 10 个高、低电平输出信号，因此也叫 4 - 10 译码器。这种译码器有四个输入端，有 $2^4 = 16$ 个输出端（只用 10 个），它用二进制代码 0000 ～ 1001 来代表十进制数 0 ～ 9。图 5-14 是二—十进制译码器 7412 的逻辑符号。真值表如表 5-9 所示。

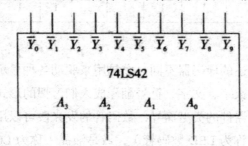

图 5-14 二－十进制译码器 74LS42 的逻辑符号

表 5-9 二－十进制译码器 74LS42 的功能真值表

输入				输出									
A_3	A_2	A_1	A_0	$\overline{Y_0}$	$\overline{Y_1}$	$\overline{Y_2}$	$\overline{Y_3}$	$\overline{Y_4}$	$\overline{Y_5}$	$\overline{Y_6}$	$\overline{Y_7}$	$\overline{Y_8}$	$\overline{Y_9}$
0	0	0	0	0	1	1	1	1	1	1	1	1	1
0	0	0	1	1	0	1	1	1	1	1	1	1	1
0	0	1	0	1	1	0	1	1	1	1	1	1	1
0	0	1	1	1	1	1	0	1	1	1	1	1	1
0	1	0	0	1	1	1	1	0	1	1	1	1	1
0	1	0	1	1	1	1	1	1	0	1	1	1	1
0	1	1	0	1	1	1	1	1	1	0	1	1	1
0	1	1	1	1	1	1	1	1	1	1	0	1	1
1	0	0	0	1	1	1	1	1	1	1	1	0	1
1	0	0	1	1	1	1	1	1	1	1	1	1	0
1	0	1	0	1	1	1	1	1	1	1	1	1	1
1	0	1	1	1	1	1	1	1	1	1	1	1	1
1	1	0	0	1	1	1	1	1	1	1	1	1	1
1	1	0	1	1	1	1	1	1	1	1	1	1	1

输入				输出									
A_3	A_2	A_1	A_0	$\bar{Y_0}$	$\bar{Y_1}$	$\bar{Y_2}$	$\bar{Y_3}$	$\bar{Y_4}$	$\bar{Y_5}$	$\bar{Y_6}$	$\bar{Y_7}$	$\bar{Y_8}$	$\bar{Y_9}$
1	1	1	0	1	1	1	1	1	1	1	1	1	1
1	1	1	1	1	1	1	1	1	1	1	1	1	1

3. 显示译码器

显示译码器与以上所述的译码器不同，它是用来驱动各种显示器件（如数码管），从而将用二进制代码表示的数字、文字、符号翻译成人们习惯的形式直观地显示出来的集成电路。显示译码器随显示器件的类型而异，数码管的发光段可以用荧光材料（称为荧光数码管）或是发光二极管（称为 LED 数码管），或是液晶（称为 LCD 数码管），根据发光段数可分为七段数码管和八段数码管，因而与之相配的有 BCD 七段或 BCD 八段显示译码器。通过译码器，可以将 BCD 码变成十进制数字，并在数码管上显示出来。现以驱动 LED 数码管的 BCD 七段译码器为例，介绍显示译码原理。

（1）七段 LED 数码管

如图 5-15（a）是七段 LED 数码管的管脚排列图，七段 LED 数码管有共阳极和共阴极两种。图 5-15（b）是共阴极 LED 数码管的原理图，图 5-15（c）是共阳极 LED 数码管的原理图，图 5-15（d）所示是共阴极 LED 数码管的驱动电路。共阴极 LED 数码管的公共阴极接地，七个阳极 a 由相应的 BCD 七段译码器来驱动，相对应的真值表如表 5-10 所示。

表 5-10 共阴极 LED 数码管的驱动电路的真值表

输入				输出							字形
D	C	B	A	a	b	c	d	e	f	g	
0	0	0	0	1	1	1	1	1	1	0	
0	0	0	1	0	1	1	0	0	0	0	
0	0	1	0	1	1	0	1	1	0	1	
0	0	1	1	1	1	1	1	0	0	1	
0	1	0	0	0	1	1	0	0	1	1	
0	1	0	1	1	0	1	1	0	1	1	
0	1	1	0	1	0	1	1	1	1	1	
0	1	1	1	1	1	1	0	0	0	0	
1	0	0	0	1	1	1	1	1	1	1	
1	0	0	1	1	1	1	1	0	1	1	

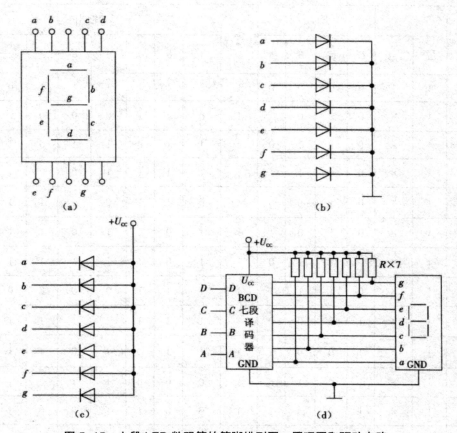

图 5-15 七段 LED 数码管的管脚排列图、原理图和驱动电路

（a）七段 LED 数码管的管脚排列图； （b）共阴极 LED 数码管的原理图；

（c）共阳极 LED 数码管的原理图； （d）共阴极 LED 数码管的驱动电路

（2）中规模集成 BCD 七段显示译码器

常用的集成 BCD 七段显示译码器有 74LS47、74LS48 等，74LS47 输出低电平有效，用以驱动共阳极 LED 数码管；74LS48 输出高电平有效，用以驱动共阴极 LED 数码管。74LS48 的逻辑符号如图 5-16 所示。相对应的功能表如表 5-11 所示。

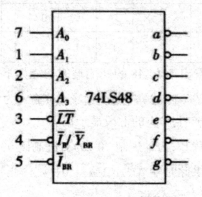

图 5-16 74LS48 逻辑符号

表 5–11 74LS48 的功能真值表

功能或输入	输入						$\overline{I_B}/\overline{Y}_{BR}$	输出							字形
	$\overline{LT}$	$\overline{I}_{BR}$	D	C	B	A		a	b	c	d	e	f	g	
0	1	1	0	0	0	0	1	1	1	1	1	1	1	0	0
1	1	×	0	0	0	1	1	0	1	1	0	0	0	0	1
2	1	×	0	0	1	0	1	1	1	0	1	1	0	1	2
3	1	×	0	0	1	1	1	1	1	1	1	0	0	1	3
4	1	×	0	1	0	0	1	0	1	1	0	0	1	1	4
5	1	×	0	1	0	1	1	1	0	1	1	0	1	1	5
6	1	×	0	1	1	0	1	1	0	1	1	1	1	1	6
7	1	×	0	1	1	1	1	1	1	1	0	0	0	0	7
8	1	×	1	0	0	0	1	1	1	1	1	1	1	1	8
9	1	×	1	0	0	1	1	1	1	1	0	0	1	1	9
10	1	×	1	0	1	0	1	0	0	0	1	1	0	1	c
11	1	×	1	0	1	1	1	0	0	1	1	0	0	1	⊐
12	1	×	1	1	0	0	1	0	1	0	0	0	1	1	⊔
13	1	×	1	1	0	1	1	1	0	0	1	0	1	1	ᴄ
14	1	×	1	1	1	0	1	0	0	0	1	1	1	1	全暗
15	1	×	1	1	1	1	1	0	0	0	0	0	0	0	全暗
灭灯	×	×	×	×	×	×	0	0	0	0	0	0	0	0	全暗
灭零	1	0	×	×	×	×	0	0	0	0	0	0	0	0	
试灯	0	×	×	×	×	×	1	1	1	1	1	1	1	1	8

根据上面的功能表可以看出 74LS48 的使能端的功能如下。

（1）正常译码显示。LT =1，$\overline{I}_B/\overline{Y}_{BR}$ =1 时，对输入为十进制数 1 ~ 15 的二进制码（0001 ~ 1111）进行译码，产生对应的七段显示码。

（2）灭零。当 LT =1，而输入为十进制 "0" 的二进制码 0000 时，只有当 $\overline{I}_B/\overline{Y}_{BR}$ =1 时，才产生 0 的七段显示码，如果此时输入 $\overline{I}_B/\overline{Y}_{BR}$ = 0，则译码器的 a ~ g 输出全 0，使显示器全灭；所以 $\overline{I}_B/\overline{Y}_{BR}$ 称为灭零输入端。

（3）试灯。当 LT =0 时，无论输入怎样，$a \sim g$ 输出全 1，数码管七段全亮。由此可以检测显示器七个发光段的好坏。LT 称为试灯输入端。

（4）灭灯输入 / 灭零输出端 $\overline{I}_B / \overline{Y}_{BR}$。$\overline{I}_B / \overline{Y}_{BR}$ 可以作输入端，也可以作输出端。当 $\overline{I}_B / \overline{Y}_{BR}$ 作为输入使用且 $\overline{I}_B / \overline{Y}_{BR}$ =0 时，数码管七段全灭，与译码输入无关。当 $\overline{I}_B / \overline{Y}_{BR}$ 作为输出使用时，受控于 LT 和 $\overline{I}_{BR}$，当 LT =1 且 $\overline{I}_{BR} = 0$ 时，$\overline{I}_B / \overline{Y}_{BR} = 0$；其他情况下 $\overline{I}_B / \overline{Y}_{BR}$ =1。因此 $\overline{I}_B / \overline{Y}_{BR}$ 又称为灭零输出端。

5.3　数据选择器和数值比较器

5.3.1 数据选择器

数据选择是指经过选择从多路输入数据中，选择出其中一路数据进行输出，完成这种功能的逻辑电路称作数据选择器（或称为多路选择开关）。数据选择器是一个多输入、单输出的组合逻辑电路。按照输入端的不同，有 2 选 1、4 选 1、8 选 1、16 选 1 等形式。如图 5-17 是 8 选 1 数据选择器 74LS151 的逻辑符号，它有三个地址输入端 A_2、A_1、A_0 和八个数据输入端 $D_0 \sim D_7$，两个互补输出的数据输出端 Y 和 $\overline{Y}$ 以及一个控制输入端 $\overline{S}$。其功能表如表 5-12 所示。

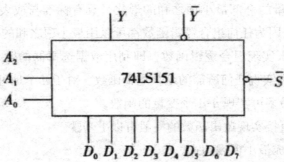

图 5-17　数据选择器 74LS151 的逻辑符号

表 5-12　数据选择器 74LS151 的功能真值表

输入				输出	
A_2	A_1	A_0	$\overline{S}$	Y	$\overline{Y}$
×	×	×	1	0	1
0	0	0	0	D_0	$\overline{D}_0$
0	0	1	0	D_1	$\overline{D}_1$

输入				输出	
A_2	A_1	A_0	$\overline{S}$	Y	$\overline{Y}$
0	1	0	0	D_2	$\overline{D_2}$
0	1	1	0	D_3	$\overline{D_3}$
1	0	0	0	D_4	$\overline{D_4}$
1	0	1	0	D_5	$\overline{D_5}$
1	1	0	0	D_6	$\overline{D_6}$
1	1	1	0	D_7	$\overline{D_7}$

分析功能表，可以看出控制输入端 $\overline{S}$ 为低电平有效，即 $\overline{S}$ =0 时数据选择器处于工作状态；$\overline{S}$ = 1 时，无论地址码是什么，选择器都被禁止，Y= 0。

当 $\overline{S}$ =0 时

$$Y = D_0 \overline{A_2}\,\overline{A_1}\,\overline{A_0} + D_1 \overline{A_2}\,\overline{A_1}A_0 + \ldots + D_7 A_2 A_1 A_0 = \sum_{i=0}^{7} D_i m_i$$

其中，m_i 表示 A_2、A_1、A_0 的第 i 个组合状态，D_i 表示第 i 路输入数据。即数据选择器的输出 Y 是输入变量的全部最小项之和的形式，具有标准与或表达式的形式，而任意时刻，只有一路输出。因为任何组合逻辑函数都可以用最小项之和的标准形式构成，所以，可以利用数据选择器来实现组合逻辑函数，即利用数据选择器的输入 D_i 来选择地址变量组成的最小项 m_i，可以实现任何所需的组合逻辑函数。对于 n 个地址变量的数据选择器，不需要增加门电路，最多可实现 $n+1$ 个变量的函数。

利用数据选择器直接实现逻辑函数的一般有以下步骤。

（1）将函数变换成最小项表达式。

（2）将控制输入端接有效电平（74LS151 接低电平）。

（3）地址信号作为函数的输入变量（注意高低位），数据输入作为控制信号。若逻辑函数的变量数目多于数据选择器的地址输入端数目时，将多余的变量按规则接入到数据选择器的输入端。

【例 5-10】用 8 选 1 数据选择器实现逻辑函数 $F = \overline{A}BC + A\overline{B}C + ABC + AB\overline{C}$。

解：该逻辑函数已是最小项表达式，即 F（A，B，C）$=m_3+m_4+m_5+m_6$，令 $A=A_2$、$B=A_1$、$C=A_O$，$\overline{S}$ =0，$D_3=D_5=D_6=D_7=1$，$D_0=D_1=D_2=D_4=0$。

实现的逻辑函数如图 5-18 所示。

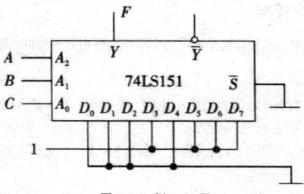

图 5-18　例 5-10 图

【例 5-11】用 8 选 1 数据选择器实现逻辑函数 $L(A, B, C, D) = \Sigma m(0, 3, 4, 5, 9, 10, 11, 12, 13)$。

解：该逻辑函数还不是最小项表达式，所以 1 先化简，得

$L(A, B, C, D) = \Sigma m(0, 3, 4, 5, 9, 10, 11, 12, 13)$

$= \overline{A}\,\overline{B}\,\overline{C}\,\overline{D} + \overline{A}\,\overline{B}CD + \overline{A}B\overline{C} + \overline{A}B\overline{C}D + A\overline{B}\,\overline{C}\,\overline{D} + A\overline{B}\,\overline{C}D + AB\overline{C}\,\overline{D} + AB\overline{C}D$

令 $A=A_2$、$B=A_1$、$C=A_0$，$\overline{S}=0$，则逻辑函数可以化简为

$L=m_0\overline{D} + m_1D + m_2 + m_3 \cdot 0 + m_4D + m_5 + m_6 + m_7 \cdot 0$

$=m_0\overline{D} + (m_1+m_4)D + m_2 + m_5 + m_6$

此处

$m_0 = \overline{A}\,\overline{B}\,\overline{C}$，$m_1 = \overline{A}\,\overline{B}C$，$\cdots m_7 = ABC$，

于是有 $D_0 = \overline{D}$，$D_1 = D_4 = D$，$D_2 = D_5 = D_6 = 1$，$D_3 = D_7 = 0$。

将数据输入 D_0 端直接接变量 $\overline{D}$，将 D_1 端、D_4 端相连直接接变量 D，D_2 端、D_5 端和 D_6 端相连接高电平 1，D_3 端和 D_7 端相连接低电平 0，则实现逻辑函数如图 5-19 所示。

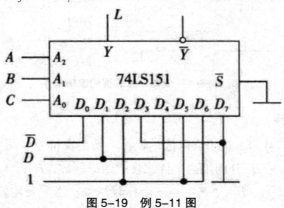

图 5-19　例 5-11 图

5.3.2 数值比较器

数值比较器是用来完成比较两个数字的大小或是否相等的逻辑电路。

1. 一位数值比较器

将两个一位二进制数 A 和 B 进行大小比较，则会有三种可能 $A>B$、$A<B$ 和 $A=B$。因此比较器应有两个输入端 A、B 和三个输出端 $F_{A>B}$、$F_{A<B}$、$F_{A=B}$。假设与比较结果相符的输出为 1，不符的为 0，则可列出其真值表如表 5-13 所示。由真值表得出各输出逻辑表达式为：

$$F_{A>B} = A\overline{B}$$
$$F_{A<B} = \overline{A}B$$
$$F_{A=B} = \overline{A}\,\overline{B} + AB = A \odot B$$

表 5-13 一位数值比较器真值表

输入		输出		
A	B	$F_{A>B}$	$F_{A<B}$	$F_{A=B}$
0	0	0	0	1
0	1	0	1	0
1	0	1	0	0
1	1	0	0	1

图 5-20 所示为实现一位数值比较器的逻辑电路。

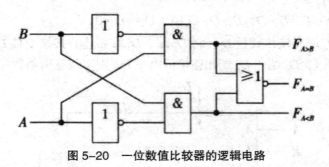

图 5-20 一位数值比较器的逻辑电路

2. 集成数值比较器

集成数值比较器 74LS85 是 4 位数值比较器，其逻辑符号如图 5-21 所示，它有 11 个输入端：$A_3 \sim A_0$、$B_3 \sim B_0$ 分别接两个待比较的四进制数，$I_{A>B}$、$I_{A<B}$、$I_{A=B}$ 是三个级联输入端；有三个输出端 $F_{A>B}$、$F_{A<B}$、$F_{A=B}$ 是三个比较结果；当需要比较的二进制数的位数多于 4 位时，可将低位比较器的输出端 $F_{A>B}$、$F_{A<B}$、$F_{A=B}$ 分别接到高位比较器的 $I_{A>B}$、$I_{A<B}$、$I_{A=B}$ 三个输入端（图 5-22 是用 2 个 74LS85 对 2 个 6 位二进制整数的大小进行比较的逻辑图）。

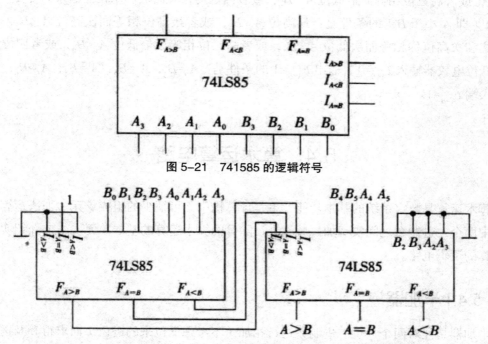

图 5-21　74LS85 的逻辑符号

图 5-22　用 2 个 74LS85 对 2 个 6 位二进制整数的大小进行比较的逻辑图

表 5-14　74LS85 的功能表

比较输入				级联输入			输出		
$A_3\ B_3$	$A_2\ B_2$	$A_1\ B_1$	$A_0\ B_0$	$I_{A>B}$	$I_{A<B}$	$I_{A=B}$	$F_{A>B}$	$F_{A<B}$	$F_{A=B}$
$A_3>B_3$	×	×	×	×	×	×	1	0	0
$A_3<B_3$	×	×	×	×	×	×	0	1	0
$A_3=B_3$	$A_2>B_2$	×	×	×	×	×	1	0	0
$A_3=B_3$	$A_2<B_2$	×	×	×	×	×	0	1	0
$A_3=B_3$	$A_2=B_2$	$A_1>B_1$	×	×	×	×	1	0	0
$A_3=B_3$	$A_2=B_2$	$A_1<B_1$	×	×	×	×	0	1	0
$A_3=B_3$	$A_2=B_2$	$A_1=B_1$	$A_0>B_0$	×	×	×	1	0	0
$A_3=B_3$	$A_2=B_2$	$A_1=B_1$	$A_0>B_0$	×	×	×	0	1	0
$A_3=B_3$	$A_2=B_2$	$A_1=B_1$	$A_0>B_0$	1	0	0	1	0	0
$A_3=B_3$	$A_2=B_2$	$A_1=B_1$	$A_0>B_0$	0	1	0	0	1	0
$A_3=B_3$	$A_2=B_2$	$A_1=B_1$	$A_0>B_0$	0	0	1	0	0	1

表 5-14 为 741385 的功能表。由表可以看出：输出 $F_{A>B}=1$（即 A 大于 B 的条件是：最高位 $A_3>B_3$，或者最高位相等而次高位 $A_2>B_2$，或者最高位和次高位均相等而次低位

$A_1>B_1$，或者高三位相等而最低位 $A_0>B_0$，或者四位均相等而低位比较器输入 $I_{A>B}$=1。输出 $F_{A<B}$=1（即 A 小于 B）的条件是：最高位 $A_3<B_3$，或者最高位相等而次高位 $A_2<B_2$，或者最高位和次高位均相等而次低位 $A_1<B_1$，或者高三位相等而最低位 $A_0<B_0$，或者四位均相等而低位电较器输入 $I_{A<B}$=1。输出 $F_{A=B}$=1 的条件是：$A_3=B_3$，$A_2=B_2$，$A_1=B_1$，$A_0>B_0$，且级联输入端 $I_{A=B}$=1。

5.4　算术运算电路

算术运算是数字系统的基本功能，更是计算机中不可缺少的组成单元。加法运算是计算机中两个二进制数之间实现加、减、乘、除等的算术运算的基本单元。本节介绍实现加法运算的逻辑电路。

5.4.1 半加器

半加器是能对两个一位二进制数进行相加（不考虑低位来的进位）而求得和及进位的逻辑电路。图 5-23（a）所示是半加器的逻辑符号，其中 A、B 为加数，S 为本位的和，C 为向高位的进位。表 5-15 是其真值表，根据该表可得这几个变量的逻辑关系式为

$$S = \overline{A}B + A\overline{B} = A \oplus B \qquad\qquad C = AB$$

所以，可以看出半加器是由一个异或门和一个与门组成，其逻辑电路图如图 5-23（b）所示。

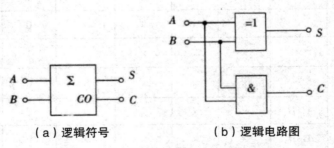

(a) 逻辑符号　　　　　　　　　　　(b) 逻辑电路图

图 5-23　半加器的逻辑符号及逻辑电路图

表 5-15　半加器真值表

A	B	S	C
0	0	0	0
0	1	1	0
1	0	1	0
1	1	0	1

5.4.2 全加器

全加器是能对两个一位二进制数进行相加并考虑低位来的进位（即相当于三个一位二进制数相加）从而求得和及进位的逻辑电路。图 5-24（a）所示是全加器的逻辑符号，其中 A_i、B_i 为加数，S_i 为本位的和，S_i 为本位向高位的进位，C_{i-1} 为相邻低位来的进位。表 5-16 是其真值表，根据该表可得这几个变量的逻辑关系式为

$$S_i = \overline{A_i}\,\overline{B_i}C_{i-1} + \overline{A_i}B_i\overline{C_{i-1}} + A_i\overline{B_i}\,\overline{C_{i-1}} + A_iB_iC_{i-1}$$

$$= \overline{(A_i \oplus B_i)}C_{i-1} + (A_i \oplus B_i)\overline{C_{i-1}} = A_i \oplus B_i \oplus C_{i-1}$$

$$C_i = \overline{A_i}B_iC_{i-1} + A_i\overline{B_i}C_{i-1} + A_iB_i$$

$$= (A_i \oplus B_i)C_{i-1} + A_iB_i$$

$$= \overline{\overline{(A_i \oplus B_i)C_{i-1} + A_iB_i}}$$

$$= \overline{\overline{(A_i \oplus B_i)C_{i-1}} \cdot \overline{A_iB_i}}$$

根据上述表达式，可得全加器的逻辑电路图如图 5-24（b）所示。

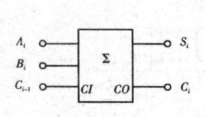
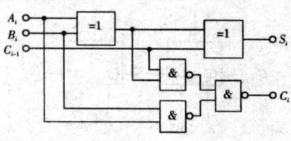

（a）逻辑符号　　　　　　　　　　　　　　　（b）逻辑电路

图 5-24　全加器的逻辑符号及逻辑电路

表 5-16　全加器真值表

A_i	B_i	C_{i-1}	S_i	S_i
0	0	0	0	0
0	0	1	1	0
0	1	0	1	0
0	1	1	0	1
1	0	0	1	0
1	0	1	0	1
1	1	0	0	1

续 表

A_i	B_i	C_{i-1}	S_i	S_i
1	1	1	1	1

全加器可以实现两个一位二进制数的相加，要实现多位二进制数的相加，可选用多位加法器电路。

5.4.3 加法器

多位加法器是能够实现多位二进制数相加的逻辑电路。

1. 串行进位加法器

图 5-25 所示是 4 位串行进位加法器的逻辑电路。由图可以看出该加法器的逻辑电路比较简单，它的低位全加器进位输出端 CO 依次和相邻高位进位输入端 CI 相连，所以任一位的加法运算必须在低位运算完成后才能进行，而进位信号是由低位向高位逐级传送，速度较慢。为此，可采用超前进位加法器，使每位的进位只由加数和被加数决定，而与低位的进位无关。

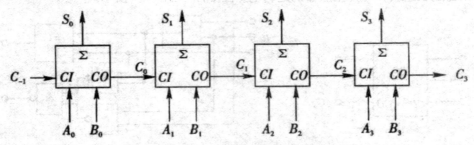

图 5-25 4 位串行进位加法器的逻辑电路

2. 超前进位加法器

超前进位是指各级进位同时发生，高位加法不必等低位的运算结果，所以又称并行进位。可见这种加法器的工作速度得到很大提高，但相应的是这种加法器的电路比较复杂。图 5-26（a）所示是集成四位超前进位加法器 74LS283 的逻辑符号。其中，CI 是低位的进位，CO 是向高位的进位，$A_3A_2A_1A_0$ 和 $B_3B_2B_1B_0$ 是两个二进制待加数，S_3、S_2、S_1、S_0。是对应各位的和。图 5-26（b）所示是两片 74LS283 构成的 8 位超前进位加法器，低位片的进位输出端与高位片的进位输入端相连，可以看出该加法器在片内是超前进位，而在片与片之间是串行进位。

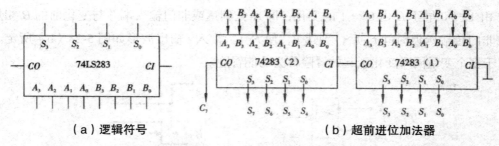

（a）逻辑符号　　　　　　　　　　　　　　（b）超前进位加法器

图 5-26　74LS283 的逻辑符号及两片 74LS283 构成的 8 位超前进位加法器

5.5　组合逻辑电路的竞争冒险

5.5.1 产生竞争冒险的原因

前面所分析的组合逻辑电路，都没有考虑信号输入到稳定输出需要一定的时间。实际上，如果输入信号有变化，或者某个变量通过两条以上路径到达输出端，由于路径不同，到达的时间就有先有后，这种现象称为竞争。由于这个原因，可能会使逻辑电路产生错误的输出的现象，这称为冒险。

例如，图 5-27（a）所示电路是两级与非门组成的逻辑电路，令 $B=1$，则 $F = \overline{\overline{A} \cdot A} = 1$。那么理想情况下 A 无论如何变化，F 恒等于 1。但是考虑实际情况下输入信号每通过一级门电路都需要一定的延迟时间 t_{pd}。画出考虑延迟时间的输入 / 输出波形图如图 5-27（b）。

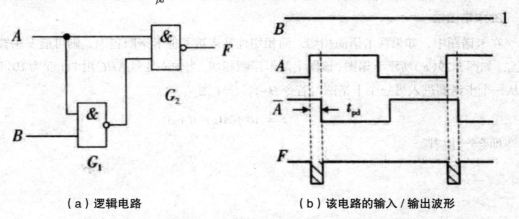

（a）逻辑电路　　　　　　　　　　　　（b）该电路的输入 / 输出波形

图 5-27　两级与非门组成的逻辑电路及输入 / 输出波形

当 A 由 0 变为 1 时，由于考虑了 G_1 门的延迟时间，在 G_2 门的两个输入端出现了均为 1 的短暂时刻，使 G_2 门输出产生了不应有的窄脉冲，这个窄脉冲称为毛刺。这种负向毛刺也称为 0 型冒险；反之，若出现正向毛刺称 1 型冒险。

又例如，如图5-28（a）所示，两输入信号同时向相反方向变化，由于过渡过程不同，如 A 由 $1 \rightarrow 0$ 早于 B 由 $0 \rightarrow 1$ 的变化，即 A 先到达或非门输入端并与变化前的 B 相加，经或非门传输延迟时间 t_{pd} 后，到达 F，使 $F=1$。输入／输出波形如图5-28（b）所定。这种由于多个变量同时变化引起的冒险称为功能冒险。

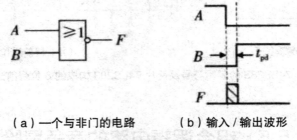

（a）一个与非门的电路　　　（b）输入／输出波形

图5-28　多个变量同时变化引起的冒险

对于竞争和冒险要分清楚，竞争是经常发生的，但不一定都会产生冒险。图5-27（b）中 A 由1变0时也有竞争，却未产生毛刺，所以竞争不一定造成危害。但一旦发生了冒险，若下级负载对毛刺敏感，则毛刺将使负载电路发生误动作。

5.5.2 冒险的识别

1. 代数法

在 n 变量的逻辑表达式中，给 $n-1$ 个变量以特定取值（0，1），表达式仅保留某个具有竞争能力的变量 X，使逻辑表达式变成 $F = X + \overline{X}$ 或 $F = X \cdot \overline{X}$ 的形式时，则实现该表达式的逻辑电路存在冒险。

2. 卡诺图法

在卡诺图中，如果两卡诺圈相切，而相切处又未被其他卡诺圈包围，则可能发生冒险现象。如图5-29（a）所示卡诺图，该图上两卡诺圈相切，当输入变量 ABC 由111变为101时，F 从一个卡诺圈进入另一个卡诺圈，若令 $B=1$，$C=1$ 则

$$F = \overline{A}B + AC = \overline{A} + A$$

即会产生冒险。

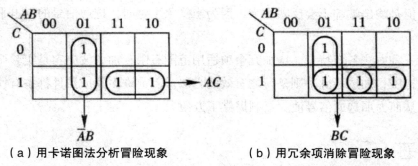

（a）用卡诺图法分析冒险现象　　　　　　（b）用冗余项消除冒险现象

图 5-29　用卡诺图法分析冒险现象及用冗余项消除冒险现象

5.5.3 竞争和冒险的消除

1. 增加冗余项消除逻辑冒险

例如，对于图 5-29（a）所示，只要在两卡诺圈相切处加一个卡诺圈（示于图 5-29（b））就可消除逻辑冒险。这样，函数表达式变为

$$F = \overline{A}B + AC + BC$$

即增加了一个冗余项。冗余项是简化函数时应舍弃的多余项，但为了电路工作可靠又需要加上它。可见，最简化设计不一定都是最佳的。

2. 加滤波电路消除冒险

一般产生的毛刺很窄，其宽度可以和门的传输时间相比拟，因此常在输出端并联滤波电容 C，如图 5-30 所示。但 R、C 的引入会使输出波形边沿变斜，故参数要选择合适，一般由实验确定。

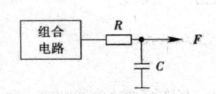

图 5-30　给组合电路并联滤波电容

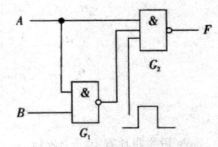

图 5-31　在输入门的输入端加选通信号

3. 加选通信号，避开毛刺

毛刺仅发生在输入信号变化的瞬间，因此在这段时间内先将门封住，待电路进入稳态后，再加选通脉冲选取输出结果。该方法简单易行，但选通信号的作用时间和极性等一定要合适。例如，像图 5-31 所示的那样，在组合电路中的输出门的一个输入端，加入一个

选通信号，即可有效地消除任何冒险现象的影响。如图 5-31 所示电路中，尽管可能有冒险发生，但是输出端却不会反映出来，因为当险象发生时，选通信号的低电平将输出门封锁了。

以上三种方法各有特点。增加冗余项适用范围有限；加滤波电容是实验调试阶段常采取的应急措施；加选通脉冲则是行之有效的方法。目前许多集成器件都备有使能（选通控制）端，从而为加选通信号消除毛刺提供了方便。

习题

1. 简述组合逻辑电路的分析方法和步骤。

2. 简述组合逻辑电路的设计方法和步骤。

3. 编码器分为哪几种类型，每种类型的工作特点是什么？

4. 七段 LED 数码管分为哪几种类型，各自的工作特点是什么？

5. 如何理解竞争冒险，产生竞争冒险的原因是什么？如何消除冒险？

6. 试分析能力训练题 5-1 图所示电路的逻辑功能。

7. 试分析能力训练题 5-2 图所示电路的逻辑功能。

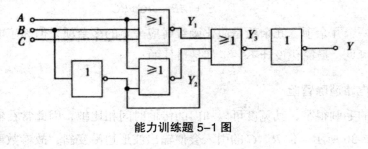

能力训练题 5-1 图

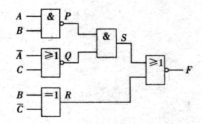

能力训练题 5-2 图

8. 设举重比赛有三个裁判，一个主裁判和两个副裁判。杠铃完全举上的裁决由每一个裁判按一下自己面前的按钮来确定。只有当两个或两个以上裁判判明成功，并且其中有一个为主裁判时，表明成功的灯才亮。试用与非门设计一个举重裁判表决电路。

9. 用与非门设计一个四变量偶数检测电路。

10. 设计一个路灯控制电路，要求在三个不同的地方都能独立地控制路灯的亮和灭。当一个开关动作后灯亮，三个中任何一个再动作则灯灭。

11. 试用译码器和门电路实现逻辑函数

$$F = AB + BC + AC$$

12. 试用 3 - 8 译码器 74LS138 实现下面的多输出函数：

$$\begin{cases} F_1 = \sum m(0,4,7) \\ F_2 = \sum m(1,2,3,6,7) \end{cases}$$

13. 若要用 74LS138 实现四变量函数 $Y(ABCD) = \sum m(0,5,8,15)$，芯片如何连接？画出其电路图。

14. 用 8 选 1 数据选择器 74LS151 实现下列逻辑函数：

（1） $F = \overline{A}\,\overline{B}C + A\overline{B}C + \overline{A}B\overline{C} + \overline{A}B\overline{C} + ABC$ ；

（2） $F(A,B,C,D) = \sum m(0,1,5,7,8,11,13,15)$。

第6章　时序逻辑电路

能力目标

1. 会叙述触发器、寄存器和计数器的逻辑功能及原理。

2. 能使用数字仪器仪表测试触发器逻辑功能。

3. 会组装触发器逻辑电路和测试触发器逻辑功能。

4. 会区分同步计数器与异步计数器。

5. 会组装计数器电路，能测试计数器电路逻辑功能。

6. 能通过集成电路手册或上网查询数字集成电路资料。

7. 会组装 555 时基电路，能测试 555 时基电路逻辑功能。

知识目标

1. 掌握时序电路的定义、分类、触发器的特点及电路的构成、逻辑功能及常用集成电路的应用。

2. 掌握 RS 触发器的结构、逻辑功能及工作原理。

3. 掌握集成 JK 触发器和 D 触发器的逻辑功能及触发方式。

4. 熟悉中规模集成电路计数器、译码器的功能及应用。

5. 熟悉 LED 数码管及显示电路的工作原理。

6. 掌握用集成门构成多谐振荡器和单稳电路的基本工作原理。

7. 熟悉 555 时基电路的工作原理及其应用。

组合逻辑电路是以门电路为基础的，它在某一时刻的输出状态是由当时的输入决定的，也就是只要输入信号发生了变化，输出状态就会随之变化。其结构框图如图 6-1（a）所示。

数字电路两大类电路中的另一类电路是"时序逻辑电路"。常用的计数器、寄存器等均属于时序逻辑电路。时序逻辑电路在任一时刻的输出状态不仅取决于当时的输入，还与该电路原来的状态有关。怎样得到电路原来的状态呢？这就需要一个有"记忆"能力的部件，称为"存储电路"，它主要是由各类触发器组成的。时序逻辑电路的结构框图如图 6-1（b）所示。

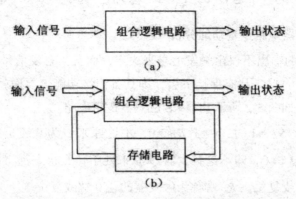

图 6-1　组合逻辑电路、时序逻辑电路结构框图

（a）组合逻辑电路；（b）时序逻辑电路

6.1　触发器

触发器是组成时序逻辑电路的基本单元，具有记忆功能，是存储一位二进制代码最常用的单元电路。

6.1.1 基本触发器

1. 逻辑电路组成和工作原理

基本 RS 触发器是电路结构最简单的一种触发器，它可由两个"与非"门或两个"或非"门交叉连接而成，如图 6-2（a）所示是两个"与非"门构成的基本 RS 触发器的逻辑图。6-2（b）所示是它的逻辑符号。

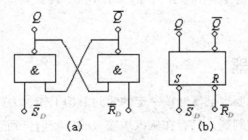

图 6-2　基本 RS 触发器逻辑电路及逻辑符号

（a）RS 触发器逻辑电路；（b）RS 触发器逻辑符号

$\overline{R}_D$、$\overline{S}_D$ 是输入端低电平有效，Q 与 $\overline{Q}$ 是基本 RS 触发器的两个输出端，两者的逻辑状态在正常条件下保持相反。这种触发器有两个稳定状态：一个是 $Q=1$，$\overline{Q}=0$，称为置位状态（"1"态）；另一个是 $Q=0$，$\overline{Q}=1$，称为复位状态（"0"态）。

2. 基本 *RS* 触发器电路逻辑功能分析

基本 *RS* 触发器的输出不仅由触发信号来决定，而且当触发信号消失后，电路能依靠自身的正反馈作用，将输出状态保持下去，即具备记忆功能。下面就基本 *RS* 触发器电路逻辑功能进行分析，如图 5-2 所示基本 RS 触发器逻辑电路。

（1）当 $\overline{R_D}=0$、$\overline{S_D}=1$ 时：由于 $\overline{R_D}=0$，不论原来 $\overline{Q}$ 为 0 还是 1，都有 $\overline{Q}=1$；再由 $\overline{S_D}=1$、$\overline{Q}=1$ 可得 $Q=0$。即不论触发器 Q 原来处于什么状态都将使 $Q=0$ 状态，这种情况称将触发器置 0 或复位。$\overline{R_D}$ 端称为触发器的置 0 端或复位端。

（2）当 $\overline{R_D}=1$、$\overline{S_D}=0$ 时：由于 $\overline{S_D}=0$，不论原来 Q 为 0 还是 1，都有 $Q=1$；再由 $\overline{R_D}=1$、$Q=1$ 可得 $\overline{Q}=0$。即不论触发器原来 Q 处于什么状态都将使 $Q=1$，这种情况称将触发器置 1 或置位。$\overline{S_D}$ 端称为触发器的置 1 端或置位端。

（3）当 $\overline{R_D}=\overline{S_D}=1$ 时：根据与非门的逻辑功能不难推知，触发器保持原有状态不变，即原来的状态被触发器存储起来，这体现了触发器具有记忆能力。

（4）当 $\overline{R_D}=\overline{S_D}=0$ 时：$Q=\overline{Q}=1$，不符合触发器的逻辑关系。并且由于与非门延迟时间不可能完全相等，在两输入端的 0 同时撤除后，将不能确定触发器是处于 1 状态还是 0 状态。所以触发器不允许出现这种情况，这就是基本 *RS* 触发器的约束条件。

3. 基本 RS 触发器的特点

（1）触发器的状态不仅与输入信号状态有关，而且与触发器的现态有关。

（2）电路具有两个稳定状态，在无外来触发信号作用时，电路将保持原状态不变。

（3）在外加触发信号有效时，电路可以触发翻转，实现置"0"或置"1"。

（4）在稳定状态下两个输出端的状态和必须是互补关系，即有约束条件。

在数字电路中，凡根据输入信号 R、S 情况的不同，具有置 0、置 1 和保持功能的电路，都称为 RS 触发器。

6.1.2 同步触发器

在实际应用中，有时要求触发器按一定的时间节拍工作，为此在基本触发器的基础上在输入端增设一个时钟控制端，只有在从该端输入的控制信号到达时触发器才按输入信号改变状态，否则即使有输入信号，触发器也不工作，通常把这个时钟控制信号叫作时钟脉冲或时钟信号，简称时钟，用 *CP* 表示。这种与时钟脉冲同步翻转的触发器称为同步式时钟触发器。

1. 同步 RS 触发器构成

基本 RS 触发器，当输入端的信号发生变化时，输出随之变化，无法在时间上加以控制。而在实际的数字电路中，往往含有许多个触发器，为了保证数字电路的协调工作，常常要求某些触发器在同一时刻动作。为此要引入同步信号，使触发器只有在同步信号到达时才能按输入信号改变输出状态。这个同步信号通常称为时钟信号，用 CP 表示。同步 RS 触发器的触发方式分为高电平有效和低电平有效两种类型。

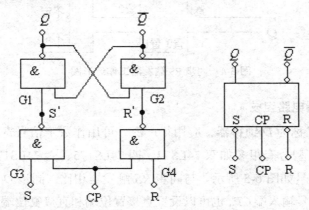

图 6-3 同步 RS 触发器逻辑电路及逻辑符号

（a）同步 RS 触发器逻辑电路；（b）逻辑符号

如图 6-3 所示为同步 RS 触发器的逻辑电路和逻辑符号。同步 RS 触发器是在基本 RS 触发器的基础上增设了两个控制门电路 G_3、G_4 而构成。

在 $CP=1$ 时，两个控制门电路 G_3、G_4 打开，此时其工作情况与基本 RS 触发器相同（见基本 RS 触发器的分析过程）。

在 $CP=0$ 时，两控制门 G_3、G_4 都关闭，无论输入信号为何种状态，$R'=S'=1$，G_1、G_2 触发器输出保持原来状态不变。

同步 RS 触发器电路功能测试与基本 RS 触发器电路功能测试相似，学生自己设计实验步骤，验证同步 RS 触发器状态表。

2. 同步 RS 触发器电路功能分析

（1）时序波形图与主要特点

①时钟电平控制。由图 5-6 逻辑电路分析，在 $CP=1$ 期间两个控制门电路 G_3、G_4 打开，接收输入信号；$CP=0$ 时，两控制门 G_3、G_4 都关闭，状态保持不变，与基本 RS 触发器相比，对触发器状态的转变增加了时间控制。

②R、S 之间有约束。不能允许出现 R 和 S 同时为 1 的情况，否则会使触发器处于不确定的状态。

（2）时序波形如图 6-4 所示

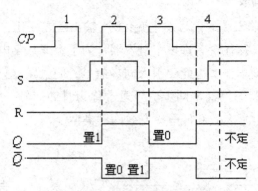

图 6-4　同步 RS 触发器工作波形图

3. 同步 D 触发器电路组成

同步 D 触发器又称为 D 锁存器，应用很广泛，可用作数字信号寄存，移位寄存，分频和波形发生器等。型号有很多如双 74LS74、四 74LS175、六 74LS174 等。D 触发器的逻辑电路图和逻辑符号如图 6-5 所示。与同步 RS 触发器相比，同步 D 触发器只有一个触发端 D 和一个同步信号输入端 CP，也可以设置直接置位端和直接复位端。从图中可以看出，当 CP=0 时，触发器状态保持不变；当 CP=1 时，若 D=0，则触发器被置 0，若 D=1 则触发器被置 1。直接置位端和直接复位端的作用不受 CP 脉冲控制。

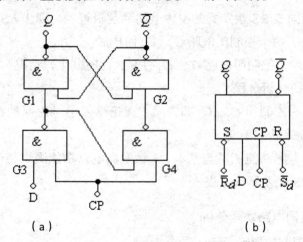

（a）　　　　　　　　　　　　　（b）

图 6-5　同步 D 触发器逻辑电路及逻辑符号

（a）同步 D 触发器逻辑电路；（b）逻辑符号

【实训任务一】集成同步 D 触发器电路功能测试

1. 集成电路 74LS74 芯片简介

D 触发器逻辑功能测试用 TTL 门双 74LS74 集成电路构成触发器，其管脚图如图 6-6 所示。其中 D_1、D_2 为触发器输入端，Q_1、$\overline{Q_1}$（Q_2、$\overline{Q_2}$）为两个输出端，$\overline{R_{D1}}$（$\overline{R_{D2}}$）为置 "0" 端，$\overline{S_{D1}}$（$\overline{S_{D2}}$）为置 "1" 端，CP_1（CP_2）为时钟输入端。在 D 触发器电路功能

测试中只用其中一个 D 触发器即可。

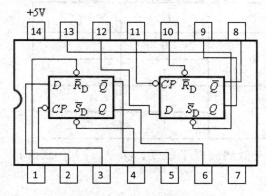

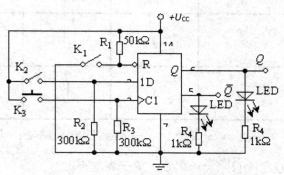

图 6-6　74LS47 芯片引脚功能图图　　　　　6-7 同步 D 触发器电路功能测试接线图

2. 测试 $\overline{R}$ 端的复位功能测试

测试接线如图 6-7 所示，清零信号 $\overline{R}$、触发信号 D、时钟脉冲信号 CP 分别由开关 K_1、K_2、K_3 设定。K_1 合上，$\overline{R}$ 端接地，相当于 $\overline{R}$ =0（有清零信号）；K_1 断开，$\overline{R}$ 端通过 $50\text{k}\Omega$ 的限流电阻 R_1 接电源，相当于 $\overline{R}$ =1（无清零信号）；K_2 合上，D 端接电源，相当于 D=1；K_2 断开，D 端通过电阻 R_2 接地，相当于 D=0。按钮开关 K_3 与时钟脉冲输入端 CP 相连接，按下 K_3 瞬间，模拟输入一个 CP 上升沿信号（CP 由 $0\rightarrow1$ 用 "↑" 表示），松开（即断开）K_3 瞬间，模拟输入一个 CP 下降沿信号（CP 由 $1\rightarrow0$ 用 "↓" 表示）。

（1）将 74LS74 双 D 触发器插入数字实验台的插孔中，按图 5-10 连接，并将 14 脚接电源正极（U_{CC}=+5V），7 脚接地。Q_1、$\overline{Q}_1$ 分别接至数字电路指示灯 L_1、L_2。检查测试电路无误后接通电源。

（2）合上 K_1，再分别合上或打开 K_2、K_3，观察发光二极管 LED 的状态。

（3）断开 K_1，再分别合上或打开 K_2、K_3，观察发光二极管 LED 的状态。

3. D 触发器电路功能测试

（1）按图 6-7 连接，断开 K_1 后，合上 K_2，观察在按下和松开 K_3 瞬间，观察发光二极管 LED 的状态。

（2）断开 K_1 后，断开 K_2，观察在按下和松开 K_3 瞬间，观察发光二极管 LED 的状态。

（3）测试要求：按表 6-1 要求进行测试，并将测试结果填入表 6-1 中。

表 6-1　D 触发器电路功能测试

$\overline{S}_{D1}$	$\overline{R}_{D1}$	CP	D	Q^n	Q^{n-1}
0	1	X	X	0	
				1	
1	0	X	X	0	
				1	

$\overline{S}_{D1}$	$\overline{R}_{D1}$	CP	D	Q^n	Q^{n-1}
1	1	⤒	0	0	
				1	
1	1	⤒	1	0	
				1	

注：×—任意；↓—高到低电平跳变；↑—低到高电平跳变；Q^n（$\overline{Q}^n$）—现态；Q^{n+1}（$\overline{Q}^{n+1}$）—次态；Φ—表示不定。

（4）$\overline{S}_{D1}$、$\overline{R}_{D1}$ =1，CP=0（或 CP=1），改变 D 端信号，观察 Q 端的信号变化情况。

（5）整理上述实验数据，将结果填入 6-1 表中。

（6）$\overline{S}_{D1}$、$\overline{R}_{D1}$ =1，将 D 和 $\overline{Q}_1$ 端相连，CP 加连续脉冲用双踪示波器观察并记录 Q 相对于 CP 的波形。

6.1.3 JK 触发器

1. JK 触发器电路组成

同步 RS 触发器解决了数字系统的同步控制问题，但是，它的输入信号有约束，不允许有 $S=R$=1。JK 触发器便可解决这个问题，它对输入信号没有约束。JK 触发器可以用不同的电路结构来实现。如同步 JK 触发器、主从 JK 触发器、边沿 JK 触发器。

如图 6-8 所示，JK 触发器电路组成，是在同步 RS 触发器电路的基础上，由其输出端 Q 和 $\overline{Q}$ 分别引一根反馈线至 G_4 门和 G_3 门的输入端。为了区别于同步 RS 触发器。将其输入端的名称由 R、S 改为 J、K，这便是同步 JK 触发器的逻辑电路。

2. 同步 JK 触发器的逻辑功能分析

上述是 JK 触发器的逻辑测试实训，下面从 JK 触发器的逻辑电路进行功能分析，如图 6-8 所示：

（1）当 CP = 0 时，G_3、G_4 门关闭，G_3、G_4 门的输出端 c、d 全为"1"此时，触发器输出状态保持不变。

（2）当 CP = 1 时，G_3、G_4 门打开，G_3、G_4 门的输出端 $c= \overline{\overline{Q}^n J}$，$d= \overline{KQ^n}$。

①当 $J = K = 0$ 时，无论触发器原来所处的状态是"0"还是"1"，$c=d$=1，故触发器保持原输出状态不变，即 Q^{n+1} =Q^n。

②当 $J=1$，$K = 0$ 时，若 Q^n=0（$\overline{Q}^n$ =1），则有 c=0，d=1，则 Q^{n+1}=1。若 Q^n=1（$\overline{Q}^n$ =0），则 c=1，d=1，则 Q^{n+1}=1。因此，当 J=1，K=0 时，无论触发器原来所处何种状态，

触发器置"1"。

③当$J=0$，$K=1$时，若$Q^n=1$（$\overline{Q^n}=0$），则有$c=1$，$d=0$，则$Q^{n+1}=0$。若$Q^n=0$（$\overline{Q^n}=1$），则$c=1$，$d=1$，则$Q^{n+1}=0$，因此，当$J=0$，$K=1$时，无论触发器原来所处何种状态，触发器置"0"。

④当$J=K=1$时，若$Q^n=0$（$\overline{Q^n}=1$），则有$c=0$，$d=1$，则$Q^{n+1}=1$。若$Q^n=1$（$\overline{Q^n}=0$），则$c=1$，$d=0$，则$Q^{n+1}=0$。因此，当$J=K=1$时，无论触发器原来所处何种状态，触发器的输出状态和原来相反，即$Q^{n+1}=\overline{Q^n}$。

根据上述分析，可以列出JK触发器的逻辑状态表。如表5-4所示，从表中看出，JK触发器具有四种逻辑功能，即保持、置"0"、置"1"和翻转。特性方程为$Q^{n+1}=J\overline{Q^n}+\overline{K}Q^n$。工作波形如图6-9所示。

3. 主从JK触发器电路

（1）主从JK触发器逻辑电路组成

如图6-10（a）所示是主从JK触发器的逻辑电路图，实际应用的JK触发器的内部电路要比图6-10（a）所示的电路复杂得多。但逻辑功能是一样的，目前国产的 TIL 集成JK触发器有边沿型和主从型两类。以下对主从JK触发器作一简要分析。

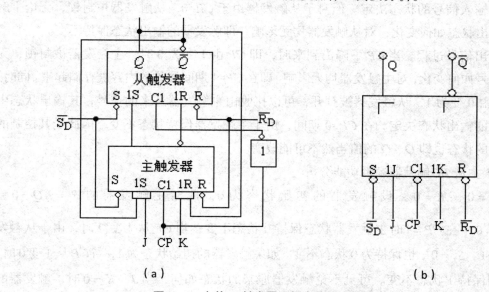

图 6-10　主从JK触发器逻辑电路及逻辑符号

（a）主从JK触发器逻辑电路；（b）逻辑符号

如图6-10（a）所示它由两个"与非"门构成的同步RS触发器串接而成。两者分别称为主触发器和从触发器。由从触发器的输出端（主从JK触发器的输出端）Q、$\overline{Q}$向主触发器两个控制门的输入端引两条反馈线，另外，主触发器和从触发器的时钟信号相位相反。$\overline{R_D}$、$\overline{S_D}$为异步复位端和异步置位端。

当时钟脉冲来到后，即 $CP=1$ 时，触发器的时钟输入端为"1"，主触发器工作，其输出状态由输入端，以及触发器原来的输出状态而定；与此同时，从触发器的时钟输入端为"0"，故从触发器的状态不变，即主从 J-K 触发器的状态不变。

当时钟脉冲下降沿到来时，即 CP 由"1"下跳变为"0"时，主触发器的时钟输入端为"0"，则其状态不变；与此同时，从触发器的时钟输入端为"1"，它将工作并将主触发器的输出信号接收过来。

通过上述分析可见，这种触发器不会"空翻"。因为在 $CP=1$ 期间，从触发器的状态不会改变；而等到 CP 由"1"下跳为"0"时，从触发器或翻转或保持原状态，但主触发器的状态也不会改变。

主从 JK 触发器的逻辑功能与同步 JK 触发器相同。在保证输入信号在 $CP=1$ 的全部时间里始终保持不变时，主从 JK 触发器有在 CP 从"1"下跳为"0"时翻转的特点，也就是具有在时钟后沿触发的特点。

如图 6-10（b）所示是主从 JK 触发器逻辑电路和逻辑符号。后沿触发在逻辑符号中在时钟输入端靠近方框处用一小圆圈来表示。

（2）主从 JK 触发器工作过程

①接收输入信号的过程。$CP=1$ 时，主触发器被打开，可以接收输入信号 J、K，其输出状态由输入信号的状态决定。但对于从触发器由于 $CP=0$，从触发器被封锁，无论主触发器的输出状态如何变化，对从触发器均无影响，即触发器的输出状态保持不变。

②输出信号过程。当 CP 下降沿到来时，即 CP 由 1 变为 0 时，主触发器被封锁，无论输入信号如何变化，对主触发器均无影响，即在 $CP=1$ 期间接收的内容被存储起来。同时，由于 CP 由 0 变为 1，从触发器被打开，可以接收由主触发器送来的信号，其输出状态由主触发器的输出状态决定。在 $CP=0$ 期间，由于主触发器保持状态不变，因此受其控制的从触发器的状态也即 Q、$\overline{Q}$ 的值当然不可能改变。

（3）主从 JK 触发器逻辑功能分析

① $J=0$、$K=0$。设触发器的初始状态为 0，此时主触发器的 $R_1=KQ=0$、$S_1=J\overline{Q}=0$，在 $CP=1$ 时主触发器状态保持 0 状态不变；当 CP 从 1 变 0 时，由于从触发器的 $R_2=1$、$S_2=0$，也保持为 0 状态不变。如果触发器的初始状态为 1，当 CP 从 1 变 0 时，触发器则保持 1 状态不变。可见不论触发器原来的状态如何，当 $J=K=0$ 时，触发器的状态均保持不变，即 $Q^{n+1}=Q^{n}$。

② $J=0$、$K=1$。设触发器的初始状态为 0，此时主触发器的 $R_1=0$、$S_1=0$，在 $CP=1$ 时主触发器保持为 0 状态不变；当 CP 从 1 变 0 时，由于从触发器的 $R_2=1$、$S_2=0$，从触发器也保持为 0 状态不变。如果触发器的初始状态为 1，则由于 $R_1=1$、$S_1=0$，在 $CP=1$ 时将主触发器翻转为 0 状态；当 CP 从 1 变 0 时，由于从触发器的 $R_2=1$、$S_2=0$，从触发器状态也翻转为 0 状态。可见不论触发器原来的状态如何，当

$J=0$、$K=1$ 时，输入 CP 脉冲后，触发器的状态均为 0 状态，即 $Q^{n+1}=0$。

③ $J=1$、$K=0$。设触发器的初始状态为 0，此时主触发器的 $R_1=0$、$S_1=1$，在 $CP=1$ 时主触发器翻转为 1 状态；当 CP 从 1 变 0 时，由于从触发器的 $R_2=0$、$S_2=1$，故从触发器也翻转为 1 状态。如果触发器的初始状态为 1，则由于 $R_1=0$、$S_1=0$，在 $CP=1$ 时主触发器状态保持 1 状态不变；当 CP 从 1 变 0 时，由于从触发器的 $R_2=0$、$S_2=1$，从触发器状态也保持 0 状态不变。可见不论触发器原来的状态如何，当 $J=1$、$K=0$ 时，输入 CP 脉冲后，触发器的状态均为 1 状态，即 $Q^{n+1}=1$。

④ $J=1$、$K=1$。设触发器的初始状态为 0，此时主触发器的 $R_1=0$、$S_1=1$，在 $CP=1$ 时主触发器翻转为 1 状态；当 CP 从 1 变 0 时，由于从触发器的 $R_2=0$、$S_2=1$，故从触发器也翻转为 1 状态。如果触发器的初始状态为 1，则由于 $R_1=1$、$S_1=0$，在 $CP=1$ 时将主触发器翻转为 0 状态；当 CP 从 1 变 0 时，由于从触发器的 $R_2=1$、$S_2=0$，故从触发器也翻转为 0 状态。可见当 $J=K=1$ 时，输入 CP 脉冲后，触发器状态必定与原来的状态相反，即 $Q^{n+1}=\overline{Q^n}$。由于每来一个 CP 脉冲触发器状态翻转一次，故这种情况下触发器具有计数功能。

表 6-2 主从 JK 触发器功能表

J　　K	Q^{n+1}	功能
0　　0	Q^n	保持
0　　1	0	置 0
1　　0	1	置 1
1　　1	$\overline{Q^n}$	翻转

（4）主从 JK 触发器的时序波形图如图 6-11 所示。

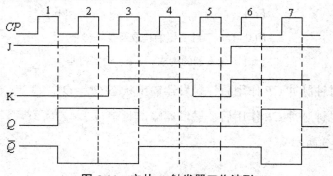

图 6-11　主从 JK 触发器工作波形

4. 触发器之间的互换

在集成触发器的产品中每一种触发器都有自己固定的逻辑功能。但可以利用转换的方法获得具有其他功能的触发器。

（1）JK 转换为 D

JK 触发器的特性方程为：$Q^{n+1}= J\overline{Q}^n + \overline{K}Q^n$，则要将 JK 触发器转换为 D 触发器，只要将 JK 触发器按图 6-12 所示连接，则可以构成 D 触发器。

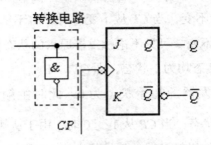

图 6-12　JK 触发器转换为 D 触发器

（2）JK 转换为 T 触发器

JK 触发器的特性方程为：$Q^{n+1}= J\overline{Q}^n + \overline{K}Q^n$，$T$ 触发器的特性方程为：$Q^{n+1}= T\overline{Q}^n + \overline{T}Q^n$，由此，如果将 JK 触发器两端连接在一起就得到新功能触发器，确认输入端为 T，则新功能触发器称为 T 触发器。

T 触发器只有一个输入端 T 和时钟脉冲输入端，如图 6-13 所示，T 的逻辑功能比较简单，在脉冲作用下有保持和翻转（计数）功能。

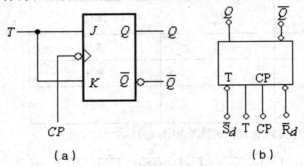

（a）　　　　　　　　　（b）

图 6-13　T 触发器的构成及逻辑符号

（a）T 触发器的构成；（b）逻辑符号

当 T=0 时，时钟脉冲 CP 作用后，触发器输出状态 $Q^{n+1}=Q^n$，$Q^{n+1} = \overline{Q}^n$——保持；

当 T=1 时，时钟脉冲 CP 作用后，触发器输出状态 $Q^{n+1} = \overline{Q}^n$，$Q^{n+1} = Q^n$——翻转。T 触发器的特性如表 6-3 所示。

表 6-3　T 触发器的特性

T	CP	Q^{n+1}
0	↓	Q^n
1	↓	$\overline{Q}^n$

（3）JK 转换为 T' 触发器

T' 触发器的特性方程是：

$$Q^{n+1}= Q^n$$

$\overline{T}'$ 触发器是 T 的一种特例，只要把 T 触发器的输入码端接高电平，让输入信号恒为 "1" 就构成了 $\overline{T}'$ 触发器如图 6-14（a）所示，$\overline{T}'$ 触发器还可以 D 触发器将 $\overline{T}'$ 与 D 端连接，转换成称为 $\overline{T}'$ 触发器如图 6-14（b）。分析 $\overline{T}'$ 触发器逻辑功能，$\overline{T}'$ 触发器实际上是专用计数器，在时钟脉冲作用下只具有翻转（计数）功能。

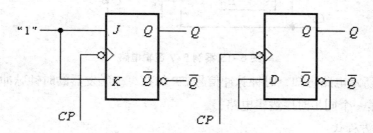

图 6-14　触发器的构成

（a）JK 触发器转换；（b）D 触发器转换为

6.2　时序逻辑电路

6.2.1 时序逻辑电路分析

所谓时序逻辑电路的分析是指根据给定的时序电路，分析其逻辑功能。

同步时序电路是指各个触发器都受同一个时钟脉冲（计数脉冲 CP）控制，各触发器的状态变化都在同一时刻发生的时序电路。同步时序电路的工作速度较快。

在同步时序逻辑电路中，由于所有触发器都由同一个时钟脉冲信号来触发，它只控制触发器的翻转时刻，而对触发器翻转到何种状态并无影响，所以在分析同步时序电路时，可以不考虑时钟条件。具体步骤如下：

第一步：根据时序逻辑电路图写出方程式。

①输出方程。从给定的时序逻辑图中，写出时序逻辑电路的输出逻辑表达式。

②驱动方程。时序电路中各触发器输入端的逻辑表达式。

③状态方程。将驱动方程代入相应触发器的特性方程式中，即可得到该触发器的状态方程。

第二步：列出状态转换真值表。将时序逻辑电路的各种取值代入状态方程和输出方程进行计算，求出相应的次态和输出，从而列出状态转换真值表。

第三步：逻辑功能说明。根据状态转换真值表来说明逻辑电路的逻辑功能。

第四步：画状态转换图和时序图。状态转换图是指电路由现态转换到次态的示意图。时序图是指在时钟脉冲信号 CP 作用下，各触发器状态变化的波形图。

【案例 6-1】试分析图 6-15 所示电路的逻辑功能，并画出状态转换图和时序图。

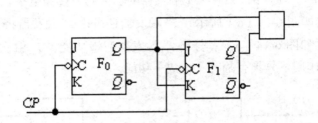

图 6-15 案例 5-7 逻辑电路

由图 6-15 所示电路可知，时钟脉冲信号 CP 加在每个触发器的时钟脉冲输入端上，因此，逻辑电路是一个同步时序逻辑电路。

（1）写出方程式

输出方程：$Y=Q_1Q_0$

驱动方程：$J_0=1$，$K_0=1$。$J_1=Q^n_0$，$K_1=Q^n_0$。

状态方程：$Q^{n+1}=J\overline{Q}^n+\overline{K}Q^n$

将驱动方程代入 JK 触发特性方程，进行化简变换可得状态方程：

$$Q_0^{n+1}=1\cdot\overline{Q}_0^n+\overline{1}Q_0^n=\overline{Q}_0^n$$

$$Q_1^{n+1}=J_1\overline{Q}_0^n+\overline{K}_1Q_1^n=Q_0^n\overline{Q}_1^n+\overline{Q}_0^nQ_1^n$$

（2）列状态表：如表 6-4 所示

表 6-4　状态转换真值表

CP	Q_1^n	Q_0^n	Q_1^{n+1}	Q_0^{n+1}	Y
↓	0	0	0	1	0
↓	0	1	1	0	0
↓	1	0	1	1	1
↓	1	1	0	0	0

（3）逻辑功能说明

从电路状态图 $Q_1Q_0\rightarrow00\rightarrow01\rightarrow10\rightarrow11\rightarrow00$ 可知：随着 CP 脉冲的递增，不论从

电路输出的哪一个状态开始，触发器输出 Q_1Q_0 的变化都会进入同一个循环过程，而且此循环过程中包括四个状态，状态之间是递增变化的。由表6-4所示，电路在输入第四个计数脉冲 CP 后，返回原来的状态，同时输出端 Y 输出一个地位脉冲。因此，图6-15所示电路是带进位输出的同步四进制加法计数器。

（4）画状态转换图和时序图（图6-16）

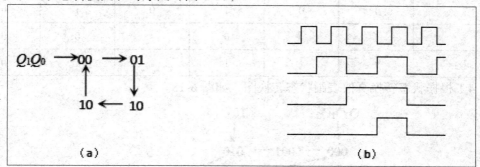

图6-16 时序电路对应的状态/时序图

【案例6-2】分析图6-17时序逻辑电路的功能。

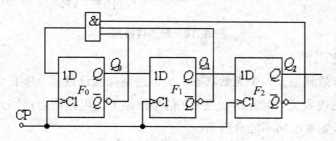

图6-17 案例5-8时序逻辑电路

解：（1）求时钟方程、驱动方程

时钟方程：$CP_0=CP_1=CP_2=CP$（同步时序电路）

驱动方程：$D_0 = \overline{Q_2^n Q_1^n Q_0^n}$　　　　$D_1 = Q_0^n$　　　　$D_2 = Q_1^n$

（2）将驱动方程代入特性方程，得状态方程

$$Q_2^{n+1} = D_2 = Q_1^n \qquad Q_1^{n+1} = D_1 = D_0^n \qquad Q_0^{n+1} = D_0 = \overline{Q_2^n Q_1^n Q_0^n}$$

（3）根据状态方程进行计算，列状态转换真值表

依次设定电路的现态 $Q_2Q_1Q_0$，代入状态方程计算，得到次态（如表6-5）。

表6-5 状态转换真值表

计数脉冲 CP	Q_2^n	Q_1^n	Q_0^n	Q_2^{n+1}	Q_1^{n+1}	Q_0^{n+1}
↑	0	0	0	0	0	1
↑	0	0	1	0	1	0
↑	0	1	0	1	0	0

计数脉冲 CP	Q_2^n	Q_1^n	Q_0^n	Q_2^{n+1}	Q_1^{n+1}	Q_0^{n+1}
↑	0	1	1	1	1	0
↑	1	0	0	0	0	0
↑	1	0	1	0	1	0
↑	1	1	0	1	0	0
↑	1	1	1	1	1	0

（4）根据状态转换真值表画状态转换图，如图6-18。

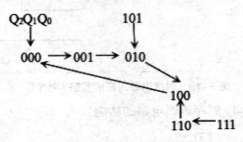

图6-18　状态转换图

（5）功能分析

电路有四个有效状态，四个无效状态，为四进制加法计数器，能自启动。所谓自启动是指当电路的状态进入无效状态时，在 CP 信号作用下，电路能自动回到有效循环中，称电路能自启动，否则称电路不能自启动。

上例中，状态101、110、011、111均为无效状态，一旦电路的状态进入其中任意一个无效状态时，在 CP 信号作用下，电路能的状态均能自动回到有效循环中，所以电路能自启动。例如若电路的状态进入101或110时，只需一个 CP 上升沿，电路的状态就能回到010或100；若电路的状态进入011或111时，只需两个 CP 上升沿，电路的状态就能回到100。

6.2.2 寄存器

寄存器是数字系统中常用的时序逻辑部件，它是用来暂时存放参与运算的数据、运算结果和指令的电路。寄存器可以由触发器等组成，一个触发器只能寄存1位二进制数，所以 N 个触发器组成的寄存器可以储存 N 位二进制数。对寄存器中的触发器只要求它们具有置"1"置"0"的功能即可，因而无论是同步 RS 结构触发器，还是用主从结构或边沿触发结构的触发器，都可以组成寄存器。

常用的有四位、八位、十六位等寄存器。按照功能的不同，可将寄存器分为数码寄存器和移位寄存器两大类。前者具有接收、存放、传送数码的功能；后者除了具有上述的功能以外，还具有移位功能。用途也很广泛，在各种微机 CPU 中都包含了寄存器。

6.2.2.1 数码寄存器的基础知识

1. 数码寄存器的构成

数码寄存器具有接收、存放、输出和清除原有数码的功能。数码寄存器可以用 RS、JK、D 等触发器很方便地构成，一个触发器只能存放一位二进制数，因此如果要存放 N 位二进制数，就得使用 N 个触发器相连。也就是说只需要存放的二进制数码的位数和触发器的个数相等。

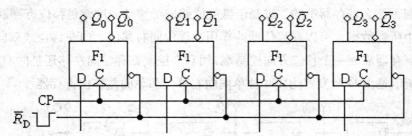

图 6-19　由 D 触发器构成四位数码寄存器

图 6-19 所示是一个由 D 触发器构成的四位二进制数码寄存器。无论寄存器中原来的内容是什么，只要送数控制时钟脉冲 CP 上升沿到来，加在并行数据输入端的数据 $D_0 \sim D_3$，就立即被送入进寄存器中，并清除原有数码，即有：

$$Q_3^{n+1}Q_2^{n+1}Q_1^{n+1}Q_0^{n+1} = D_3D_2D_1D_0$$

寄存器只要没有新的寄存指令，触发器的状态就不会改变，换言之，数码在寄存器中一直保持到下一个寄存指令到达时为止。

2. 数码寄存器的工作过程

数码寄存器的工作过程分为清零、寄存、取出 3 个步骤。

（1）清零

寄存器需要清零时，在 $\overline{R_D}$ 端加一个清零指令（负脉冲），即可使 $F_0 \sim F_3$ 四个基本 RS 触发器复位。在清零时寄存指令应处于无效的低电平。

（2）接收和寄存

当有寄存信号（CP 上升沿出现）时，四位待存的数码同时存入对应的触发器，并有 $Q_3Q_2Q_1Q_0 = D_3D_2D_1D_0$，数码寄存器完成了接收和寄存的功能。

（3）取出

当外部电路需要这组数码时，可以从四个触发器的输出端读取。从图 6-19 所示电路分析可知，由于该数码寄存的四位数码从各对应输入端（$D_3D_2D_1D_0$）同时输入到寄存器中，这种输入方式称为并行输入方式；在输出端，若被取出的数码各位在对应于各位的输出端上同时出现，这种输出方式称为并行输出方式。这种数码寄存器只能并行送入数据，需要时也只能并行输出。当需要寄存的数据位效多于四位时，可以选用位数更多的寄存器。

6.2.2.2 单向移位寄存器

1. 单向移位寄存器的构成

移位寄存器不仅具有存储数码的功能，而且还具有移位功能。在数字电路系统中，由于运算（如二进制的乘除法）的需要，常常要求实现移位功能。

如果将前一级触发器的输出端与后一级的输入端相连，并且各个触发器都受同一个时钟脉冲的控制，那么寄存器中的二进制信息就能够进行移动，这就是移位寄存器。

寄存器中所存数据，可以在移位脉冲作用下逐位向右移位、向左移位或双向移位，双向移位移位寄存器需要一个移位方向控制端,用它来控制寄存器向左移还是向右移。图6-20（a）（b）所示是由 D 触发器构成 4 位单向向右移位和单向左移位寄存器。

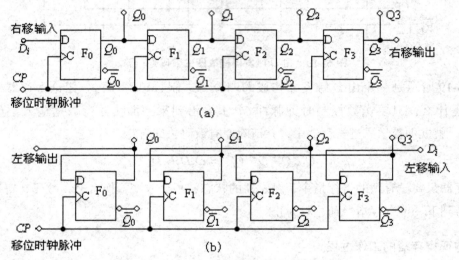

图6-20　4位左移和右移移位寄存器逻辑电路

（a）4位右移移位寄存器；（b）4位左移移位寄存器

2. 移位寄存器的输入方式

移位寄存器的输入方式有串行输入和并行输入两种。

串行输入方式：是指数码从右移寄存器的最左端（或左移寄存器的最右端）输入，每施加一个移位脉冲，输入数码移入一位。同时已移入寄存器的数码向右（或向左）移动一位，这样要将 N 位二进制数码存入 N 位寄存器。就需要 N 个移位脉冲。

并行输入方式：在数码寄存器中已经提到，它是在一个移位脉冲作用下将 N 位二进能数码同时输入寄存器。显然，它的工作速度要比前者快得多。

3. 移位寄存器的输出方式

移位寄存器的输出方式：有串行输出和并行输出两种。

串行输出：是在右移寄存器最右端的一个触发器（对左移寄存器则为最左端的一个触发器）设置对外输出端，在移位脉冲作用下，数码一个一个依次输出。

并行输出方式：在数码寄存器中也提到过，各个触发器均设置对外输出端，N 位二进制数码同时输出。因此，移位寄存器将有四种输入输出方式：串行输入 / 串行输出、串行输入 / 并行输出、并行输入 / 串行输出和并行输入 / 并行输出。应用十分灵活，用途也很广。

6.2.2.3 双向移位寄存器逻辑电路构成

在一些应用中，要求寄存器中存储的数码能根据需要，具有向右或向左移位的功能，这种寄存器称为双向移位寄存器。因此在单向寄存器的基础上设有移位方向控制端，由它来控制寄存器是向右移还是向左移。

图 6-21 所示为一个由 D 触发器构成的双向移位寄存器，其中每一位触发器的信号输入端都和相应的"与或非"门电路输出相连，各"与或非"门的输入端则与左右两个相邻触发器的 $\overline{Q}$ 端、左移信号（设为 $\overline{M}$ ）或右移信号（设为 M 相连，在同一时刻只能进行一个移位工作，否则将会引起混乱。因此，左移控制信号 $\overline{M}$ 与右移控制信号 M 是相反的，不会引起冲突。

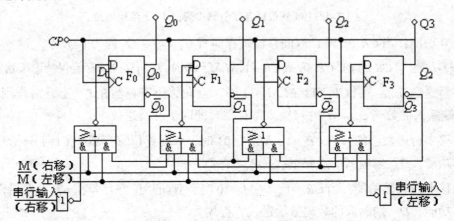

图 6-21　由 D 触发器构成双向移位寄存器逻辑电路

实现右移时，从图 6-21 中可以看到，当 $M=1$ 时，所有"与或非"门中左边的"与"门均开启，与此同时封锁了全部右边的与门，这时在 CP 的作用下，可串行输入（右移口的）数码，可实现右移位。

当 $\overline{M}=1$ 时所有"与或非"门中右边的"与"门均开启，与此同时封锁了全部左边的与门，这时在 CP 的作用下，可串行输入（左移口的）数码，可实现左移位。

6.2.2.4 集成移位寄存器芯片

1. 集成移位寄存器芯片 CT74LS194

双向移位寄存器 CT74LS194 为四位双向移位寄存器，图 6-22 为 CT74LS194 逻辑功能示意图。$\overline{CR}$ 为置零端，$D_0 \sim D_3$ 为并行输入端，D_{SR} 为右移串行数码输入端，D_{SL} 为左移串行数码输入端，M_0 和 M_1 为工作方式控制端，$Q_0 \sim Q_3$ 为并行输出端，CP 为移位脉冲输入端。与 74LS194 逻辑功能都兼容的芯片有 CC40194、CC4022 和 74198 等。集成 74LS194 主要功能：

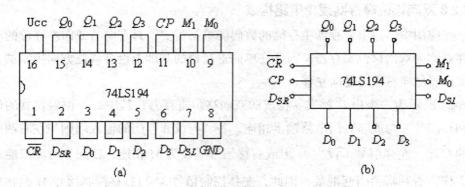

图 6-22　集成 74LS194 移位寄存器引脚排列和逻辑电路

（a）74LS194 移位寄存器引脚排列；（b）逻辑电路

①置 0 功能：当 $\overline{CR}$ =0 时，双向移位寄存器置 0，$Q_0 \sim Q_3$ 都为 0 状态。

②保持功能：当 $\overline{CR}$ =1 时，CP=0，或 $\overline{CR}$ =1，M_1M_0=00 时，双向移位寄存器保持原来状态不变。

③并行送数功能：当 $\overline{CR}$ =1，M_1M_0=11 时，双向移位寄存器在 CP 上升沿作用下，使 $D_0 \sim D_3$ 端输入的数码 $d_0 \sim d_3$ 并行输入寄存器。即同步并行送数。

④右移串行送数功能：当 $\overline{CR}$ =1，M_1M_0=01 时，双向移位寄存器在 CP 上升沿作用下，执行右移功能，D_{SR} 端输入的数码依次送入寄存器。

⑤左移串行送数功能：当 $\overline{CR}$ =1，M_1M_0=10 时，双向移位寄存器在 CP 上升沿作用下，执行左移功能，D_{SL} 端输入的数码依次送入寄存器。

2. 集成 74LS194 移位寄存器的应用

移位寄存器主要应用于实现数据传输方式的转换（如串行到并行或并行到串行）、脉冲分配、序列信号产生和时序电路的周期性循环控制（计数器）等。下面介绍几种常用移位寄存器逻辑电路的应用的功能测试方法。

【案例 6-3】用 CT74LS194 移位寄存器设计循环移位电路。将图 6-23 中 $\overline{CR}$ =1，Q_0 与 D_{SL} 直接连接，其甩接线均不变动，由此就设计出了循环移位电路，用并行数法预置寄存器输出为某二进制数码 $D_0D_1D_2D_3$=0001，①观察寄存器输出端变化。并将结果记入表 6-6

中。②试根据已知的 CP 的波形画出 Q_3、Q_2、Q_1、Q_0 的波形图（74LS194 构成顺序正脉冲发生器）。

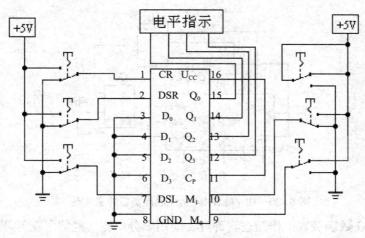

图 6-23 74LS194 的逻辑功能接线图

表 6-6 循环移位电路真值表

CP	$Q_0\,Q_1\,Q_2\,Q_3$

②解：令 $\overline{CR}=1$，$D_0D_1D_2D_3=0001$，$Q_0=D_{SL}$

当 $M_1M_0=11$，寄存器在并行置数状态，加 CP（上升沿有效）时，$Q_0Q_1Q_2Q_3=D_0D_1D_2D_3=0001$。

当 $M_1M_0=10$，加 CP（上升沿有效）时，电路开始左移操作，每一次 CP 脉冲上升沿到来时，输出数码向左移动一位，则 $Q_0Q_1Q_2Q_3$ 依次从 0001、0010 →……1000 循环输出，产生顺序正脉冲信号，当第 8 个 CP 脉冲信号（上升沿）到来时 $Q_0Q_1Q_2Q_3=0000$。顺序正脉冲信号的脉冲宽度等于 CP 信号的一个周期。如图 6-24 所示。

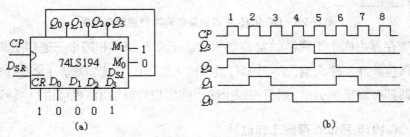

图 6-24 由 74LS194 双向移位寄存器构成顺序正脉冲发生器

（a）74LS194 构成正脉冲发生器；（b）工作波形

双向移位寄存器 74LS194 还可以构成顺序负脉冲发生器，如图 6-25 所示，同学们可以自己分析其逻辑功能及工作波形。

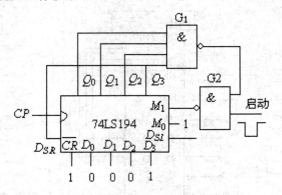

图 6-25　由 74LS194 构成顺序负脉冲发生器

移位寄存器在数字装置中作为逻辑部件，应用十分广泛。经除了在计算机中大量应用于乘、除法所必需的移位操作及数据存储外，还可以用它作为数字延迟线，串行、并行数码转换器以及构成各种环形计数器等。下面以二进制串行加法器为例，说明它的应用，进一步体会移位寄存器的功能。

6.2.2.5 集成 CC4015 移位寄存器逻辑电路

1. 集成 CC4015 移位寄存器逻辑电路简介

图 6-26 所示为 COMS 双四位移位寄存器 CC4015 的逻辑电路图（CC4015 中含有两个完全相同的移位寄存器，图中只画出其中的一个）。

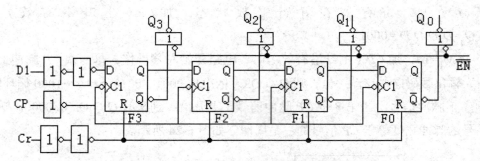

图 6-26　CC4015 双四位移位寄存器逻辑电路图

该移位寄存器由四个下降沿触发 D 触发器、五个反相器和四个三态门组成，CP 为时钟脉冲（即移位脉冲）输入端，D_1 是串行数据输入端。C_r 是清零端。$\overline{EN}$ 是输出选通端。每个 D 触发器都有输出端引出，则可由四个输出端实现并行输出。也可由 Q_0 实现串行输出。

2. 集成 CC4015 移位寄存器工作过程

清零：在 C_r 端加一个正脉冲，使移位寄存器清零。

接收和寄存：设有一组串行数据 1011 按移位脉冲的工作节拍从高位到低位依次送到

D_1 端，开始 $D_1=1$，第一个移位脉冲的后沿来到时使触发器 F_3 置"1"，即 $Q_3=1$，其他触发器仍保持"0"态。接着 $D_1=0$，第二个移位脉冲的后沿来到时使触发器 F_3 置"0"、F_2 置"1"，即 $Q_3=0$，$Q_2=1$，Q_1 和 Q_0 仍为"0"。以后移位一次，存入一个新的数码，直到第四个脉冲的后沿来到时，存数结束。

取出数码：若在输出选通端 $\overline{EN}$ 加一负脉冲，可以从四个触发器的输出端得到并行数码输出。而且，再经过四个移位脉冲，则所存的"1011"将逐位从 Q_0 串行输出。

表 6-7　CC4015 双四位移位寄存器的状态表

移位脉数输入		现态	次态	说明
D_i	CP	$Q_0^n Q_1^n Q_2^n Q_3^n$	$Q_0^{n+1} Q_1^{n+1} Q_2^{n+1} Q_3^{n+1}$	
	（0）	0　0　0　0	0　0　0　0	
1	↑（1）	1　0　0　0	1　0　0　0	
0	↑（2）	0　1　0　0	0　1　0　0	连续输入 4 个 1
1	↑（3）	1　1　1　0	1　0　1　0	
1	↑（4）	1　1　1　0	1　1　0　1	

移位寄存器的应用很广，除了能够寄存数据、左移或右移（相当于将数字乘 2 或除 2）以外。还可以用于数据的串行—并行转换。

【案例 6-4】用集成 CC4015 移位寄存器实现脉冲分配电路

图 6-27（a）所示为用 CC4015 四位移位寄存器和一个"或非"门组成的脉冲分配电路，试根据已知的 C_r、CP 的波形，分析画出 Q_3、Q_2、Q_1、Q_0 的波形图。

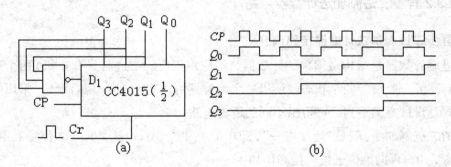

图 6-27　训练 5-1 图

解：从图 6-27（a）分析：开始由于在 C_r 端输入了一个正脉冲，所以 $Q_3 Q_2 Q_1 Q_0$ 的初始状态均为零。此时"或非"门的输出即 D_1 的输入为"1"，因此当第一个 CP 作用后，Q_3 变为 1，D_1 变为 0。第二个 CP 作用后，Q_3 变为 0，Q_2 变为 1，D_1 仍为 0。第三个 CP 作用后，Q_3、Q_2 为 0，Q_1 变为 1，D_1 仍为 0。第四个 CP 作用后，Q_3、Q_2、Q_1 为 0。Q_0 变为 1，D_1 为 1。由上述分析可见，在移位寄存器中是一个"1"在移动，其波形如图 6-28（b）所示。此电路可从 $Q_3 Q_2 Q_1 Q_0$ 端依次输出一个正脉冲，循环往复。

6.2.3 计数器

6.2.3.1 计数器时序逻辑部件

在电子计算机和数字逻辑系统中，计数器是应用最广的一种典型时序电路。它能以累计输入脉冲的数目，就像我们数数字一样，若输入的时钟脉冲的宽度一定时，计数器就成了定时器，在自动化控制等许多方面有不可替代作用。

计数器是用以统计输入时钟脉冲 CP 个数的逻辑部件，计数器电路的种类很多，若根据计数器中各个触发器翻转的先后次序来分，可以分成同步计数器和异步计数器两种。

同步计数器和异步计数器区别是：①同步计数器中各触发器共用同一个 CP 时钟，即输入的时钟脉冲，各触发器状态变化同步，计数速度较快；②异步计数器中各触发器不共用同一个 CP 时钟，有的触发器的 CP 信号就是输入的时钟脉冲，有的触发器的 CP 信号来自其他触发器的输出，所以各触发器状态变化不同步，计数速度较慢。

如果按计数过程中计数器中数字的增减来分，可以分成加法计数器、减法计数器和可逆计数器。随着计数脉冲的不断输入作递增计数的叫加法计数器，作递减计数的叫减法计数器，既能作递增计数又能作递减计数的叫可逆计数器。在此仅介绍加法计数器。如果按计数器中数字的编码方式来分，又可以把计数器分为二进制计数器、二—十进制计数器、循环码计数器等。另外，如果按计数器的循环长度来分，还可以把计数器分为十进制、六十进制、一百进制等。

6.2.3.2 异步二进制加法计数器电路

1. 异步二进制加法计数器电路简介

二进制计数器是结构最简单的计数器，但应用很广。二进制只有 0 和 1 两个数码，而触发器有 "0" 和 "1" 两个状态。所以一个触发器可以表示 1 位二进制数。采用触发器的种类不同，设计方案不同，可得出不同的逻辑电路。

所谓二进制加法，就是 "逢二进一"，即 0+1=1，1+1=10。也就是每当本位是 1，再加 1 时，本位便变为 0，再向高位进位，使高位加 1。

【案例 6-5】用 JK 触发器构成四位异步二进制加法计数器电路

异步二进制计数器是计数器中最基本最简单的电路。根据二进制加法运算的规则，任何一位如果已经是 1，那么再加 1 时应变为 0，同时向相邻的高位发出进位信号。因此，由触发器构成二进制加法计数器时，各触发器应当满足：

（1）每输入一个计数脉冲，触发器应当翻转一次；

（2）当低位触发器由 1 变为 0 时，应输出一个进位信号加到相邻高位触发器的计数输入端。

用 JK 触发器构成四位异步二进制加法计数器电路时，将每个触发器都接成 T' 触发器，下降沿触发如图 6-28（a）所示，J、K 端都接高电平"1"，这样它们具有计数（翻转）功能，低位触发器的输出（进位输出）脉冲接到相邻高位触发器的 CP 时钟脉冲输入端。

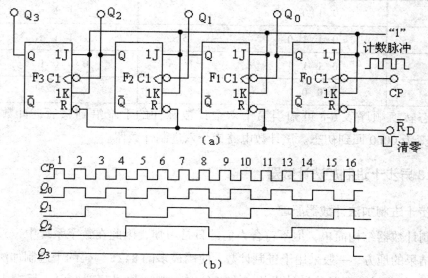

图 6-28 由 JK 触发器构成 4 位异步二进制加法计数器

（a）逻辑电路图；（b）工作波形

2. 异步二进制加法计数器的工作过程分析

如图 6-28（a）所示，首先，在 $\bar{R}_D$ 加一负脉冲，计数器清零，待 $\bar{R}_D$ 恢复为高电平时，开始计数。当第一个计数 CP 脉冲的下降沿到来时，Q_0 由"0"变为"1"。其他触发器的输出保持原来的状态，此时 $Q_3Q_2Q_1Q_0$ 由 0000 变为 0001，表示已累计了 1 个脉冲；当第二个计数脉冲的下降沿到来时，Q_0 由"1"变为"0"，Q_1 由"0"变为"1"，其他触发器的输出保持原来的状态。此时 $Q_3Q_2Q_1Q_0$ 由 0001 变为 0010。表示已累计 2 个脉冲；如此继续下去，当第十五个计数脉冲的下降沿到来时，$Q_3Q_2Q_1Q_0$ 变为 1111，表示已累计 15 个脉冲，其状态转换顺序见表 6-8。

表 6–8 异步二进制状态转换顺序表（4 位二进制加法计数器）

计数顺序	计数器状态	计数顺序	计数器状态
	$Q_3\ Q_2\ Q_1\ Q_0$		$Q_3\ Q_2\ Q_1\ Q_0$
0	0 0 0 0	9	1 0 0 1
1	0 0 0 1	10	1 0 1 0
2	0 0 1 0	11	1 0 1 1
3	0 0 1 1	12	1 1 0 0
4	0 1 0 0	13	1 1 0 1

计数顺序	计数器状态				计数顺序	计数器状态			
	Q_3	Q_2	Q_1	Q_0		Q_3	Q_2	Q_1	Q_0
5	0	1	0	1	14	1	1	1	0
6	0	1	1	0	15	1	1	1	1
7	0	1	1	1	16	0	0	0	0
8	1	0	0	0					

由状态转换顺序表 6-8 可知当第十六个计数脉冲的下降沿到来后，计数器的状态 $Q_3Q_2Q_1Q_0$ 变为 0000 回到初态。该计数电路为十六进制计数器。

6.2.3.3 异步十进制加法计数器

1. 异步十进制加法计数器原理

二进制计数器结构简单，但不符合人们的日常习惯，因此在数字系统中，凡需要直接观察计数结果的地方，一般采用十进制计数。使用最多的 8421 编码的十进制加法计数器。8421BCD 码十进制计数器的设计思想：在 4 位二进制计数器基础上引入反馈，强迫电路在计数到状态 1001 后就能返回初始状态 0000，从而利用状态 0000→1001 实现十进制计数。也就是计数器计到第九个脉冲时再来一个脉冲。即由 "1001" 变为 "0000"，每经过十个脉冲循环一次。

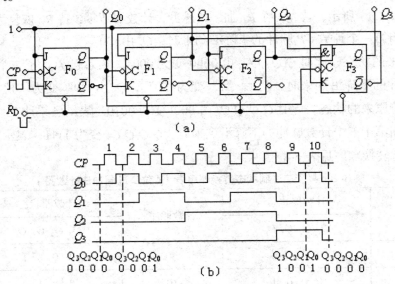

图 6-29 异步十进制加法计数器

（a）逻辑电路图；（b）工作时序图

异步十进制加法计数器是在 4 位异步二进制加法器的基础上经过适当修改获得的。它跳过了 1010→1111 六个状态，利用自然二进制数的前十个状态 0000→1001 实现十进制计数。如图 6-29 所示是 JK 触发器组成的 8421BCD 码异步十进制计数器。

2. 异步十进制加法计数器工作分析

图 6-29（b）所示为它的工作波形图。从波形图可以看出，Q_0 波形的周期比计数脉冲的周期大一倍。Q_1 波形的周期比 Q_0 的周期大一倍，结论是：输入计数脉冲每经一级触发器，其周期增加一倍，即频率降低一倍。因此，1 位二进制计数器就是一个 2 分频作用。4 位异步二进制加法器即十六进制计数器就是一个 $1/2^4$ 分频器。对于 n 位二进制计数器，就是一个 $1/2^n$ 分频器。

由于此计数器输入的计数脉冲不是同时加到每个触发器的时钟脉冲（CP）端，而且触发器是从低位到高位依此翻转。故称为异步计数器。异步二进制计数器的优点是：电路较为简单，但缺点是：进位（或借位）信号是逐级传送的，工作频率不能太高，工作速度慢。

如图 6-29（a）所示 F_0 和 F_2 接成 T' 触发器，假设计数器从初始状态为 $Q_3Q_2Q_1Q_0 = 0000$ 状态开始计数，此时 $J_1 = \overline{Q_3} = 1$，F_1 也为 T' 触以器。因此，在输入码前 8 个计数脉冲时，计数器按异步二进制加法计数规律计数。当输入第 7 个计数脉冲时，计数器状态为 $Q_3Q_2Q_1Q_0 = 0111$。这时 $J_3 = Q_2Q_1 = 1$，$K_3 = 1$。第 8 个计数脉冲到来后，4 个触发器全部翻转，计数器状态变为 1000。第 9 个计数脉冲到来后，计数器状态变为 $Q_3Q_2Q_1Q_0 = 1001$。这两种情况下 $\overline{Q_3}$ 均为 0，使 $J_3 = 0$，而 $K_3 = 1$。所以当第 10 个计数脉冲到来时，Q_0 由 1 变为 0，但 F_1 的状态将保持 0 不变，而 Q_0 能直接触发 F_3，使 Q_3 由 1 变为 0，从而使计数器回复到初始状态 0000。实现了十进制计数，同时 Q_3 端输出一个负跃变的进位信号。十进制状态转换顺如 6-9 表所示。工作波形如图 6-29（b）所示。

表 6-9 十进制状态转换顺序表

计数顺序	计数器状态 $Q_3\ Q_2\ Q_1\ Q_0$	计数顺序	计数器状态 $Q_3\ Q_2\ Q_1\ Q_0$
0	0 0 0 0	6	0 1 1 0
1	0 0 0 1	7	0 1 1 1
2	0 0 1 0	8	1 0 0 0
3	0 0 1 1	9	1 0 0 1
4	0 1 0 0	10	0 0 0 0
5	0 1 0 1		

6.2.3.4 同步二进制加法计数器电路

1. 同步二进制加法计数器电路简介

同步计数器电路构成思想：同步计数器中，所有的触发器的 CP 端是相连的，CP 的每一个触发沿都会使所有的触发器状态更新，因此，不能使用T'触发器。

【案例 6-6】用JK触发器构成 4 位同步二进制加法计数器电路

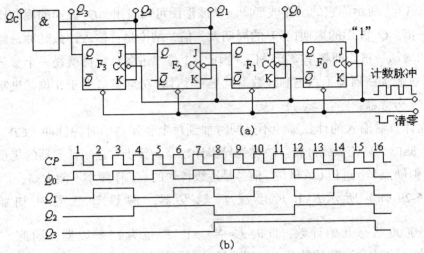

图 6-30　由 JK 触发器构成 4 位同步二进制计数器的逻辑电路图

（a）逻辑电路图；（b）工作波形

图 6-30（a）所示，将每个JK触发器都接成T触发器构成 4 位同步二进制计数器的逻辑电路。计数脉冲同时输入到每一个触发器的CP端，当计数脉冲到来时，每一个触发器应同时翻转，故为同步计数器。其工作速度较异步计数器快。图 6-30（a）电路将每个触发器都接成T触发器，而且下降沿触发，CP为计数脉冲输入端，$\overline{R_D}$为清零端。Q_3、Q_2、Q_1、Q_0为计数状态输出端，Q_C为进位输出端。根据电路图，可以写出各个触发器输入端表达式：

$$T_0=1 \qquad T_1=Q_0 \qquad T_2=Q_1Q_2 \qquad T_3=Q_2Q_1Q_0$$

2. 同步二进制加法计数器的工作过程

图 6-30（a）所示，开始，在$\overline{R_D}$加一个负脉冲，计数器清零，$Q_3Q_2Q_1Q_0$为 0000，此时$T_0=1$，$T_1=T_2$，$n=T_3=0$，待$\overline{R_D}$恢复为高电平时，开始计数。当第一个计数脉冲的下降沿到来时，$Q_3Q_2Q_1Q_0$为 0001，表示已累计 1 个脉冲，此时$T_0=1=1$，$T_1=1$，$T_2=T_3=0$；当第二个计数脉冲的下降沿到来时，$Q_3Q_2Q_1Q_0$为 0010 表示已累计 2 个脉冲，此时$T_0=1$，$T_1=T_2=T_3=0$；这样继续下去，当第十五十计数脉冲下降沿到来时，$Q_3Q_2Q_1Q_0$为 1111，Q_C由"0"变为"1"，表示已累计 15 个脉冲，此时$T_0=T_1=T_2=T_3=1$；当第十六个计数脉冲的下降沿到来时。$Q_3Q_2Q_1Q_0$为 0000，Q_C由"1"变为"0"，于是从Q_C端输出一个脉冲进位信号。完成一个计数循环。

表 6-10 同步二进制状态转换顺序表（4 位二进制加法计数器）

计数顺序	现状态 $Q_3^n Q_2^n Q_1^n Q_0^n$	次状态 $Q_3^{n+1} Q_2^{n+1}$ $Q_1^{n+1} Q_0^{n+1}$	Q_C	计数顺序	现状态 $Q_3^n Q_2^n$ $Q_1^n Q_0^n$	次状态 $Q_3^{n+1} Q_2^{n+1}$ $Q_1^{n+1} Q_0^{n+1}$	Q_C
0	0 0 0 0	0 0 0 1	0	8	1 0 0 0	1 0 0 1	0
1	0 0 0 1	0 0 1 0	0	9	1 0 0 1	1 0 1 0	0
2	0 0 1 0	0 0 1 1	0	10	1 0 1 0	1 0 1 1	0
3	0 0 1 1	0 1 0 0	0	11	1 0 1 1	1 1 0 0	0
4	0 1 0 0	0 1 0 1	0	12	1 1 0 0	1 1 0 1	0
5	0 1 0 1	0 1 1 0	0	13	1 1 0 1	1 1 1 0	0
6	0 1 1 0	0 1 1 1	0	14	1 1 1 0	1 1 1 1	0
7	0 1 1 1	1 0 0 0	0	15	1 1 1 1	0 0 0 0	1

6.2.3.5 同步十进制加法计数器的逻辑电路

1. 同步十进制加法计数器的逻辑电路

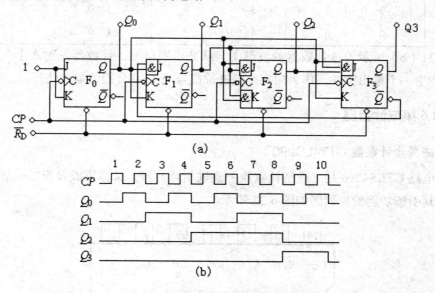

图 6-31 同步十进制加法计数器的逻辑图

（a）逻辑电路图；（b）工作时序波形

图 6-31（a）所示为同步十进制加法计数器的逻辑图。CP 为计数脉冲，$\overline{R}_D$ 为异步置"0"端，$Q_3 Q_2 Q_1 Q_0$ 为计数状态输出端。根据电路图，可以写出各个触发器输入端表达式：

$J_0 = K_0 = 1$ $J_1 = Q_1 \overline{Q}_3$ $K_1 = Q_0$

$J_2 = K_2 = Q_1 Q_2$ $J_3 = Q_2 Q_1 Q_0$ $K_3 = Q_0$

221

2. 同步十进制加法计数器工作分析

如图 6-31（a）所示，在 $\overline{R}_D$ 端加一个负脉冲，计数器清零，$Q_3Q_2Q_1Q_0$ 为 0000，此时 $J_0=K_0=1$。$J_1=K_1=0$，$J_2=K_2=0$，$J_3=K_3=0$，待 $\overline{R}_D$ 恢复为高电平时，开始计数。当第一个计数脉冲下降沿到来时。$Q_3Q_2Q_1Q_0$ 为 0001，表示已累计 1 个脉冲。此时 $J_0=K_0=1$，$J_1=K_1=0$，$J_2=K_2=0$，$J_3=K_3=0$，当第二个计数脉冲的下降沿到来时，$Q_3Q_2Q_1Q_0$ 为 0010，表示已累计 2 个脉样继续下去。当第九个计数脉冲的下降沿到来时，$Q_3Q_2Q_1Q_0$ 为 1001，Q_C 由 "0" 变为 "1"，表示已累计 9 个脉冲，此时 $J_0=K_0=1$，$J_1=0$，$K_1=1$，$J_2=K_2=0$，$J_3=0$，$K_3=1$，当第十个计数脉冲的下降沿到来时，$Q_3Q_2Q_1Q_0$ 为 0000，Q_C 由 "1" 变为 "0"，于是从 Q_C 端输出一个脉冲进位信号，完成了一个计数循环。

表 6-11 十进制加法计数器的状态表

计数脉冲	二进制数				十进制数	计数脉冲	二进制数				十进制数
	Q_3	Q_2	Q_1	Q_0			Q_3	Q_2	Q_1	Q_0	
0	0	0	0	0	0	5	0	1	0	1	5
1	0	0	0	1	1	6	0	1	1	0	6
2	0	0	1	0	2	7	0	1	1	1	7
3	0	0	1	1	3	8	1	0	0	0	8
4	0	1	0	0	4	9	1	0	0	1	9

图 6-31（b）所示为该计数器的波形图。从波形图可见，计数器每输入十个脉冲后，在 Q_C 端产生一个输出脉冲，作为向高位的进位信号或 1/10 分频的输出信号。

6.2.3.6 集成计数器

1. 集成异步计数器 CT74LS290

集成电路 CTLS4290 是二进制计数器 + 五进制计数器，又称集成异步二—五—十进制计数器，其引脚功能的排列图如图 6-32 所示。

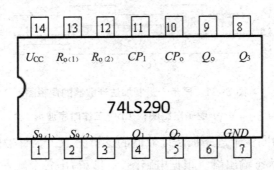

图 6-32 CT74LS290 集成计数器引脚图

（1）逻辑功能示意图：CP_1、CP_2 为计数脉冲输入端，Q_3、Q_2、Q_1、Q_0 为计数状态输

出端，$R_{0(1)}$、$R_{0(2)}$ 为异步置 "0" 端，$S_{9(1)}$、$S_{9(2)}$ 为异步置 "9" 端。

（2）CT74LS290 引脚功能与逻辑功能

表 6-12　CT74LS290 的逻辑功能

输　入			输　出	说　明
$R_{0(1)}\ R_{0(2)}$	$S_{9(1)}\ S_{9(2)}$	CP	$Q_3\ \ Q_2\ \ Q_1\ \ Q_0$	
1　0	×		0　0　0　0	置 "0"
0　1	×		1　0　0　1	置 "9"
0　0	↓		计　数	计　数

（3）逻辑功能说明：

①异步置 "0" 功能：当 $R_{0(1)} \cdot R_{0(2)}=1$，$S_{9(1)} \cdot S_{9(2)}=0$ 时，计数器异步置 0，即 $Q_3Q_2Q_1Q_0=0000$，与时钟脉冲无关。

②异步置 "9" 功能：当 $S_{9(1)}=S_{9(2)}=1$ 时（即都为高电平有效），计数器被置成 "9"，即 $Q_3Q_2Q_1Q_0=1001$，也与时钟脉冲无关。

③计数功能：当 $R_{0(1)}$、$R_{0(2)}=0$，$S_{9(1)}$、$S_{9(2)}=0$ 时，在时钟下降沿进行计数。

2. 集成同步计数器 CT74LS161

（1）CT74LS161 基本结构与逻辑功能示意

如图 6-33 所示是集成同步 CT74LS161 二进制计数器芯片结构图，74LS161 是 4 位二进制同步计数器，该计数器能同步并行预置数，异步清零，具有清零、置数、计数和保持四种功能，且具有进位信号输出端，可串接计数使用。

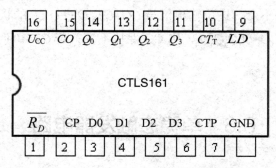

图 6-33　集成同步 T4161 引脚功能图

（2）逻辑功能说明：

CP 为计数脉冲，$\overline{R_D}$ 为异步置 0（复位）端，$\overline{LD}$ 为预置数控制端，D_0、D_1、D_2、D_3 为预置数并行数据输入端，Q_0、Q_1、Q_2、Q_3 为计数状态输出端，Q_C 为进位输出端，CT_T、CT_P 是为工作状态（计数）控制端。

（3）CT74LS161 的逻辑功能

表 6-13　CT74LS161 的逻辑功能

输　入			输　出		说　明
$\overline{R_D}$ $\overline{LD}$ CT_P CT_T CP D_3 D_2 D_1 D_0			Q_3 Q_2 Q_1 Q_0	CO	
0 × × × × × × × ×			0 0 0 0	0	异步置 "0"
1 0 × × ↑ d_3 d_2 d_1 d_0			d_3 d_2 d_1 d_0		$CO=CT_T \cdot Q_3Q_2Q_1Q_0$
1 1 1 1 ↑ × × × ×			计数		$CO=Q_3Q_2Q_1Q_0$
1 1 0 × × × × × ×			保持		$CO=CT_T \cdot Q_3Q_2Q_1Q_0$
1 1 × 0 × × × × ×			保持	0	$CO=0$

CT74LS161 的逻辑功能表中的 "×" 表示任意状态。其工作过程分析如下：如表 5-15 表所示：

①异步置 0 功能：当 $\overline{R_D}$ =0 时，无论其他输入端的状态如何，所有的触发器同时被置 0，即 $Q_3Q_2Q_1Q_0$=0000。

②同步并行置数功能：当 $\overline{R_D}$ =1，$\overline{LD}$ =0 时，CT_T=CT_P=1 时，电路工作在预置数状态。在 CP 上升沿作用时，并行数据 D_0、D_1、D_2、D_3 被送入（置入）计数器。即 $Q_3Q_2Q_1Q_0$=$d_3d_2d_1d_0$。

③计数功能：当 $\overline{R_D}$ =1，$\overline{LD}$ =1，CT_T=CT_P=1 时，CP 端输入计数脉冲（上升沿有效）时，计数器进行二进制加法计数。

④保持功能：当 $\overline{R_D}$ =1，$\overline{LD}$ =1，CT_T=CT_P=0 时所有的触发器都保持原状态不变，即计数器保持原来状态不变，进位输出信号 $CO=CT_T \cdot Q_3Q_2Q_1Q_0$ 的状态也保持不变。如若 CT_T=1 时，CT_P=0 时，$CO=Q_3Q_2Q_1Q_0$，则 CO 保持不变；若 CT_T=0 时，CT_P=1 时，则进位输出 $CO=0$。

6.3　单稳态触发器电路

6.3.1 单稳态触发器

1. 单稳态触发器的特点

在脉冲整形和延迟控制电路中，经常使用两类电路—施密特触发器和单稳态触发器，单稳态触发器是脉冲波形整形和延迟控制中经常使用的一种电路。它的工作特性有三个显著的特点：

第一，它有稳态和暂稳态两个不同的工作状态；

第二，在触发脉冲作用下，电路将从稳态翻转到暂稳态。并保持一段时间后，又能自动返回到稳定状态。

第三，暂稳态维持的时间仅取决于电路本身的参数。而与触发脉冲的宽度无关。

由于单稳态触发器电路中的暂稳态都是靠 RC 电路的充、放电过程来维持的。根据 RC 电路的不同接法，单稳态电路可分为微分型和积分型两种。

2. 由门电路构成的单稳态触发器

（1）微分型单稳态触发器

1）电路组成

用 CMOS 门 G_1 和 G_2 及 RC 微分电路组成的微分型单稳态触发器如图 6-34（a）所示。对于 CMOS 门电路，可以近似地认为 $U_{CH} \approx U_{DD}$、$U_{OL} \approx 0$。而且通常 $U_{TH} \approx 1/2 U_{DD}$。

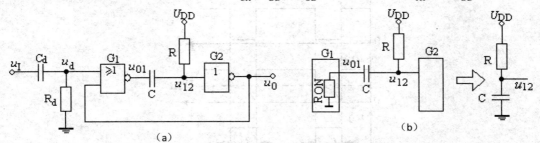

图 6–34　由门电路构成微分型单稳态触发器

（a）电路；（b）等效电路

2）工作原理与脉冲信号的产生

如图 5-54（b）所示，

①在稳态下，$u_I = 0$、$u_{12} = U_{DD}$，故 $u_0 = 0$、$u_{01} = U_{DD}$，电容 C 上没有电压。

②当触发脉冲 u_I 加到输入端时，在 R_d 和 C_d 组成的微分电路输出端得到很窄的正、负脉冲 u_d。当 u_d 上升到 U_{TH} 以后。将引发如下正反馈过程：

$$u_d \uparrow \rightarrow u_{01} \downarrow \rightarrow u_{12} \downarrow \rightarrow u_0 \uparrow$$

使 u_{01} 迅速跳变为低电平。由于电容 C 上电压不能发生突变，所以 u_{12} 也同时跳变为低电平。电路进入暂稳态。这时即使 u_d 回到低电平，u_0 的高电平仍将维持。

与此同时，电容 C 开始充电。随着充电过程的进行，u_{12} 逐渐升高，当升至 $u_{12} = U_{TH}$ 时，又引发另外一个正反馈过程：

$$u_{12} \uparrow \rightarrow u_0 \downarrow \rightarrow u_{01} \uparrow$$

③如果这时触发脉冲已消失（u_d 已回到低电平），则 u_{01}、u_{12} 迅速变为高电平，并使输出返回 $u_0 = 0$ 的状态。同时，电容 C 通过电阻 R 和门 G_2 的输入保护电路向 U_{DD} 放电，直至电容 C 上的电压为零，电路恢复到稳定状态。

根据以上分析，即可画出微分型单稳态触发器电路中各点电压波形，如图 6-35 所示。为了定量地描述单稳态触发器的性能，经常使用输出脉冲宽度 t_w、脉冲幅度 U_m、恢复时间 t_{re}、分辨时间 T_d 等几个参数。

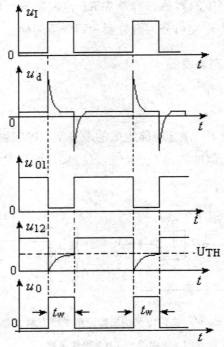

图 6-35　微分型单稳态触发器各点波形

3. 积分型单稳态触发器

（1）电路组成

如图 6-36 所示。由两个 TTL 与非门 G_1 和 G_2 及 RC 积分电路组成的积分型单稳态触发器，图中 G_1 至 G_2 之间用 RC 积分电路耦合。电阻器 R 的电阻值应小于开门电阻值，以保证 u_{01} 为低电平时 u_A 可以降至 U_{TH} 值以下。此电路由正脉冲触发，并且其宽度大于输出脉冲宽度 t_w。

（2）工作原理与脉冲信号的产生

①当 $u_I=0$ 时，u_{01}、u_A 和 u_0 均为高电平，电路处于稳态。

②当输入正脉冲以后，u_{01} 跳变为低电平。由于电容 C 上电压 u_A 不能突变，所以一段时间里 u_A 仍大于 U_{TH}。因此，在这段时间里 G_2 的两个输入端电压同时大于 U_{TH}，使 $u_0=U_{0L}$（低电平），电路进入暂稳态。在此期间电容 C 经 R 和 G_1 放电，u_A 按指数规律下降。

③当 C 放电到使 $u_A=U_{TH}$ 时，u_0 回到高电平。待 u_I 回到低电平以后，C 开始充电，经过恢复时间 t_{re} 以后，u_A 也恢复为高电平 U_{0H}，电路又回到稳态，等待下一个触发信号的到来。电路中各点电压波形如图 6-37 所示。

与微分型单稳态触发器相比，积分型单稳态触发器具有抗干扰能力较强的优点。因为数字电路中的噪声多为尖峰脉冲的形式（即幅度较大而宽度极窄的脉冲），而积分型单稳态触发器在这种噪声下不会输出足够宽度的脉冲。

积分型单稳态触发器的缺点是输出波形的边沿较差，这是因为电路在状态转换过程中没有正反馈作用，而且必须在触发脉冲的宽度大于输出脉冲宽度时，方能正常工作。如果触发脉冲过窄，不能满足上述条件时，可采用图 6-38 所示的改进电路。图中增加了门 G_3 和一条输出端，u_0 至 G_3 输入端的反馈线。该电路用负脉冲触发。

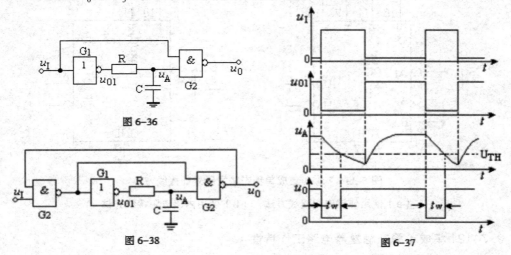

图 6-36　由门电路构成积分型单稳态触发器　　　图 6-37　积分型单稳态触发器各点波形

图 6-38　改进型积分单稳态触发器电路

6.3.2 集成 74121 单稳态触发器

集成单稳态触发器的应用十分普遍，按其电路构成来分类，可分为 TTL 电路构成的集成单稳态触发器和 CMOS 电路构成的集成单稳态触发器。但从功能上来看，TTL 电路和 CMOS 电路构成的集成单稳态触发器区别不大。从性能上来看，CMOS 电路优于 TTL 电路（CMOS 电路的工作电压更宽、抗干扰能力更强）。按其触发条件分类，可分为不可重复触发型和可重复触发型。以下只讨论不可重复触发型集成单稳态触发器。

不可重复触发的单稳态触发器一旦被触发进入暂稳态以后，再加入触发脉冲不会影响电路的工作过程，必须在暂稳态结束以后它才能接受下一个触发脉冲而转入暂稳态。

常用的不可重复触发型集成单稳态触发器 74121、74221、74L5221、CD4098、MC14528。使用这些器件时只需要外接很少的元器件和连线，而且由于器件内部电路一般还附加了上升沿与下降沿触发控制和置零等功能，使用极为方便。

1. 74121 集成单稳态触发器外部接线方法

74121 是采用微分原理集成的单稳态触发器。如图 6-39 所示，图 6-39（a）为使用外接电阻的连接方法。R_{ext}、C_{ext} 为外接的定时电阻、电容，A_1、A_2 为下降沿触发输入端；B

为禁止输入端使用上的上升沿触发输入端；U_0、$\overline{U}_0$ 为输出端；R_{ext}/C_{ext} 为外接电阻、电容端，Cext 电容为外接电容端。图 5-59（b）是使用内部定时电阻时的连接方法，R_{int} 端直接接电源端 U_{CC} 端，而 R_{ext}/C_{ext} 和 C_{ext} 端开路。

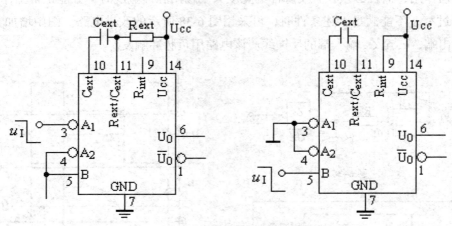

图 6-39 74121 集成单稳态触发器外部接线方法

（a）使用外接电阻接线方法； （b）使用内接电阻接线方法

2. 74121 集成单稳态触发器电路工作特性

74121 集成单稳态触发器电路工作特性如表 6-14 所示，当 $B=1$ 时，在 A_1 或 A_2 输入脉冲，电路在输入脉冲下降沿被触发翻转到暂稳态，经过暂稳态维持时间后，电路自动返回到 $U_0=0$、$\overline{U}_0=1$ 的稳态。

表 6-14 74121 集成单稳态触发器功能表

输 入			输 出	
A_1	A_2	B	U_0	$\overline{U}_0$
1	↓	1	⎍	⎎
↓	1	1	⎍	⎎
↓	↓	1	⎍	⎎
0	×	↑	⎍	⎎
×	0	↑	⎍	⎎
×	×	0	0	1
1	1	×	0	1
0	×	1	0	1
×	0	1	0	1

从功能表 6-14 中可以看出，需要用上升沿触发时，触发脉冲由 B 端输入，同时 A_1 或 A_2 当中至少要一个接至低电平。需要用下降沿触发时，触发脉冲应由 A_1 或 A_2 输入，同

时由 B 端接至高电平。另外，还可以使用 74121 内部设置的电阻 R_{int} 取代外接电阻 R_{ext} 以简化外部接线。不过因 R_{int} 的阻值不太大（约为 2kΩ）。所以在希望得到较宽的输出脉冲时，仍需使用外接电阻。

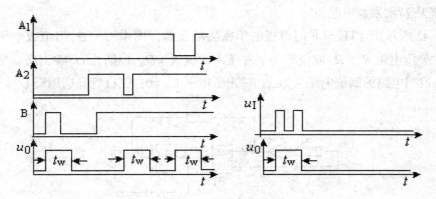

图 6-40　74121 集成单稳态触发器的工作波形

（a）单脉冲触发时工作波形；（b）连续脉冲时工作波形

图 6-40（a）给出了单脉冲触发时 74121 触发器的工作波形图，图 6-40（b）给出了连续脉冲触发时 74121 触发器的工作波形图。

6.3.3 集成施密特触发器

1. 施密特触发器特点

施密特触发器是脉冲波形变换中经常使用的一种电路。具有两个稳定的工作状态，但又不同于一般的双稳态触发器。它在性能上有两个重要特点：

第一，它从一个稳态翻转到另一个稳态，要靠输入信号达到某一个额定值来实现，而同时两个稳态互相翻转所需的输入信号电平却不同，具有滞后特性，即回差特性，如图 6-41 所示。即，当输入信号 u_i 减小至低于负向阈值 U_{T-} 时，输出电压 U_o 翻转为高电平 U_{oH}；而输入信号 u_i 增大至高于正向阈值 U_{T+} 时，输出电压 U_o 才翻转为低电平 U_{oL}。这种滞后的电压传输特性称回差特性，其值 $U_{T+} - U_{T-}$ 称为回差电压。

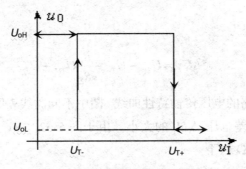

图 6-41　施密特触发器的回差特性

第二，由于具有回差电压，故其抗干扰能力较强。应用施密特触发器能将边沿变化缓慢的波形整形为边陡峭的矩形脉冲。

2. 用门电路构成的施密特触发器

（1）施密特触发器电路组成

如图 6-42 所示由 TTL 与非门组成的施密特触发器。图中 G_1、G_2 门组成电平控制基本触发器；分压电阻 R_1、R_2 取值较小，并接入二极管 VD，以防止 G_2 输出高电平时负载电流过大。设门电路的阈值电压为 U_{TH}，输出低电平 $U_{0L} \approx 0$；二极管导通压降 U_D。

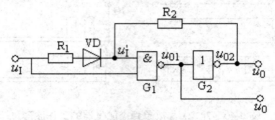

图 6-42　由 TTL 与非门电路构成的施密特触发器

（2）密特触发器工作原理

当 u_1 为低电平时，G_1 截止，G_2 导通，则 $u_{01}=U_{0H}$，$u_{02}=U_{0L}$，触发器处于稳定状态。

当 u_1 从 0 上升至 U_{TH} 时，由于 G_1 另一输入端的电平 C 仍低于 U_{TH}，所以电路状态并不改变；当 u_1 继续升高，并使 $u_I' = U_{TH}$ 时，G_1 开始导通，而且由于 G_1、G_2 间存在着正反馈。所以电路迅速转换为 G_1 导通、G_2 截止的状态，此时。$U_{02}=U_{0H}$。可见此时对应的输入电压就是上限转换电平 U_{T+}，显然 $U_{T+} \gg U_{TH}$。如果忽略 $u_I' = U_{TH}$ 时的 G_1 输入电流，则可以得到

$$u_I' = U_{TH} = (U_{T} + -U_D)\frac{R_2}{R_1+R_2} \qquad （6\text{-}1）$$

故得

$$U_T = \frac{R_2}{R_1+R_2}U_{TH} + U_D \qquad （6\text{-}2）$$

式中，U_D 是二极管 VD 的导通压降。

（3）当 u_1 从高电平下降时。只要 $u_I=U_{TH}$ 以后，电路状态立刻发生转换，返到前一个稳态，即 $U_{02}=U_{0L}$，因此，u_1 下降时，电路状态转换对应的输入电压为下限转换电平 U_{T-}。则 $U_{T-}=U_{TH}$

根据定义，回差电压为

$$\Delta U_T = U_{T+} - U_{T-} = \frac{R_1}{R_2}U_{TH} + U_D \qquad （5\text{-}3）$$

图 6-43 画出了此电路的电压传输特性曲线。图中不同曲线表明了 R_2 为固定阻值（1kΩ）时。改变 R_1 值可改变回差电压 ΔU_T 的大小。由于图 5-62 中 G_1 采用 54/74 系列与非门，故要求 R_2 的数值应取 1kΩ 以下。

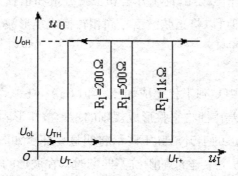

图 6-43 与非门电路构成的施密特触发器回差特性

3. 集成施密特触发器

集成施密特触发器共有三类七个品种，其中有 5414/7414 六反相器（缓冲器）；54132/74132 四 2 输入与非门及 5413/7413 双 4 输入与非门，其逻辑符号如图 6-44 所示。相应集成组件的外引线功能图可查阅器件手册。

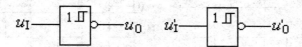

图 6-44 集成施密特触发器逻辑符号

上述施密特触发逻辑门均具有阈值电压温度补偿和回差温度补偿（回差电压典型值均为 0.8V），不仅具有高抗干扰性，而且在输入信号边沿变化非常缓慢时仍能正常工作。

4. 集成施密特触发器应用举例

下面用集成施密特触发器输出信号波形与输入信号波形的对应关系，说明其用途。

（1）用于波形变换

利用施密特触发器状态转变过程中的正反馈作用，可以把边沿变化缓慢的周期信号变换为边沿很陡的矩形脉冲信号。

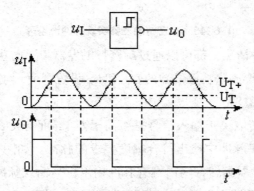

图 6-45 施密特触发器实现波形变换

如图 6-45 所示，输入信号是由直流分量和正弦分量和正弦分量叠加而成的，只要输入信号的幅度大于 U_{T+}，即可以将正弦波信号同相转换成矩形波，在施密特触发器的输出端得到同频率的矩形脉冲信号。

（2）用于脉冲整形

数字信号在传输过程中受到干扰变成如图 6-46（a）（b）（c）所示的不规则波形，可利用施密特触发器的回差特性将它整形成规则的矩形波矩形。如图 8560（a）所示当传输线上的电容较大时，波形的上升沿和下降沿将明显变坏。如图 6-46（b）所示，当传输线较长，而且接收端的阻抗与传输线的阻抗不匹配时，在波形的上升沿和下降沿将产生振荡现象。如图 6-46（c）所示，当其他脉冲信号通过导线间的分布电容或公共电源线叠加到矩形脉冲信号上时，信号上将出现附加的噪声。

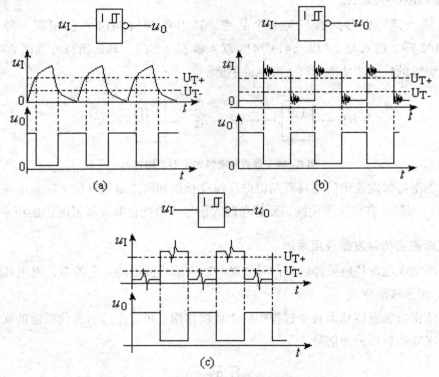

图 6-46　施密特触发器实现脉冲波整形

无论出现上述哪一种情况，都可以通过旋密特触发器整形而获得比较理想的矩形脉冲波形。由图 6-46 可见，只要施密特触发器的 U_{T+} 和 U_{T-} 设置合适，均能收到满意的整形效果。

（3）用于脉冲幅度鉴别

施密特触发器的翻转取决于输入信号是否高于 U_{T+} 或低于 U_{T-}，利用此特性可以构成幅度鉴别器，用以从一串脉冲中检出符合幅度要求的脉冲。如图 6-47 所示，当输入脉冲大于 U_{T+} 时，施密特触发器翻转，输出端有脉冲输出；当输入脉冲幅度小于 U_{T-} 时，施密特触发器不翻转，输出端没有脉冲输出。它可以鉴别出脉冲幅度高于 U_{T+} 的输入信号。因此，施密特触发器能将幅度大于 U_{T+} 的脉冲选出，具有脉冲鉴幅的能力。

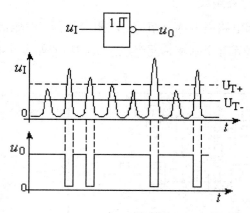

图 6-47 施密特触发器用于脉冲幅度鉴别

6.3.4 集成 555 定时器

集成 555 定时器是一种多用途的中规模集成电路器件，在外围配以少量阻容元件就可以构成施密特触发器、单稳态触发器和多谐振荡器等电路，在脉冲产生和变换等技术领域有着广泛的应用。

正因为如此，自 20 世纪 70 年代初第一片定时器问世以后，国际上主要的电子器件公司也都相继生产了各种 555 定时器，尽管产品型号繁多，但几乎所有双极型产品型号最后的三位数码都是 555。双极型定时器型号为 555；所有 CMOS 产品型号最后的四位数都是 7555。而且，它们的逻辑功能与外部引线排列也完全相同。下面以 CMOS 集成定时器的典型产品 7555 为例进行介绍。

1. 集成 7555 定时器引脚排列与逻辑功能

7555 定时器是采用双列直插式封装的 CMOS 集成组件。它的电路结构和 7555 定时器引出脚排列如图 6-58（b）所示，引脚功能如表 6-15 所示。

表 6-15 7555 定时器外部引脚功能

引脚	功能	引脚	功能
1 脚	为接地端	5 脚	为电压控制端
2 脚	为低电平触发端，当输入电压高于 $\frac{1}{3}U_{DD}$ 时，C_2 输出为高电平	6 脚	为高电平触发端，当输入电压低于 $\frac{2}{3}U_{DD}$ 时，C_1 输出为高电平
3 脚	为输出端	7 脚	为放电端，当触发器的 $\overline{Q}$ 端为 "1" VF_N 管导通放电
4 脚	为基本 RS 复位端	8 脚	为电源端（5 ~ 18V）

2. 集成 7555 定时器电路组成

集成 7555 定时器内部电路由五部分组成：电阻分压器、电压比较器、基本 *RS* 触发器、MOS 管开关及输出缓冲器等五个基本单元组成。引脚功能如表 6-48 所示。

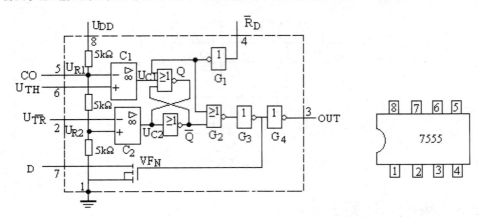

图 6-48 7555 定时电路结构

（a）内部电路结构；（b）引脚排列

（1）电阻分压器

由三个阻值 5kΩ 相同的电阻置串联构成，电源电压 U_{DD} 经分压取得 U_{R1}、U_{R2} 作为比较器的输入参考电压，在无外加控制电压 U_{CO} 时，提供两个参考电压：

$$U_{R1} = \frac{2}{3}U_{DD} \qquad\qquad U_{R2} = \frac{1}{3}U_{DD}$$

外加控制电压 U_{CO} 可改变参考电压值。

注意：不接外加控制电压 U_{CO} 时，控制端（5 脚）不可悬空，需通过电容接地，以旁路高频干扰。

（2）电压比较器 C_1 和 C_2

C_1 和 C_2 这是两个结构完全相同的高精度电压比较器，分别由运算放大器构成。作用是将 6 脚和 2 脚的输入电压 U_{i1}、U_{i2} 与参考电压 U_{R1}、U_{R2} 进行比较，根据输入电压的不同 C_1 和 C_2 的输出可能是高电平功低电平，从而使基本 *RS* 触发器置 1 或置 0。比较器 C_1 的反相输入端接参考电压 U_{R1}，其引出端称为控制电压输入端 *CO*，同相输入端 *TH* 称为高触发端，比较器 C_2 的同相输入端接参考电压 U_{R2}，反相输入端 *TR* 称为低触发端。如果在控制端 *CO* 外接电压 U_{CO}，则 $U_{R1}=U_{CO}$，$U_{R2}=1/2U_{CO}$。设比较器 C_1 和 C_2 都是由集成理想运算放大器所组成，具有很高的输入电阻，则其输入端 U_+（同相端）和 U_-（反相端）基本上不向外电路吸取电流。

每个比较器的输入与输出电压之间的关系符合如下规律：

当 $U_+ > U_-$ 时，$U_0 \approx +U_{DD}$（输出高电平）

当 $U_+ < U_-$ 时，$U_0 \approx 0$（输出低电平）

（3）基本 *RS* 触发器

基本 *RS* 触发器是由两个或非门组成。电压比较器 C_1、C_2 的输出电压 u_{C1}、u_{C2} 是基本 *RS* 触发器的输入信号。u_{C1}、u_{C2} 状态的改变，决定着触发器输出端 Q、$\overline{Q}$ 的状态。$\overline{R}_D$ 是外部复位端，当 $\overline{R}_D$ =0 时，经反相器 G_1 以高电平封锁或非门，Q=0，$\overline{Q}$ =1。

（4）MOS 管开关和输出缓冲器

VF_N 是 N 沟道增强型 MOS 管，用来构成放电开关。当 $\overline{R}_D$ =1 和 $\overline{Q}$ =0 时，G3 输出低电平，VF_N 截止；当 $\overline{Q}$ =1 时，G_3 输出高电平，VF_N 导通。

两级反相器 G_3、G_4 构成输出缓冲器，设计时应考虑其有较大的电流驱动能力，一般应驱动两个 TTL 门电路。输出缓冲器的另一作用，是隔离负载对定时器的影响。

CMOS 定时器电路的主要电气特性是：

（1）静态电流较小，每个单元为 80uA 左右。

（2）输入阻抗极高，输入电流为 0.1uA 左右。

（3）电源电压范围较宽，在 3 ~ 18V 内均可正常工作。

（4）采用双列直插式封装，最大功耗为 300mW。

（5）和所有 CMOS 集成电路一样，在使用时，输入电压 u_1 应确保在安全范围之内，即满足下式的条件：$-0.5V \leq U_I \leq U_{DD} +0.5V$

习题

一、选择题

1. 时序逻辑电路的特点是（　　）

A. 仅由门电路组成　　　　B. 无反馈通路

C. 有记忆功能　　　　　　D. 无记忆功能

2.1 个触发器可记录一位二进制代码，它有（　　）个稳态。

A.0　　　　　　　　　B.1　　　　　　　　C.2　　　　　　　D.3

3. 同步 *RS* 触发器的触发时刻为（　　）。

A. *CP*=1 期间　　　　　B. *CP*=0 期间　　　　C. *CP* 上升沿　　D. *CP* 下降沿

4. 下列触发器中没有约束条件的是（　　）

A. 基本 *RS* 触发器　　　B. 主从 *RS* 触发器

C. 同步 *RS* 触发器　　　D. 边沿 *D* 触发器

5. 基本 RS 触发器输入端禁止的情况为（　　）。

A. R=1 S=1　　　　B. $\overline{R} = \overline{S}$ =1　　　　C. R=0 S=0　　　D. RS=0

6.JK 触发器在 J、K 端同时输入高电平时，Q 端处于（　　）。

A. 置 0　　　　　　　B. 置 1　　　　　　　C. 保持　　　　　D. 翻转

7. 由与非门构成的基本 RS 触发器，欲将触发器置为 0 态，应在输入端加（   ）。

A. $R=1$，$S=0$ B. $R=0$，$S=0$

C. $R=0$，$S=1$ D. $R=1$，$S=1$

8. 寄存器应具有（   ）功能

A. 存数和取数   B. 清零与置数   C. 前两者皆有

9. N 进制计数器的特点是设初态后，每来（   ）个 CP，计数器又重回初态。

A. N+1   B.2N   C.N-1   D.N

10. 在以下单元电路中，具有"记忆"功能的单元电路是（   ）。

A. 运算放大器   B. 触发器   C. TTL 门电路 D. 译码器

11. 下列触发器中只有计数功能的是（   ）。

A.RS 触发器   B.JK 触发器   C.D 触发器   D.T 触发器

12. 下列说法正确的是（   ）。

A. 单稳态触发器是振荡器的一种   B. 单稳态触发器有两个稳定状态

C. JK 触发器是双稳态触发器   D. 振荡器有两个稳定状态

13. 多谐振荡器可产生（   ）。

A. 正弦波   B. 矩形脉冲   C. 三角波   D. 锯齿

14. 以下各电路中，（   ）可以产生脉冲定时。

A. 多谐振荡器   B. 单稳态触发器

C. 施密特触发器   D. 石英晶体多谐振荡器

15 施密特触发器有（   ）个稳定状态，多谐振荡器有（   ）个稳定状态，单稳态触发器有（   ）个稳定状态。

A.0   B.1   C.2   D.3

二、填空题

1. 在任何时刻，输出状态仅仅决定于同一时刻各输入状态的组合，而与电路以前所处的状态无关的逻辑电路称为_____，而若逻辑电路的输出状态不仅与输出变量的状态有关，而且还与系统原先的状态有关，则称其为_____。

2. 按触发器状态更新方式划分，时序电路可分为_____和_____两大类。

3. 如能力训练题 6-1 图所示，时序电路输出 $Q2$ 的频率是时钟脉冲 CP 频率的_____，它可作_____分频器。

能力训练题 6-1 图

4. 能力训练题 6-2 图是用 D 触发器组成的寄存器电路。当在 D_i 端随 CP 脉冲依次输入 1011 时，经过四个 CP 脉冲后，串行输出端的状态是_____。设 $Q_0Q_1Q_2Q_3$ 的初始状态是 0000。

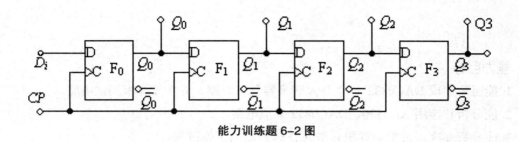

能力训练题 6-2 图

第 7 章　A/D 和 D/A 转换器

能力目标

1. 能组装集成 DAC0832 芯片 D/A 转换器测试电路，并能按要求测试电路。

2. 能分析和应用 AD7520、DAC0832 集成电路。

3. 能分析逐次逼近型和双积分型 A/D 转换器的工作过程。

4. 能组装集成 ADC0809 芯片转换器测试电路，并能按要求测试电路。

知识目标

1. 掌握 DAC 和 ADC 的定义及应用。

2. 了解 DAC 的分类及主要参数。

3. 了解 R-2R 倒 T 形电阻网络 DAC 的结构和基本原理。

4. 了解集成 D/A 转换器 AD7520、DAC0832 及应用。

5. 逐次逼近型 A/D 转换器工作原理。

6. 了解集成 A/D 转换器 ADC0809 及应用。

7. 双积分型 A/D 转换器的工作过程。

7.1　D/A 转换器

7.1.1 D/A 转换器

7.1.1.1 D/A 转换器简述

随着数字电子技术的迅速发展，尤其是计算机的普及，用数字电路处理模拟信号的越来越多了。通常测量得到的电压、电流都是模拟量，许多连续变化的电量也可以用传感器把相应的变化信号转换成模拟电压或电流信号，这些模拟信号只有转换为相应的数字信号才能送入计算机中去处理或进行数字显示。有时，往往还要求把处理后得到的数字信号再转换成相应的模拟信号，作为最后的输出，去控制相应的仪器设备。

在数字电路技术中，处理模拟量必须首先把模拟信号转换为相应的数字信号才能进行处理。同时，往往还要求把处理后得到的数字信号再转换成相应的模拟信号，作为最后的输出。如图 7-1 典型的数字处理系统。模拟信号，即模拟量，如温度、压力、流量、位移等。我们把能将模拟信号转换为数字信号的装置称为模 / 数转换，或 A/D（Analog to Digital）转换，把实现 A/D 转换的电路称为 A/D 转换器（ADC：系 Analog-Digital Converter 的缩写）；把能将数字信号转换为模拟信号的装置称为数 / 模转换，或 D/A（Digital- Analog）转换，把实现 D/A 转换的电路称为 D/A 转换器（DAC：系 Digital- Analog Converter 的缩写）。

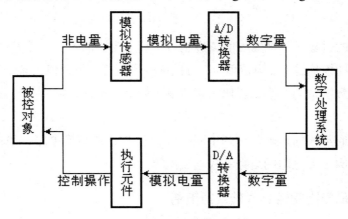

图 7-1　典型的数字处理系统

为了确保数据处理的准确性，A/D 转换器和 D/A 转换器必须有足够的转换精度，同时，为了适应快速过程的控制和检测的需要 A/D 转换器和 D/A 转换器必须有足够的转换速度。

由于 D/A 转换器的工作原理比 A/D 转换器的工作原理简单，且在 A/D 转换器中往往要用 D/A 转换器作它的反馈电路。因此我们先介绍 D/A 转换器。能实现 D//A 转换的电路很多，当前主要采用三种，权电阻网络型、倒 T 型电阻网络型和权电流型。

7.1.1.2 D/A 转换器

1.D/A 转换器电路

图 7-2 是 D/A 转换器的原理图，它的基本组成可分为四个部分，译码网络、电子模拟开关、求和运算放大器和基准电压源（参考电压）U_{REF}。

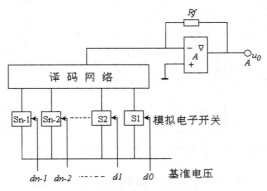

图 7-2　D/A 转换器的原理图

2. D/A 转换器的工作过程

设 D/A 转换器的输入量是 n 位二进制数 $D=d_{n-1}d_{n-2}d_1d_0$，D 数字量可以按位权展开为十进制数：

$$D = d_{n-1} \times 2^{n-1} + d_{n-2} \times 2^{n-2} + d_1 \times 2^1 + d_0 \times 2^0$$

$$(1101)_2 = (1 \times 2^3 + 1 \times 2^2 + 0 \times 2^1 + 1 \times 2^0)_{10}$$

（7-1）

D/A 转换器的过程是：把输入的二进制数字量中为 1 的各位，按其位权不同的权值，分别转换成对应的模拟量（如电流值），再把这些代表若干位权值的各个模拟量相加求和，即可得到与输入数字量的大小成正比的模拟量（如电压量），从而实现数字量向模拟量的转换。

D/A 转换器通常根据译码网络的不同。分为多种 D/A 转换电路，如权电阻网络型、T 形电阻网络型、倒 T 形电阻网络型和权电流型等。

7.1.1.3 倒 T 形电阻网络 D/A 转换器电路

1. 倒 T 形电阻网络 D/A 转换器电路组成

D/A 转换器有多种，倒 T 型电阻网络 D/A 转换器是目前使用最多、速度较快的一种 D/A 转换器。图 7-3 是四位倒 T 形电阻网络 D/A 转换器，它由 R、$2R$ 两种电阻构成了倒 T 形电阻网络，S_3、S_2、S_1、S_0 是四个电子模拟开关，A 是求和运算放大器，U_{REF} 是基准电压源。D_3、d_2、d_1、d_0 是输入的四位二进制数，d_0 是最低位（通常用 LSB 表示），d_3 是最高位（通常用 MSB 表示）。开关 S_3、S_2、S_1、S_0 的状态受输入代码 d_3、d_2、d_1、d_0 的状态控制，当输入的 4 位二进制数的某位代码为 1 时，相应的开关将电阻接到运算放大器的反相输入端；当某位代码为 0 时，相应的开关将电阻接到运算放大器的同相输入端。

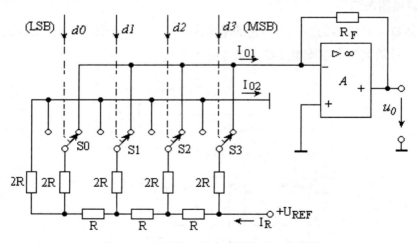

图 7-3 四位倒 T 形电阻网络 D/A 转换器

2. 倒 T 形电阻网络 D/A 转换器工作原理

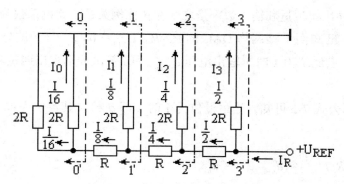

图 7-4　倒 T 形电阻网络支路电流等效电路

图 7-4 为输入数字信号 $d_3d_2d_1d_0$=1000 时的等效电路。根据运算放大器的虚线概念不难看出，从虚线 0、1、2、3 处向右看进去的电路等效电阻均为 $2R$。由以上分析不难看出，每经过一级节点，支路的电流衰减 $\frac{1}{2}$，因此流过四个 $2R$ 电阻的电流分别为 $I/2$、$I/4$、$I/8$、$I/16$。电流是流入地，还是流入运算放大器，由输入的数字量 d_i 通过控制电子开关 S_i 来决定。故流入运算放大器的总电流为：

$$I\Sigma = \frac{I}{2}d_3 + \frac{I}{2^2}d_2 + \frac{I}{2^3}d_1 + \frac{I}{2^4}d_0$$

不论模拟开关接到运算放大器的反相输入端（虚地）还是接到地，也就是不论输入数字信号是 1 还是 0，各支路的电流不变。各支路电流 I_R 为：

$$I_3 = \frac{1}{2}I_R = \frac{U_R}{2^1R} \qquad I_2 = \frac{1}{4}I_R = \frac{U_R}{2^2R}$$

$$I_1 = \frac{1}{8}I_R = \frac{U_R}{2^3R} \qquad I_0 = \frac{1}{16}I_R = \frac{U_R}{2^4R}$$

由于从 U_{REF} 向网络看进去的等效电阻是 R，因此从 U_{REF} 流出的电流为：

$$I = \frac{U_{REF}}{R}$$

$$I_0 = I_0d_0 + I_1d_1 + I_2d_2 + I_3d_3$$

$$= \frac{U_{REF}}{2^4R}(d_3 \cdot 2^3 + d_2 \cdot 2^2 + d_1 \cdot 2^1 + d_0 \cdot 2^0)$$

因此输出电压可表示为：

$$u_o = -R_F I = \frac{U_R R_F}{2^4 R}(d_3 \cdot 2^3 + d_2 \cdot 2^2 + d_1 \cdot 2^1 + d_0 \cdot 2^0)$$

对于 n 位的倒 T 形电阻网络，当 R_F=R 时，则 u_0 的表达式为：

$$u_o = -R_F I = \frac{U_R}{2^n}(d_{n-1} \cdot 2^{n-1} + d_{n-2} \cdot 2^{n-2} \cdots + d_1 \cdot 2^1 + d_0 \cdot 2^0) \qquad （7-2）$$

上式表明，输出模拟量和输入数字量之间存在比例关系，比例系数为 $U_R/2^n$。

【案例 7-1】已知倒 T 型网络 DAC 的 R_F=R，U_{REF}=10V，（1）试分别求出四位和八位 DAC 的最小（最低位为 1 时）输出电压 u_{Omin}。（2）试分别求出四位和八位 DAC 的最大输出电压 u_{Omax}

解：（1）据公式 7-2 可知，当最低位为 1 时（即 d_0=1，其各位为零），四位 DAC 最小输出电压为：

$$u_{O\min} = -R_F I = \frac{U_R}{2^n}(d_{n-1} \cdot 2^{n-1} + d_{n-2} \cdot 2^{n-2} \cdots + d_1 \cdot 2^1 + d_0 \cdot 2^0) = -\frac{10}{2^4} = -0.63V$$

八位 DAC 最小输出电压为：$u_{O\min} = -\frac{10}{2^8} = 0.04V$

（2）据公式 7-2 可知，当 $d_3 d_2 d_1 d_0$ 各位均为 1 时，四位 DAC 最大输出电压为：

$$u_{O\max} = -R_F I = \frac{U_R}{2^n}(d_{n-1} \cdot 2^{n-1} + d_{n-2} \cdot 2^{n-2} \cdots + d_1 \cdot 2^1 + d_0 \cdot 2^0) = -\frac{10}{2^4}(2^4 - 1) = -9.375V$$

同理，当 $d_7 \sim d_0$ 各位均为 1 时，八位 DAC 最大输出电压为：

$$u_{O\max} = -\frac{10}{2^8}(2^8 - 1) = -9.96V$$

7.1.2 集成 D/A 转换器

常用的集成 DAC 有 AD7520、DAC0832、DAC0808、DAC1230、MC1408、AD7524 等，这里仅对 AD7520、DAC0832 作简要介绍。

7.1.2.1 集成 D/A 转换器 AD7520

1. 集成 D/A 转换器 AD7520 简介

AD7520 是 10 位的 D/A 转换集成芯片，与微处理器完全兼容。该芯片以接口简单、转换控制容易、通用性好、性能价格比高等特点得到广泛的应用。

图 7-5 所示是 AD7520 外引脚图，共有 16 个引脚，各引脚功能如下：

4 ~ 13 脚为 $D_0 \sim D_9$，十位数字的输入端；

1 脚为模拟电流 I_{OUT1} 输出端，接运算放大器的反相输入端。

2 脚为模拟电流 I_{OUT2} 输出端，一般接"地"或接运算放大器的同相输入端。

3 脚为接"地"端。

14 脚为 CMOS 模拟开关的 $+U_{DD}$ 电源接线端。

15 脚为参考电压电源接线端，$U_R R_F$ 可为正值或负值。

16 脚为芯片内部一个电阻的引出端。

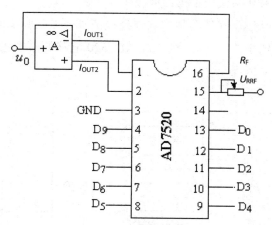

图 7-5　AD7520 外引脚图及外接电路

该芯片只含倒 T 形电阻网络、电流开关和反馈电阻，不含运算放大器，输出端为电流输出。具体使用时需要外接集成运算放大器和基准电压源。内部电路如图 7-6 所示。

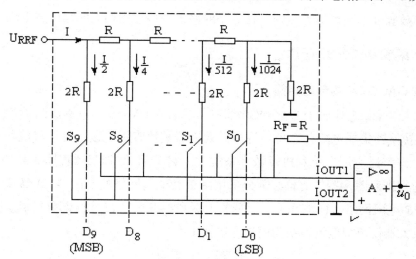

图 7-6　AD7520 内部电路

2.AD7520 的主要性能参数

分辨率：10 位，D/A 转换器的分辨率是指最小输出电压（对应的输入二进制数为 1）与最大输出电压（对应的输入二进制数的所有位全为 1）之比。例如 AD7520 集成电路分辨率是 10 位 D/A 转换器的分辨率为

$$1/（2^{10}-1）=1/1013=0.001$$

线性误差：通常用非线性误差的大小表示 D/A 转换器的线性度，$\pm（1/2）LSB$（LSB 表示输入数字量最低位），若用输出电压满刻度范围 F_{SR} 的百分数表示则为 $0.05\%F_{SR}$。

转换速度：500ns

温度系数：0.001%/℃

【案例 7-2】用 AD7520 构成一个锯齿波发生器电路

将集成 AD7520 电路与 10 位二进制加法器连接成如图 7-7 所示电路，当 10 位二进制加法计数器从全"0"加到全"1"时，则集成 AD7520 电路的模拟输出电压 u_0 由 0V 逐渐增加到最大值。

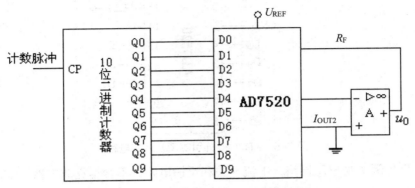

图 7-7　用 AD7520 组成锯齿波发生器

如果计数脉冲不断地输入，则可在电路的输出端得到周期性的锯齿波电压。

7.1.2.2 集成 DAC0832 芯片

1. 集成 DAC0832 内部电路简介

集成 DAC0832 芯片属于 DAC0830 系列，是采用 CMOS 工艺制成的单片电流输出型 8 位数／模转换器集成电路，它可与许多微处理器芯片直接连接，且接口电路简单，转换控制容易，被广泛应用在单片机及数字系统中。它采用 20 脚双列直插式封装，图 7-8 所示是它的管脚排列图，器件的核心部分采用倒 T 型电阻网络的 8 位 D／A 转换器，内部由倒 T 型 R-$2R$ 电阻网络、模拟开关、运算放大器和参考电压 U_{REF} 四部分组成。其输出端要外接运算放大器将模拟电流转换为模拟电压输出。

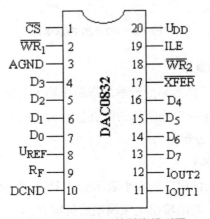

图 7-8　DAC0832 的引脚排列图

2.DAC0832 的引脚功能说明

$D_0 \sim D_7$：8 位数字信号输入端。

I_{OUT1}、I_{OUT2}：DAC 电流输出端。使用时分别与集成运算放大器的反相端和同相端相连。

RF：反馈信号输入端，它可以直接接集成运算放大器的输出端，通过芯片内部的电阻构成反馈支路，也可以根据需要再外接电阻构成反馈支路。

U_{DD}：电源输入端，电源电压可在 5 ~ 15V 范围内选择。

DGND：数字部分接地端。

AGND：模拟部分接地端。

U_{RRF}：基准电压（参考电压）输入端，取值范围为 -10 ~ +10V。

3.DAC0832 的特点

①它具有两个输入寄存器。输入 8 位数字量首先存入寄存器 1，而输出模拟量是由寄存器 2 中的数据转换得到，当把数据从寄存器 1 转入寄存器 2 后寄存器 1 就又可以接收新数据而不会影响模拟量的输出，能够实现多通道 DAC 同步转换输出。

②该芯片有 5 个输入信号控制端，$\overline{CS}$ 分别是：ILE：数据允许锁存信号，高电平有效。

$\overline{CS}$：片选信号，低电平有效。当该端是高电平时，DAC 芯片不能工作。

$\overline{WR_1}$：写入信号 1，且 =0 时，在 $\overline{WR_1}$ 上接收到一低电平脉冲信号时，寄存器 1 接收数据并锁存数据。

$\overline{XFER}$：传送控制信号，低电平有效。

$\overline{WR_2}$：写入信号 2，当 $\overline{XFER}$ =0 时，$\overline{WR_2}$ 接收到一个低电平脉冲信号，数据由寄存器 1 转送寄存器 2 并锁存。寄存器 1 接收数据并数据由寄存器 1 转送。

7.1.2.3 集成 DAC0832 芯片 D/A 转换器实验

DAC0832 输出的是电流，要转换为电压，还必须经过一个外接的运算放大器，才能实现 D/A 转换器，实训线路如图 7-9 所示。

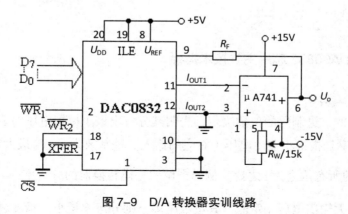

图 7-9　D/A 转换器实训线路

步骤 1：将集成 DAC0832 芯片按图 6-9 接线，电路接成直通方式，2 脚与 1 脚也接地，即 $\overline{CS}$、$\overline{WR_1}$、$\overline{WR_2}$、$\overline{XFER}$ 匀接地；ILE、U_{DD}、U_{REF} 接 +5V 电源；集成运放 μA741 的 7 脚和 4 脚分别接电源 ±15V；$D_0 \sim D_7$ 接逻辑开关的输出插口，输出端 U_O 接直流数字电压表。

步骤 2：调零，令 $D_0 \sim D_7$ 全置零，调节运放的电位器 R_w 使 μA741 输出 U_o 为零。

步骤 3：按表 7-1 所列的输入数字信号，用数字电压表测量运放的输出电压 U_o，并将测量结果填入 7-1 表中，并与理论值进行比较。

表 7–1　DAC0832 芯片 D/A 转换器实训记录

输入数字量								输出模拟量 U_0（V）
D_7	D_6	D_5	D_4	D_3	D_2	D_1	D_0	$U_{DD} = +5V$
0	0	0	0	0	0	0	0	
0	0	0	0	0	0	0	1	
0	0	0	0	0	0	1	0	
0	0	0	0	0	1	0	0	
0	0	0	0	1	0	0	0	
0	0	0	1	0	0	0	0	
0	0	1	0	0	0	0	0	
0	1	0	0	0	0	0	0	
1	0	0	0	0	0	0	0	
1	1	1	1	1	1	1	1	

ILE 恒接高电平，输入信号就由 $\overline{CS}$ 与 $\overline{WR_1}$ 控制，在 $\overline{CS}$ =0 时，芯片可写入数据进行转换。当基准电压 U_{RRF} 为 +5V（或 -5V）时，输出电压 U_0 的范围是 0 ~ -5V（或 +5V）；当基准电压 U_{RRF} 为 +10V（或 -10V）时，输出电压 U_0 的范围是 0 ~ -10 或 +10V。其转换精度为 $\dfrac{U_{REF}}{2^8 - 1} = \dfrac{U_{REF}}{255}$。

7.1.2.4 集成 DAC0832 芯片主要技术指标

1. 分辨率

由 DAC 输入的二进制码的位数决定，表明其分辨出最小模拟电压的能力。

DAC 的分辨率是指最小输出电压（对应的输入二进制数为 1）与最大输出电压（对应的输入二进制数的所有位全为 1 之比，例如十位效一模转换器的分辨率为 $\dfrac{U_{REF}}{2^{10} - 1} = \dfrac{U_{REF}}{1023}$。

当 DAC 的最大输出电压一定时，其位数越多，则分辨率越小，精度越高。

2. 转换误差

转换误差又称转换精度，表示 DAC 输出电压的实际值与理想值之差。常用最低有效位（LSB）的倍数表示，例如某 DAC 的转换误差是 $\frac{1}{2}LSB$，就是输出模拟电压的绝对误差等于输入二进制数为最低位为 1 时输出电压的一半。

3. 输出电压（电流）建立时间

从输入数字信号起，到输出电压或电流到达稳定值所需要的时间，称为建立时间。它表明了 DAC 的转换速度。建立时间包括两部分：一是距运算放大器最远的那一位输入信号的传输时间；二是运算放大器达到稳定状态所需的时间。由于 T 形电阻网络。DAC 是并行输入的，转换速度较快。目前，DAC（不含运算放大器）的转换时间一般不超过 1us。

7.2　A/D 转换器（ADC）

7.2.1 并联比较型 A/D 转换器

7.2.1.1 A/D 转换器简述

1. ADC 转换器原理框图

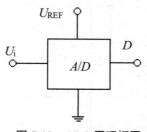

图 7-10　ADC 原理框图

A/D 转换器的功能是将模拟信号转换成数字信号，而模拟信号在时间上是连续的，数字信号是离散的。模拟量—数字量的转换过程分为两步完成：第一步是先使用传感器将生产过程中连续变化的物理量转换成为模拟信号；第二步再由 ADC 把模拟信号转换为数字信号。其原理框图如图 7-10 所示。U_i 是模拟电压输入，D 是数字量输出，U_{REF} 是实现 A/D 转换所必需的参考电压。数字输出 D 与 U_i 及 U_{REF} 应满如下足关系式

$$D = k\frac{U_i}{U_{REF}} \qquad\qquad (7\text{-}3)$$

【案例 7-3】已知某 8 位二进制 ADC，当 U_i=3.6V 时输出数字量 D_1=（10000010）$_2$，试求 U_i=5.4V 时的数字量 D_2=（ ）$_2$。

解：当 U_i=3.6V 时输出数字量 D=（10000010）$_2$=（130）$_{10}$

由式（7-3）可知：3.6：（130）$_{10}$=5.4：D_2

D_2=（195）$_{10}$=（11000011）$_2$

2. ADC 转换器分类

按照转换方法的不同 ADC 转换器主要分为三种：并联比较型，其特点是转换速度高，但精度不高；双积分型。其特点是精度较高，抗干扰能力强，但转换速度慢；逐次逼近型，其特点是转换精度高。速度较快。在集成电路中用得最多。

7.1.2.2 并联比较型 A/D 转换器的电路

1. 并联比较型 A/D 转换器的电路组成

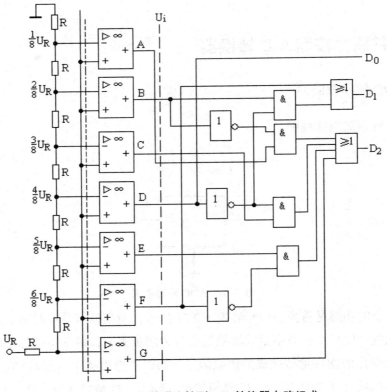

图 7-11 三位并联比较型 A/D 转换器电路组成

如图 7-11 所示是并联比较型 A/D 转换器的电路原理图，这是一个三位并联型，ADC，它由以下几部分组成：

（1）电阻分压器：由 8 个阻值为 R 的电阻串联而成，对基准电压 U_R 进行分压，其作用是以 $\dfrac{U_R}{8}$ 为量化单位对输入模拟电压进行量化。

（2）电压比较器单元：由 7 个电压比较器 A、B、C、D、E、F、G 组成，分压器产生的 7 个量化基准电压（$\dfrac{U_R}{8}$、$\dfrac{2U_R}{8}$、$\cdots \dfrac{7U_R}{8}$）分别加入比较器的反相输入端，被转换的模拟电压 U_i 则加入到各比较器的同相输入端。

（3）代码转换器（编码电路）：是一个组合逻辑电路，其作用是将比较器 $A \sim G$ 输入的代表模拟电压的数字信号转换成为相应的二进制码。

2. 并联比较型 A/D 转换器的工作过程

如图 7-11 所示，当 $U_R > U_i > \dfrac{7U_R}{8}$ 时，$A \sim G$ 都输出"1"，代码转换器输出 $D_2 D_1 D_0 = 111$。

当 $\dfrac{7U_R}{8} > U_i > \dfrac{6U_R}{8}$ 时。G 输出是"0"，$A \sim F$ 输出是"1"，则 $D_2 D_1 D_0 = 110$。

依次类推，可得全部输入情况的比较结果，如表 7-2 所示，从表中可以看出，当输入模拟电压在 $0 \sim U_R$ 范围内变化时，根据大小转换成三位二进制码。

表 7-2　并联型 A/D 转换过程

输入模拟电压 U_i	比较器输出 $A\ B\ C\ D\ E\ F\ G$	输出数字信号 $D_2\ D_1\ D_0$
$U_R > U_i > \dfrac{7U_R}{8}$	1 1 1 1 1 1 1	1 1 1
$\dfrac{7U_R}{8} > U_i > \dfrac{6U_R}{8}$	1 1 1 1 1 1 0	1 1 0
$\dfrac{6U_R}{8} > U_i > \dfrac{5U_R}{8}$	1 1 1 1 1 0 0	1 0 1
$\dfrac{5U_R}{8} > U_i > \dfrac{4U_R}{8}$	1 1 1 1 0 0 0	1 0 0
$\dfrac{4U_R}{8} > U_i > \dfrac{3U_R}{8}$	1 1 1 0 0 0 0	0 1 1
$\dfrac{3U_R}{8} > U_i > \dfrac{2U_R}{8}$	1 1 0 0 0 0 0	0 1 0
$\dfrac{2U_R}{8} > U_i > \dfrac{U_R}{8}$	1 0 0 0 0 0 0	0 0 1
$\dfrac{U_R}{8} > U_i > 0$	0 0 0 0 0 0 0	0 0 0

显然，要提高转换精度必须增加数字量的位数，以减小量化单位，但是这将使电路变得复杂。目前并联比较型 ADC 已经有输出四位和六位的产品。

7.2.2 逐次逼近型 A/D 转换器

7.2.2.1 逐次逼近型 A/D 转换器

1. 逐次逼近型 A/D 转换器简述

逐次逼近型模—数转换器目前用得较多。什么是逐次逼近？其转换过程好比用四个分别重 8g、4g、2g、1g 的砝码去称重 13.3g 的物体，称量顺序如表 7-3 所列：

表 7-3　逐次逼近秤物一例

顺　序	砝码重量	比较判别	该砝码是否保留
1	8g	8g<13.3g	留
2	8g+4g	12g<13.3g	留
3	8g+4g+2g	14g>13.3g	去
4	8g+4g+1g	13g<13.3g	留

最小砝码就是称量的精度，在上例中为 1g。

逐次逼近型模—数转换器的工作过程与上述秤物过程十分相似。逐次逼近型模—数换器一般由：①顺序脉冲发生器；②逐次逼近寄存器；③数—模转换器；④电压比较器等几部分组成，其原理框图如图 7-12 所示。

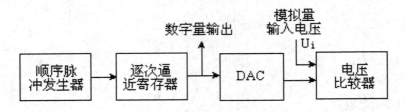

图 7-12　逐次逼近型 A/D 转换器工作原理

转换开始，顺序脉冲发生器输出的顺序脉冲首先将寄存器的最高位置"1"，经数—模转换器转换为相应的模拟电压 U_A 送入比较器与待转换的输入电压 U_i 进行比较。若 $U_A>U_i$，说明数字量过大，将最高位的"1"除去，而将次高位置"1"。若 $U_A<U_i$，说明数字量还不够大，将最高位的"1"保留。并将次高位置"1"。这样逐次比较下去，一直到最低位为止。寄存器的逻辑状态就是对应于输入电压 U_i 的输出数字量。

7.2.2.2 逐次逼近型 A/D 转换器电路

1. 逐次逼近型 A/D 转换器电路

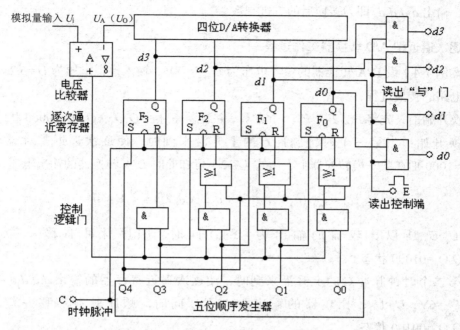

图 7-13　四位逐次逼近型 A/D 转换器电路组成

图 7-13 是逐次逼近型 A/D 转换器电路，具体由下列几部分组成：

（1）逐次逼近寄存器

逐次逼近寄存器由四个 RS 触发器 F_3、F_2、F_1、F_0 组成，其输出是四位二进制数 $d_3d_2d_1d_0$。

（2）顺序脉冲发生器

顺序脉冲发生器是一个环形计数器，输出的是五个在时间上有一定先后顺序的脉冲 Q_4、Q_3、Q_2、Q_1、Q_0，依次向右移一位，波形如图 7-14 所示。Q_4 端接 F_3 的 S 端及三个"或"门的输入端；Q_4、Q_3、Q_2、Q_1、Q_0 分别接四个控制"与"门的输入端。其中 Q_3、Q_2、Q_1 还分别接 F_2、F_1、F_0 的 S 端。

（3）A/D 转换器

4 位 A/D 转换器的输入来自逐次逼近寄存器 F_3、F_2、F_1、F_0，而从 T 形电阻网络的 A 点输出，输出电压 U_A 为正值，然后将 U_A 送到电压比较器的反相输入端。

（4）电压比较器

用 U_A 与比较输入电压 U_i（加在反相输入端）与 U_A 的大小以确定输出端电位的高低。若 $U_i < U_A$，则输出端为"1"；若 $U_i > U_A$，则输出端为"0"。它的输出端接到四个控制"与"门的输入端。

（5）控制逻辑门

图 7-13 中有四个"与"门和三个"或"门，用来控制逐次逼近寄存器的输出。

（6）读出"与"门，当读出控制端 $E=0$ 时，四个"与"门封闭；当 $E=1$ 时，四个"与"门打开，输出 $d_3d_2d_1d_0$ 即为转换后的二进制数。

2. 逐次逼近型 A/D 转换器工作过程

【案例 7-4】设 D/A 转换器的参考电压为 $U_{REF}=+8V$，输入模拟电压为 $U_i=5.2V$，下面来分析电路的转换过程：

转换开始前，先将 F_3、F_2、F_1、F_0 清零，并置顺序脉冲 $Q_4Q_3Q_2Q_1Q_0=10000$ 状态。

转换开始：当第一个时钟脉冲 C 的上升沿来到时，使逐次逼近寄存器的输出 $d_3d_2d_1d_0=1000$ 加在数—模转换器上，由式（7-2）可知此时 D/A 转换器的输出电压：

$$U_A = \frac{U_R}{2^4}(d_3 2^3 + d_2 2^2 + d_1 2^1 + d_0 2^0) = \frac{8}{16}8 = 4V$$

因 $U_i>U_A$ 所以比较器的输出为"0"，同时，顺序脉冲右移一位，变为 $Q_4Q_3Q_2Q_1Q_0=01000$ 状态。

当第二个时钟脉冲 C 的上升沿来到时，使逐次逼近寄存器的输出 $d_3d_2d_1d_0=1100$。此时，$U_A=6V$，$U_i<U_A$，比较器的输出为"1"，同时，顺序脉冲右移一位，变为 $Q_4Q_3Q_2Q_1Q_0=00100$ 状态。

当第三个时钟脉冲 C 的上升沿来到时，使逐次逼近寄存器的输出 $d_3d_2d_1d_0=1010$。此时，$U_A=5V$，$U_i<U_A$，比较器的输出为"0"，同时 $Q_4Q_3Q_2Q_1Q_0=00010$。

当第四个时钟脉冲 C 的上升沿来到时，使 $d_3d_2d_1d_0=1011$。此时 $U_A=5.5V$，$U_i<U_A$ 比较器的输出为 0，同时 $Q_4Q_3Q_2Q_1Q_0=00001$。

当第五个时钟脉冲 C 和上升器来到时，$d_3d_2d_1d_0=1011$ 保持不变，此即为转换结果。此时，若在 E 端输入一个正脉冲，即 $E=1$，则将四个读出"与"门打开，得以输出。同时，$Q_4Q_3Q_2Q_1Q_0=10000$，返回初始状态。

这样就完成了一次转换，转换过程如表 7-4 和图 7-14 所示。

表 7-4　四位逐次逼近 A/D 转换过程

顺序	d_3　d_2　d_1　d_0	U_A/V	比较判别	该位数码"1"否保留或除去
1	1　0　0　0	4	$U_A<U_i$	留
2	1　1　0　0	6	$U_i>U_A$	去
3	1　0　1　0	5	$U_A<U_i$	留
4	1　0　1　1	5.5	$U_A≈U_i$	留

上例中转换绝对误差为 0.02V，显然误差与转换器的位数有关。位数越多，误差越小。

因为模拟电压在时间上一般是连续变化量，而要输出的是数字量（二进制数）。所以在进行转换时必须在一系列选定的时间间隔对模拟电压采样，经采样保持电路后，得出每次采样结束时的电压就是上述待转换的输入电压。

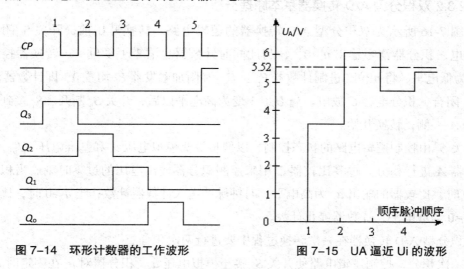

图 7-14　环形计数器的工作波形　　　　　图 7-15　UA 逼近 Ui 的波形

7.2.3 双积分型 A/D 转换器电路

7.2.3.1 双积分型 A/D 转换器电路简述

双积分型 A/D 转换器属于电压—时间变换型转换器，它双积分型 ADC 是一种间接型 ADC，是经过中间变量间接实现 A/D 转换的。它基本原理是两次积分先将输入模拟电压 u_1 转换成与 u_1 大小相对应的时间宽度 T 成正比的时间间隔，然后在时间宽度 T 内用计数频率不变的计数器计数 N，计数 N 的结果就是正比于输入模拟电压的数字量。

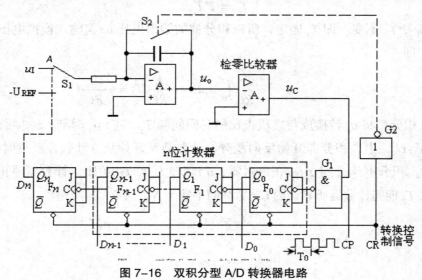

图 7-16　双积分型 A/D 转换器电路

如图 7-16 所示为双积分型 A/D 转换器电路。它由基准电压 $-U_{REF}$、积分器 A、过零比较器 C、计数器、逻辑控制电路和标准脉冲 CP 组成。其中基准电压 U_{REF} 要与输入模拟电压 uI 极性相反。

7.2.3.2 双积分型 A/D 转换器基本原理分析

如图 7-16 所示为双积分型 A/D 转换器的逻辑电路。转换开始前，开关 S_2 闭合，电容器放电，积分器清零输出 $u_0=0$，，与此同时计数器也清零（复位）。转换器控制信号 $U_{CR}=0$ 为低电平，将 n 位二进制计数器 $F_0 \sim F_{n-1}$ 和附加触发器 F_n 均置 0（即计数器清 0），同时 S_2 闭合，积分电容 C 放电。当 $U_{CR}=1$ 变为高电平以后，开关 S_2 断开，S_1 接到输入信号 u_I 的 A 一侧，转换开始。

开关 S_1 由控制逻辑电路的状态控制，以便将被测模拟电压 u_I 和基准电压 $-U_{REF}$ 分别接入积分器 A 进行积分。过零比较器 C 用来监测积分器输出电压的过零时刻。当积分器输出 $u_0 \leq 0$ 时，比较器的输出 u_C 为高电平。时钟脉冲送入计数器计数；当 $u_0>0$ 时，比较器的输出 $u_C=0$ 为低电平，计数器停止计数。

双积分型 A/D 转换器在一次转换过程中要进行两次积分。

第一次积分，控制逻辑电路使开关 S_1 接至模拟电压 u_I，积分器对 u_I 在固定时间 T_1 内从 0 开始积分。积分器的输出电压从 0V 开始下降，积分结束时积分器输出电压 u_0 与模拟电压 u_I 的大小成正比，即

$$u_o = -\frac{1}{RC}\int_0^t u_I dt$$

与此同时，由于 $u_O < 0$，故 $u_C = 1$，G_1 被打开，CP 脉冲通过 G_1 加到 F_0 上，计数器从 0 开始计数。直到当 $t = t_1$ 时，$F_0 \sim F_{n-1}$ 都翻转为 0 态，而 Q^n 翻转为 1 态，将 S_1 由 A 点转接到 B 点基准电源 $-U_{REF}$ 上，第一次积分结束。若 CP 脉冲的周期为 T_C，则

$$T_1 = 2^n T_C 。$$

因为 $T_1=2^n T_C$ 不变。即 T_1 固定，所以积分器的输出电压 u_0 与输入模拟电压的平均值 U_I 成正比。即

$$U_P = -\frac{1}{RC}\int_0^{T_1} u_I dt = -\frac{T_1}{RC}U_I = -\frac{2^n t_c}{RC}U_I$$

第二次积分：将 u_0 转换成与之成正比的时间间隔 T_2。在 $t=t_1$ 时刻，S_1 接通 B 点，即开关 S_1 接至 $-U_{REF}$ 上，积分器开始反向积分，计数器又开始从 0 计数，经过时间 T_2 后，当 $t = t_2$ 时，积分电压升到 $u_0=0$ 正好过零，u_C 翻转为 0，G_1 关闭，计数器停止计数，转换结束。在 T_2 期间计数器所累计的 CP 脉冲的个数为 N，且有

$$T_2 = DT_C$$

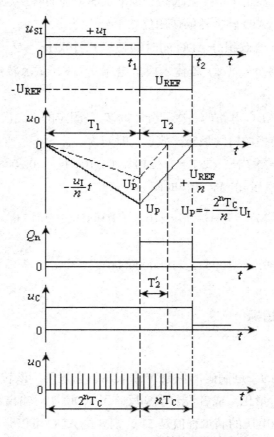

图 7-16　双积分型 A/C 转换工作波形

如图 7-16 所示可知，此时：

$$u_0 = U_P - \frac{1}{RC}\int_{t_1}^{t_2}(-U_{REF})dt = -\frac{2^n t_c}{RC}U_I + \frac{U_{REF}}{RC}t = \frac{U_{REF}}{RC}T_2 - \frac{2^n t_c}{RC}U_I$$

因 $t = t_2$ 时，u_O=0 即得：$T_2 = \frac{T_1}{U_{RE}}U_I$

$$D = \frac{T_2}{T_C} = \frac{2^n}{U_{REF}}U_I$$

计数 N 与输入电压 u_I 在 T_1 时间间隔内的平均值成正比。只要 $u_I < U_{REF}$，转换器就可以实现将模拟电压 u_I 转换为数字量。

双积分 A/D 转换器与逐次逼近型 A/D 转换器相比，最大的优点：一是抗干扰能力强。积分采样对交流噪声有很强的抑制能力；如果选择采样时间 T_1 为 20ms 的整数倍时，则可有效地抑制工频干扰；二是具有良好的稳定性，可实现高精度。由于在转换过程中通过两次积分把 U_I 和 U_{REF} 之比变成了两次计数值之比，故转换结果和精度与 R、C 无关。其缺点是转换速度较慢。完成一次 A/D 转换至少需要（$T_1 + T_2$）时间，每秒钟一般只能转换几次到十几次。因此它多用于精度要求高、抗干扰能力强而转换速度要求不高的场合。如数字式仪表等，双积分 A/D 转换器的使用仍然十分广泛。

【案例 7-5】设 10 位双积分 ADC 的时钟频率 f_C=10kHz，$-U_{REF}$=-6V，则（1）完成一次转换的最长时间为多少？（2）若输入模拟电压 u_I=3V，试求转换时间和数字量输出 D 各为多少？

解：（1）双积分 ADC 电路的一次积分时间 T_1 是固定的，二次积分时间 T_2 是可变的。当 T_2= T_1 时完成一次转换的时间最长。故最长时间为：

$$T_{max}=T_1+T_{max}=2T_1=2NT_C=2 \times 2^n T_C=2 \times 210 \times （1/10kHz）=0.2048s$$

（2）若输入模拟电压 uI=3V 转换时间为

$$T=T_1+T_2=T_1+ \frac{u_I}{U_{REF}} T_1 =（1+\frac{3}{6}）\times 210 \times （1/10kHz）=0.153s$$

$$D = \frac{T_2}{T_C} = \frac{2^n}{U_{REF}} U_I =0.5 \times 210=512=(1000000000)_2$$

7.2.3.3 主要技术指标

1. 分辨率

通常用 ADC 输出的二进制码的位数 N 来表示。它表明，该转换器可以用 2N 个二进制数对输入模拟量进行量化。或者说分辨率反映了 ADC 能对输出数字量产生影响的最小输入量。例如输入模拟电压的满量程值是 5V，则 8 位 ADC 可以分辨的最小模拟电压值是 $\frac{5}{2^8}=\frac{5}{256}=0.01953V$，而 10 位 ADC 则为 $\frac{5}{2^{10}}=\frac{5}{1024}=0.00488V$。显然，ADC 位数越多，分辨率就越高。

2. 相对转换精度

表示 ADC 实际输出的数字量与理想的输出数字量之间的差别，常用相对误差的形式给出，用最低有效位 LSB 的倍数表示。如果相对误差 ≤±1LSB，表明其转换误差不大于最低有效位 1。ADC 的位数越多。量化单位便越小，分辨率越高，转换精度也越高。

3. 转换速度

ADC 从接收到转换控制信号开始，到输出端得到稳定的数字量为止所需的时间，即完成一次 A/D 转换所需的时间称为转换速度。采用不同的转换电路，其转换速度是不同的，并行型比逐次逼近型要快得多。低速的 ADC 为 1～30ms，中速 ADC 的转换时间在 50 us 左右，高速 ADC 的转换时间约为 50 ns。ADC0809 的转换时间为 100us。

7.2.4 集成 ADC0809 芯片

目前使用的一般都是集成模数转换器，其种类很多，如 AD571，AD7135。ADC0804、ADC0809 等。下面以 ADC0809 为例，简单介绍其结构和使用。ADC0809 是 CMOS 八位逐次逼近型 A/D 转换器，转换速度约为 100us。它的结构框图和外引脚排列分别如图 7-17 所示。

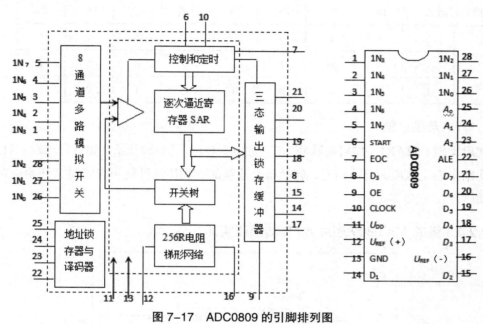

图 7-17　ADC0809 的引脚排列图

7.2.4.1 ADC0809 引脚功能说明

ADC0809 共有 28 个的引脚功能说明如下：

$IN_o - IN_7$：为 8 路模拟信号输入端

A_2、A_1、A_0：地址输入端

ALE：地址锁存允许输入信号，在此脚施加正脉冲，上升沿有效，此时锁存地址码，从而选通相应的模拟信号通道，以便进行 A/D 转换。

START：启动信号输入端，应在此脚施加正脉冲，当上升沿到达时，内部逐次逼近寄存器复位，在下降沿到达后，开始 A/D 转换过程。

EOC：转换结束输出信号（转换结束标志），高电平有效。

OE：输入允许信号，高电平有效。

CLOCK（CP）：时钟信号输入端，外接时钟频率一般为 640KHz。

U_{DD}：+5V 单电源供电

$U_{REF(+)}$、$U_{REF(-)}$：基准电压的正极、负极。一般 $U_{REF(+)}$ 接 +5V 电源，$U_{REF(-)}$ 接地。

D_7-D_o：数字信号输出端

257

7.2.4.2 ADC0809 工作原理

1. 模拟量输入通道选择

8路模拟开关由 A_2、A_1、A_0 三地址输入端选通8路模拟信号中的任何一路进行A/D转换，地址译码与模拟输入通道的选通关系如表 7-5 所示。

表 7-5

被选模拟通道		IN_0	IN_1	IN_2	IN_3	IN_4	IN_5	IN_6	IN_7
地	A_2	0	0	0	0	1	1	1	1
	A_1	0	0	1	1	0	0	1	1
址	A_0	0	1	0	1	0	1	0	1

2. D / A 转换过程

在启动端（START）加启动脉冲（正脉冲），D/A转换即开始。如将启动端（START）与转换结束端（EOC）直接相连，转换将是连续的，在用这种转换方式时，开始应在外部加启动脉冲。

7.2.4.3 集成 ADC0809 芯片 A / D 转换器实训

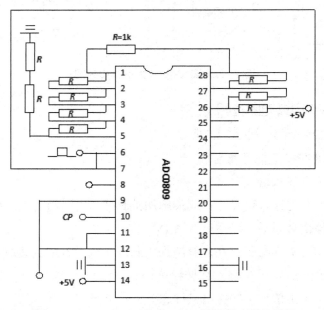

图 7-19　ADC0809 芯片 A / D 转换器实训接线图

步骤 1 按图 7-19 接线，八路输入模拟信号 1V ～ 4.5V，由 +5V 电源经电阻 R 分压组成；变换结果 D_0 ～ D_7 接逻辑电平显示器输入插口，CP 时钟脉冲由计数脉冲源提供，取 f = 100KHz；A_0 ～ A_2 地址端接逻辑电平输出插口。

步骤 2 接通电源，在启动端（START）加一正单次脉冲，下降沿一到即开始 A / D 转换。

步骤 3 按表 7-6 的要求观察，记录 $IN_0 \sim IN_7$ 八路模拟信号的转换结果，并将转换结果换算成十进制数表示的电压值，并与数字电压表实测的各路输入电压值进行比较，分析误差原因。

表 7-6 集成 ADC0809 芯片 A / D 转换器记录表

被选模拟通道	输入模拟量	地 址			输 出 数 字 量								
IN	U_i（V）	A_2	A_1	A_0	D_7	D_6	D_5	D_4	D_3	D_2	D_1	D_0	十进制
IN_0	4.5	0	0	0									
IN_1	4.0	0	0	1									
IN_2	3.5	0	1	0									
IN_3	3.0	0	1	1									
IN_4	2.5	1	0	0									
IN_5	2.0	1	0	1									
IN_6	1.5	1	1	0									
IN_7	1.0	1	1	1									

习题

一、选择题

1.4 位倒 T 型电阻网络 DAC 的电阻网络的电阻取值有（ ）种。

A.1　　　　　B.2　　　　　C.4　　　　　D.8

2. 一个无符号 4 位权电阻 DAC，最低位处的电阻为 40KΩ，则最高位处电阻为（ ）。

A.4KΩ　　　　B.5KΩ　　　　C.10KΩ　　　　D.20KΩ

3. 一个无符号 8 位数字量输入的 DAC，其分辨率为（ ）位。

A.1　　　　　B.3　　　　　C.4　　　　　D.8

4. 一个无符号 10 位数字输入的 DAC，其输出电平的级数为（ ）。

A.4　　　　　B.10　　　　　C.1024　　　　　D.210

5. D/A 转换器的位数越多，能够分辨的最小输出电压变化量就（ ）。

A. 越小　　　　B. 越大　　　　C. 输出电压变化量与能够分辨无关

D. 不能确定

6. 以下四种转换器，（ ）是 A/D 转换器且转换速度最高。

A. 并联比较型　　　　　　B. 逐次逼近型

C. 双积分型　　　　　　　D. 施密特触发器

7. A/D 转换器的二进制数的位数越多，量化单位 Δ（ ）。

A. 越小

B. 越大

C. 量化单位 Δ A/D 转换器的二进制数的位数无关

D. 以上都不是

8. 一个 N 位逐次逼近型 A/D 转换器完成一次转换要进行（　　）次比较，需要（　　）个时钟脉冲。

A.N　　　　　　　B.N+2　　　　　　C.N+1　　　　　　D. 不能确定

9. 若某 ADC 取量化单位 $\Delta = \frac{1}{8}U_{REF}$，并规定对于输入电压 u_I，在 $0 \leq u_I < \frac{1}{8}U_{REF}$ 时，认为输入的模拟电压为 0V，输出的二进制数为 000，则 $\frac{5}{8}U_{REF} \leq u_I < \frac{6}{8}U_{REF}$ 时，输出的二进制数为（　　）。

A.001　　　　　　B.101　　　　　　C.110　　　　　　D.111

二、计算题

1. 有一个八位 T 形电阻网络 DAC，设 U_R=+5V，R_F=3R，分别求：

$d_7 \sim d_0$=1111 1111、1000 0000、0000 0000 时的输出电压 U_0。

2. 有一个八位 T 形电阻网络 DAC，R_F=3R，若 $d_7 \sim d_0$=0000 0001 时，U_0=0.04V，那么 $d_7 \sim d_0$=0001 0110 和 1111 1111 时的 U_0 各为多少伏？

3. 某 DAC 要求十位二进制数能代表 0 ~ 10V，试问此二进制数的最低位代表几状？

4. 在 8 位 ADC 中，若 U_R=4V，当输入电压分别为 U_I=3.9V、U_I=3.6V、U_I=1.2V 时，输出的数字量是多少？（用二进制数表示）。

第8章　电子技术综合实践应用指导

能力目标

1. 能设计、组装与调试电子竞赛抢答器。
2. 能设计、组装与调试交通灯控制电路。
3. 能设计、组装与调试数字钟电路。

知识目标

1. 掌握 8 路电子竞赛抢答器的设计、组装与调试方法。
2. 掌握交通灯控制电路的设计、组装与调试方法。
3. 掌握数字钟的设计、组装与调试方法。

8.1　8 路竞赛抢答器设计

8.1.1 8 路竞赛抢答器系统工作要求

（1）8 路抢答者中只要有一人按下抢答键，系统的数码管便显示抢答者的编号，同时喇叭中响起动听的音乐声，表示抢答成功。

（2）当有几个人同时按键时，由于在时间上必定存在先后，系统将对第一个按下者进行锁存，显示的编号也是第一个按下者，其他按键者将不能响应，以便公平地选择第一个抢答者。

（3）当确定了抢答成功者后，主持人只要按下复位键，系统便停止音乐，返回到抢答状态，进入下一轮抢答。

8.1.2 8 路竞赛抢答器电路设计与工作原理

1. 七段锁存 – 译码 – 驱动器 CD4511

CD4511 是专用于将二～十进制代码（BCD）转换成七段显示信号的专用标准译码器，它由 4 位锁存器，7 段译码电路和驱动器三布分组成。

（1）四位锁存器（LATCH）：它的功能是将输入的 A，B，C 和 D 代码寄存起来，该电路具有锁存功能，在锁存允许端（*LE* 端，即 LATCHENABLE）控制下起锁存数据的作用。

当 *LE*=1 时，锁存器处于锁存状态，四位锁存器封锁输入，此时它的输出为前一次 *LE*=0 时输入的 *BCD* 码。

当 *LE*=0 时，锁存器处于选通状态，输出即为输入的代码。由此可见，利用 *LE* 端的控制作用可以将某一时刻的输入 *BCD* 代码寄存下来，使输出不再随输入变化。

（2）七段译码电路：将来自四位锁存器输出的 *BCD* 代码译成七段显示码输出，CD4511 中的七段译码器有两个控制端：

①*LT*（LAMP TEST）灯测试端。当 *LT*=0 时，七段译码器输出全 1，发光数码管各段全亮显示；当 *LT*=1 时，译码器输出状态由 *BI* 端控制。

②*BI*（BLANKING）消隐端。当 *BI*=0 时，控制译码器为全 0 输出，发光数码管各段熄灭。*BI*=1 时，译码器正常输出，发光数码管正常显示。上述两个控制端配合使用，可使译码器完成显示上的一些特殊功能。

（3）驱动器：当给输入端 *ABCD* 输入 *BCD* 编码时，CD411 经内部电路译码并通过输出端显示对应的字符。本电路即是得用该原理来实现抢答任务的。

数显抢答器核心部件采用了一块数字 CMOS 集成电路，该集成电路是一块四 / 七段 *BCD* 锁存译码驱动器 CD4511，该集成电路的电路工作原理如下：CD4511 ⑦①②⑥为 *BCD* 码的编码输入端，③脚 *LT* 为试灯脚，④脚 *BI* 为消隐脚，⑤脚 *LE* 为锁存控制端，⑨脚用来驱动数码管显示字符。其中 *LT*、*BI* 接高电平有效，LE 接低电平选通、高电平锁存。当给 *ABCD* 输入端输入 *BCD* 编码时，CD411 经内部电路译码并通过输出端显示对应的字符。本电路即是得用该原理来实现抢答任务的。

发声电路可选择自己喜欢的各种音乐集成电路。选用音乐片 HHDK15 或 CW9300 作为发声电路，其组成如图 8-1 所示。

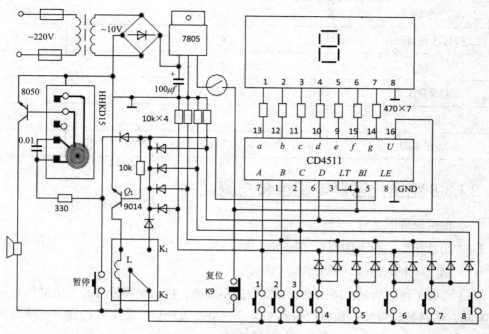

图 8-1　8 路竞赛抢答器电路原理图

2. 电路工作原理

当电源接通时 *ABCD* 均通过电阻接地，各输入 端为 "0" 所以输出为 "0"，抢答器开始工作，如果按下任何一个抢答开关，比如按下开关 "2" 则对应的 *BCD* 编码是 A=0、B=1、C=0、D=0，即代表了二进制数据 0010 输入端 A 端就转变为高电平，通过译码在数码管中就显示相应的十进制数字 "2"，表示 2 号抢答成功。在电路上还用二极管和 *Q*1 构成锁存触发通道，只要是 1 ~ 8 中任一数字出现都会使锁存端出现高电平，数据被锁存，所以只要一人抢先在前，后面的人按下开关都不起作用。*K*9 是复位开关，一旦问题回答完毕，主持人按下 *K*9，电路复位回到初始状态，进行下一轮抢答，设计电路如图 7-7 所示。

3. 元器件清单

表 8-1　选用的元器件

名称	可选型号	数量
七段锁存 - 译码 - 驱动器	CD4511	1
数码显示器	SLS050BS-10（共阴极）	1
三极管	8050	1
三极管	9014	1
继电器	6 V J R X － 1 3 F 双组触点	1

名称	可选型号	数量
二极管（整流使用）	1N4002型	4
二极管	1N4148型	14
电源变压器	~220V/~10V	1只
三端稳压	LM7805	1只
碳膜电阻	10kΩ（5个），330Ω（1个），470Ω（7个）	

8.1.3 8路赛抢答器电路组装与调试

（1）根据原理图选好元器件。

（2）用计算机绘制出印制电路板布线图。

（3）制作印制电路板，把元件焊接好。

（4）通电工作、调试。接上电源，电源指示灯亮，按动8路抢答开关中的任何一路，音乐响起，同时数码管显示相应的抢答开关号。抢答成功后，按下复位键，系统返回抢答状态。

8.2　交通信号控制系统的设计与装调

8.2.1 交通信号控制系统简述

8.2.1.1 十字路口交通灯信号控制系统要求如下

（1）十字路口设有红、黄、绿、左拐指示灯；有数字显示通行时间，以秒单位作减法计数。

（2）主、支干道交替通行，主干道每次绿灯亮40s，左拐指示灯15 s；支干道每次绿灯亮20 s，左拐指示灯亮10 s。

（3）每次绿灯变左拐时，黄灯先亮5 s（此时另一干道上的红灯不变），每次左拐指示变红灯时，黄灯先亮5 s（此时另一干道上的红灯不变）。

（4）当主、支干道任意干道出现特殊情况时，进入特殊运行状态，两干道上所有车辆都禁止通行，红灯全亮，时钟停止工作。

（5）要求主、支干道通行时间及黄灯亮的时间均可在0 ~ 99 s内任意设定。

8.2.1.2 交通信号控制系统电路设计方案与工作原理

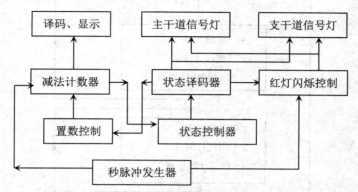

图 8-2 交通信号控制系统电路设计方案框图

交通灯控制系统的组成框图如图 8-2 所示。状态控制器主要用于纪录十字路口交通灯的工作状态，通过状态译码器分别点亮相应状态的信号灯。秒信号发生器产生整个定时系统的时基脉冲，通过减法计数器对秒脉冲减计数，达到控制每一种工作状态的持续时间。减法计数器的回零脉冲使状态控制器完成状态转换，同时状态译码器根据系统下一个工作状态决定计数器下一次减计数的初始值。减法计数器的状态由 BCD 译码器译码、数码管显示。在黄灯亮期间，状态译码器将秒脉冲引入红灯控制电路，使红灯闪烁。

8.2.1.3 电路设计

1. 状态控制器设计

设信号灯四种不同的状态分别用：

S_0（主绿灯亮、支红灯亮）；

S_1（主黄灯亮、支红灯闪烁）；

S_2（主红灯亮、支绿灯亮）；

S_3（主红灯闪烁、支黄灯亮）表示，其状态编码及状态转换图，如图 8-3 所示。

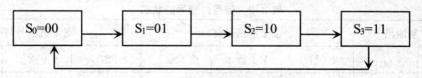

图 8-3 状态编码及状态转换图

根据设计要求，各信号灯的工作顺序流程如图 8-4 所示。

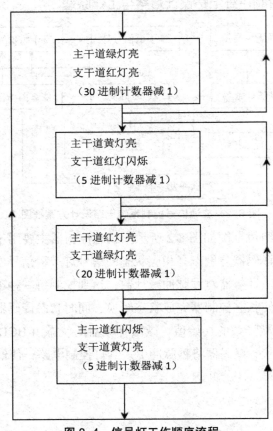

图 8-4 信号灯工作顺序流程

2.状态译码器

显然,这是一个二位二进制计数器。可采用中规模集成计数器CD4029构成状态控制器,电路如图8-4所示。主、支干道上红、黄、绿信号灯的状态主要取决于状态控制器的输出状态。它们之间的关系见真值表8-2。对于信号灯的状态,"1"表示灯亮,"0"表示灯灭。

表 8-2 信号灯信号的状态

状态控制输出		主干道信号灯			支干道信号灯		
Q_2	Q_1	R(红)	Y(黄)	G(绿)	r(红)	y(黄)	g(绿)
0	0	0	0	1	1	0	0
0	1	0	1	0	1	0	0
1	0	1	0	0	0	0	1
1	1	1	0	0	0	1	1

根据真值表,各信号灯的逻辑函数表达式为:

$$R = Q_2 \cdot \overline{Q_1} + Q_2 \cdot Q_1 = Q_2 \qquad \overline{R} = \overline{Q_2}$$

$$Y = \overline{Q_2} \cdot Q_1 \qquad \overline{Y} = \overline{\overline{Q_2} \cdot Q_1}$$

$$G = \overline{Q_2} \cdot \overline{Q_1} \qquad \overline{G} = \overline{\overline{Q_2} \cdot \overline{Q_1}}$$

$$r = \overline{Q_2} \cdot \overline{Q_1} + \overline{Q_2} \cdot Q_1 = \overline{Q_2} \qquad \overline{r} = \overline{\overline{Q_2}} = Q_2$$

$$y = Q_2 \cdot Q_1 \qquad \overline{y} = \overline{Q_2 \cdot Q_1}$$

$$g = Q_2 \cdot \overline{Q_1} \qquad \overline{g} = \overline{Q_2 \cdot \overline{Q_1}}$$

现选择半导体发光二极管模拟交通灯，由于门电路的带灌电流的能力一般比带拉电流的能力强，要求门电路输出低电平时，点亮相应的发光二极管。故状态译码器的电路组成见图 8-4 所示。根据设计要求，当黄灯亮时，红灯应按 1Hz 频率闪烁。从状态译码器真值表中看出，黄灯亮时，Q_1 必为高电平；而红灯点亮信号与 Q_1 无关。

现利用 Q_1 信号去控制—三态门电路 74LS245（或模拟开关），如图 8-5 所示，当 Q_1 为高电平时，将秒信号脉冲引到驱动红灯的与非门的输入端，使红灯在黄灯亮期间闪烁；反之将其隔离，红灯信号不受黄灯信号的影响。

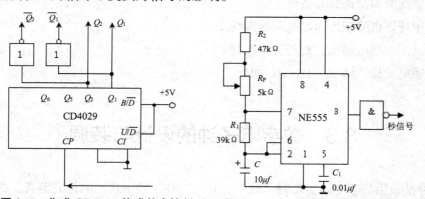

图 8-5　集成 CD4029 构成状态控制　　图 8-6　555 定时器组成秒信号发生器

3. 定时器的电路

根据设计要求，交通灯控制系统要有一个能自动装入不同定时时间的定时器，以完成 30s、20s、5s 的定时任务。

4. 秒信号产生器

产生秒信号的电路有多种形式，图 8-6 所示是利用 555 定时器组成的秒信号发生器。因为该电路输出脉冲的周期为：$T \approx 0.7\,(R_1 + 2R_2)\,C$，若 $T = 1S$，令 $C = 10\,\mu f$，$R_1 = 39K\Omega$，则 $R_2 \approx 51K\Omega$。取固定电阻 $47K\Omega$ 与 $51K\Omega$ 的电位器相串联代替电阻 R_2。在调试电路时，调试电位器 R_p，使输出脉冲为 1s。

表 8-3　选用的元器件

名称	可选型号	数量
集成定时器	NE555	1
预置可逆计数器	CD4029	1
三态门	74LS245	1
与非门	74LS00	4
发光二极管	$\phi 2$ 红色，$\phi 2$ 黄色，$\phi 2$ 绿色，	8 个
电阻器	R_2（47k）R_1（39k）R_P（5k）	各 1 个
电容器	C（10μf），C_1（0.01μf）	各 1 个
电源变压器	~220V/~10V	1 只
三端稳压	LM7805	1 只

8.2.2 交通信号控制系统的设计与装调

（1）根据原理图选好元器件。

（2）用计算机绘制出印制电路板布线图。

（3）制作印制电路板，把元件焊接好。

（4）通电工作、调试（1Hz 和 10Hz 信号）。

8.3　数字电子钟的设计与装调

数字钟是采用数字电路实现对"时""分""秒"数字显示的计时装置。由于数字集成电路的发展和石英晶体振荡器的广泛应用，使得数字钟的精度、稳定度远远超过了老式机械钟表。在数字显示方面目前已有集成的计数、译码电路，它可以直接驱动数码显示器件。也可直接采用 COMS-LED 光电组台器件，构成模块式石英晶体教字钟。此电路装置十分小巧，安装使用也方便。如果想实现大型光电数字显示，可以加一定的驱动电路，采用霓虹灯或白炽灯显示系统，做起来也不困难。本章采用中小型集成电路构成数字钟的设计。

8.3.1 数字钟电路的设计与工作原理

8.3.1.1 电路设计总方案与整机电路

一个简单用来计"时""分"'秒"的数字钟，主要是由六部分组成，整机电路框图如图 8-7 所示。

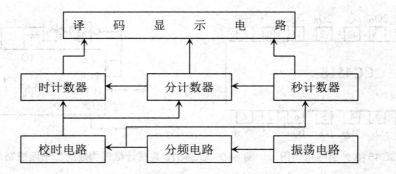

图 8-7　数字钟电路的组成原理方框图

1. 振荡器

振荡器主要用来产生时间标准信号，因为数字钟的精度，主要取决于时间标准信号的频率及其稳定度，所以要产生稳定的时标信号，一般是采用石英晶体振荡器。从数字钟的精度考虑，晶振的频率越高，钟表的计时准确度就越高，但这会使振荡器的耗电量增大，分频器的级数也要增多。所以在确定频率时应当考虑两方面的因素，然后再选定石英晶体型号。

2. 分频器

因为振荡器产生的时标信号频率很高，要使它变成能用来计时的"秒"信号，需要一定级数的分频电路。分频器的级数和每级分频次数要根据时标频率来定。例如，目前石英电子表多采用 32768Hz 的时标信号，经过 15 级二分频即可得到周期为 1 秒的"秒"信号。该振荡器和分频器是由一片 COMS 集成电路，再外接石英晶体、电阻、电容组成，结构十分简单。也可以采用其他频率的时标信号，确定分频次数，选取合适的集成电路。当然以电路简单，工作稳定为宜。

3. 计数器

有了"秒"信号，则可根据 60 秒为 1 分，60 分为 1 小时，24 小时为 1 天的进制，设计"秒""分""时"的计数器。从这些计数器的输出端可以得到 1 分、1 时和 1 天的时间进位信号。在秒计数器中。因为是 60 进制．即有 60 个"秒"信号，才能输出一个"分"进位信号，若用十进制数表示这 60 个送信时，需要两位十进制的数。这样，"秒"个位应是十进制，"秒"的十位就是六进制，这正好符合人们通常计秒数的习惯。所以"秒"计数器中通常用两个十进制计数器的集成块组成；然后再采用反馈归零的方法使"秒"十位变成六进制，以使个位、十位合起来实现六十进制。"分"计数器也是如此，只是"时"计数器中，也用两块十进制集成片，再采取反馈归零的方法实现二十四进制。

（1）CC4518 引脚排列与功能说明：（如图 8-8 所示）

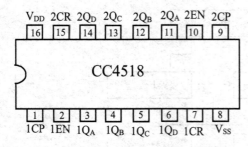 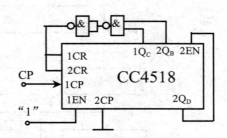

图 8-8　CC4518 外引线排列图　　图 8-9　CC4518 集成计数器构成的二十四进制计数器逻辑图

①U_{DD} 为电源端（+5V），U_{SS} 为接地端。②1CP、2CP 为两计数器的计数脉冲输入端。③1CR、2CR 为两计数器的复位信号输入端（高电平有效）。④1EN、2EN 为两计数器的控制信号输入端（高电平有效）。⑤$1Q_A \sim 1Q_D$，$2Q_A \sim 2Q_D$ 为两计数器的状态输出端。⑥当 CR=1 时，无论 CP、EN 情况如何，计数器都将复位。⑦当 CR=0，EN=1 时，CP 上升沿计数，当 CR=0，CP=0 时，EN 下降沿计数。

（2）用集成十进制计数器 CC4518 构成二十四进制计数器

CC4518 为集成十进制（BCD 码）计数器，内部含有两个独立的十进制计数器，两个计数器可单独使用，也可级联起来扩大其计数范围。图 8-9 和图 8-10 分别用 CC4518 集成十进制计数器构成二十四进制计数器和构成六十进制计数器的外接引线。

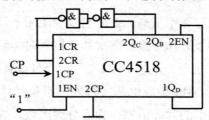

图 8-10　CC4518 构成的六十进制计数器逻辑图

4. 译码显示电路

因为计数器全部采用的是十进制集成片，所以"秒""分""时"的个位和十位都是由四个触发器组成单元，都有四个状态输出端。这每组（四个）输出的计数状态，都是按 BCD 码的规律输出四个相应的高低电平，将此电平接至专门设计制造的译码电路，即可产生驱动七段数码显示器的信号，从而使与其相接的显示器里现出对应的十进制数字。这一译码显示电路可选用已有生产的成品，亦可自选设计安装。本项目采用共阴极数码显示器。

5. 校时电路

当数字钟的指示同实际时间不相符时，必须予以校准。校准电路的基本方法就是将"秒"信号直接引进"时"计数器。同时将"分"计数器置0，让"时"计数器快速计数，在"时"的指示调到需要的数字后．再切断"秒"信号，让计时器正常工作。校分电路也是按此方法让"秒"信号输入"分"计数器，同时让"秒"计数器置0，这样快速改变"分"的指示，并到等于需要的数字为止。校"秒"的电路略有不同，就是输入"秒"计数器的信号是选用的周期为0.5秒的脉冲信号，使"秒"计数比正常计"秒"快一倍，以便对准"秒"的数字。

8.3.1.2 元器件选择与电路调试

给定电源电压为 +5V 左右，表 8-4 列出了选用的元器件。

表 8-4　选用的元器件

名称	可选型号	数量
二～十进制集成译码显示驱	CD4511	6
振荡电路	CC4060	1
计数器	CD4518	3
分频电路	CC4013	1
	CD4081	1
石英晶体	f=32768KHz	1
晶体管	9014	1
共阴极数码显示器	SLS0503S-10	6
碳膜电阻	$R_1 \sim R_6$、R_{11}（10KΩ）；R_7、R_{10}（1KΩ）；R_8、R_{12}（2KΩ）；R_9（100Ω）；R_{13}（20KΩ）。	

由上述原理设计出的数字钟电路逻辑图，如图 7-18 所示，电路中除液晶显示器与三极管外全部采用 CMOS 电路。

8.3.2 电路安装与调试

（1）制作印制电路板，把元件焊接好。

（2）通电工作、调试。

如果在插式实验板上插件、布线，集成块的排列方向要一致，严格按图连接引线，且注意走线整齐、插紧。如果用焊接实验板或自制印制板，除上述要求外，焊接时速度要快，或可先焊插座，再插入集成块。

电路接好后，逐级调试：

①用数字频率计测量晶体振荡器输出频率，用示波器观察波形，调节微调电容 C，使振荡频率为 32768Hz，同时波形为矩形波。

②将 32768Hz 的信号分别送入分频器各级输入端，用示波器检查各级分频器工作是否

正常。若正常，则应可从输出端得到秒信号。

③将秒信号送入"秒计数器"，检查个位、十位是按 10 秒、60 秒进位。若均正常，可接同样办法检查"分""时"计数器，若不能正常进位，说明该级集成块有问题或线有误（未插牢、虚焊等）。若计数器进位正常而显示有误，则可能译码集成块有问题。

参考文献

[1] 孙惠芹 . 电子技术实用教程 [M]. 天津：天津大学出版社，2010.

[2] 董恒，吕守向等 . 电子技术实践指导书 [M]. 上海：上海财经大学出版社，2017.

[3] 毛琳波 . 电子技术与实践 [M]. 西安：西安交通大学出版社，2016.

[4] 杨现德 . 电子技术 [M]. 北京：北京理工大学出版社，2018.

[5] 杨倩，唐红霞 . 电子技术实践教程 [M]. 哈尔滨：哈尔滨工程大学出版社，2016.

[6] 孙禾 . 模拟电子技术实用教程 [M]. 南京：东南大学出版社，2014.

[7] 孙禾 . 数字电子技术实用教程 [M]. 南京：东南大学出版社，2014.

[8] 张彩荣 . 数字电子技术实用教程 [M]. 北京：北京理工大学出版社，2017.

[9] 朱绍伟 . 电子技术实践教程 [M]. 北京：人民邮电出版社，2011.

[10] 郭宏 . 电子技术实践教程 [M]. 哈尔滨：哈尔滨工程大学出版社，2010.

[11] 钮王杰 . 电子技术 [M]. 西安：西安电子科技大学出版社，2017.

[12] 靳响来 . 电子技术理论与应用 [M]. 天津：天津科学技术出版社，2018.

[13] 孙君曼 . 电子技术 [M]. 北京：北京航空航天大学出版社，2016.

[14] 谢宇，黄其祥 . 电工电子技术 [M]. 北京：北京理工大学出版社，2019.

[15] 王萍 . 数字电子技术基础 [M]. 北京：机械工业出版社，2019.

[16] 张雪平 . 电子技术基础与技能 [M]. 成都：四川大学出版社，2018.